中国社会科学院创新工程学术出版资助项目

意大利文艺复兴伦理学

徐艳东 著

中国社会科学出版社

图书在版编目(CIP)数据

意大利文艺复兴伦理学／徐艳东著.—北京：中国社会科学出版社，2017.4

ISBN 978－7－5203－0256－2

Ⅰ.①意… Ⅱ.①徐… Ⅲ.①伦理学—思想史—研究—意大利—中世纪 Ⅳ.①B82－095.46

中国版本图书馆CIP数据核字(2017)第090093号

出 版 人 赵剑英
责任编辑 田 文 徐沐熙
责任校对 季 静
责任印制 王 超

出 版 中国社会科学出版社
社 址 北京鼓楼西大街甲158号
邮 编 100720
网 址 http://www.csspw.cn
发 行 部 010－84083685
门 市 部 010－84029450
经 销 新华书店及其他书店

印 刷 北京君升印刷有限公司
装 订 廊坊市广阳区广增装订厂
版 次 2017年4月第1版
印 次 2017年4月第1次印刷

开 本 710×1000 1/16
印 张 16.75
字 数 254千字
定 价 69.00元

目　　录

绪　论

文艺复兴是指13世纪末在意大利各城市兴起，随后扩展到西欧各国，于16世纪在欧洲盛行的一场思想文化运动。文艺复兴在世界文化史上具有里程碑式的重要作用，人们普遍认为它标注了“向过去告别”的近代地界，地界的一端是蒙昧与信仰，另一端是理性与科学。然而，文艺复兴却并非如此容易被我们概括，那种轻易认为文艺复兴时期构成了理性世界开端的说法是十分武断的。文艺复兴作为蛮古与近代社会之间的过渡阶段，具有绝对阈限的时域特性。在维克多·特纳看来，阈限阶段是一种模糊不定的时空，没有阈限前或阈限后的社会文化生活所具有的那些特征以及世俗社会的种类和分类，因此，对文艺复兴这样的阈限社会的分析是同时需要谨慎和大胆的。本书作为笔者的一种研究尝试，从各个侧面对文艺复兴展开推敲和探析，通过大量翔实的意大利语文献，试图开启一段学术研究上“冒险的旅程”。

一　“不存在”的时代

文艺复兴甚至比之前的中世纪更加神秘，这个时代满载着对后人的警惕、拒绝与诱惑。如同一道久远而哀伤的目光，在与其他目光的叠加凝视中相互支撑了一种“坚定的退隐”。这段历史不断被未来视看，但作为“消失的”“对象”，看向它的眼睛们只是遭遇了“不在的凝视”，继而被其冰冷的“目光”依次灼伤。这个时代曾真实存在着，且存在得特别丰富与华丽，包括历史学、考古学等众多学科的研究汗牛充栋，然而这个时代还是悄然地溜走于各种表征之中，语言无法“控制”这个时代。文艺复兴时代虽不拒绝语言，古代修辞学的研究甚至曾在这个时代大兴其道，然而一切语言都从这个时代的中心“逃逸”，这个时代成为一种拉康分析学意义上的“物”。人的理性在这个时代觉醒，然而“物”也开始告别“自在”，虚无①对存在无法显现任何优势。福柯在《词与物》中讲到表征的各种形式时曾谈及文艺复兴时期“表征”的相对无力：不同于古典时期语言在二级语言的拥护下轻易就可以实现自身的描述性闭合，文艺复兴时期的表征总是受到物自身的强权性制约，这一时期，能指可以在能指间自由滑动，然而任何一个能指都是“不自由的”，都是“物”的各种能指。这些能指以任何形式链接在一起都能表达“物”，然而也只是表达了“逃逸之物”。这一时期的语言是丰富的，我们用来描述那个时代的语言也是丰富的，然而那一时期却是“实在界”的，如果跳出心理拓扑范畴，那一时代就是标准的“对象a”（拉康），是一片“丰茂的荒原”。

笔者在书写过程中强烈地感觉到范畴描述的低效，任何巧妙的语义群和结构方式都能被轻易宣布失效。当“是”与“否”，甚至“可能”这类批判范畴用来描述那一时期的一些具体现象时均遭遇“拒绝”，那一时代的整体性更是分布在平滑空间之中，轻易逃脱表征的追捕。有人说文艺复兴是一个理性觉醒的时代，自为真正告别了自在。经过一些年的研究，笔者认为这样的判断是明显牵强的，甚至和相反的描述一样牵强。人们不用阅读太多相关史料就可以得出以下接近“事实”的经验：那一时期的人是疯狂的、感性的。布克哈特曾在那部轰动世界的名著中以令人信服的考据方式证明过文艺复兴人的“非人性”，相关的研究也在佐证这位学者的判断。有人说文艺复兴是一个“祛魅”的时代，基督教神学被推出去“斩首”，以但丁和彼特拉克为首的人文主义者开启了“人的时代”，这样的描述也是过于唐突的。那个表面上把宗教领袖投入炼狱的诗人更像是以此作为忏悔的契机，彼特拉克在《秘密》一书中反复的精神“自鞭”也在引出相反的事实。“复兴”这个能指本身就在自我取消。有人说文艺复兴大大“向前”推进了人类的文明史，然而文艺复兴也是在“退回”到古代，甚至是古代的更前面。而那种声称文艺复兴人只是借用了“复兴古代”的形式，暗地里却是在创造

① 注：萨特意义上的虚无，而非尼采的。

新时代元素的流行说法也同样是有失“恰切”的。

文艺复兴时期“是”一个“碎片临时被风吹在一起”的时代，也“是”一个“通灵的时代”。其质料因过于庞杂纷乱而轻易地“溢出”于形式，各个部分以反功能主义的社会学范式但不缺乏创造力的形式临时拼接在一起，这些“临时的形式”也是随时游动的、变形的，经常穿入其他的临时形式内部或者被其他的质料与形式击穿、同化直到瞬间消失。这一时期的质料与形式间的区分不再绝对，质料凭借自力轻易就能转化为一种或几种形式，形式要么变得更“嚣张”，要么会“退行”到一种“自在”的原初存在。这一时期的结构在强化，解构也毫不示弱，解构和结构亦敌亦友，相互加强并减弱。

整个社会结构的临时与纷乱，这对于本书的研究主旨——文艺复兴时期伦理图景的描述构成一种“致命的威胁”，却也是绝佳的契机。尼采说文艺复兴是一个“人类最像人”的时代，这一时期的人比前、后时期的一切人更是人。我们要说，文艺复兴社会是人类历史上最丰满，最有趣的道德研究“对象”，直到“单向度”的今天甚至以后的任何社会，恐怕再也没有“人”比文艺复兴时期这些处于“动物与人的链锁”之上的人更加“丰满”。那一时期的技术理性还没有完整生成，原始野蛮正在被一种萌芽的人文性转换，文艺复兴人正好站在这个人类历史的转折当口，承受着与极度的兴奋一样多的痛苦。文艺复兴时期的诸伦理原则相互消耗，伦理范畴彼此抵消，一切道德现象都处于正在“侧显”之中。

二 “失败的”背景表征

要“分析”一段社会历史，精细的背景研究也不是一个必须选项，因为历史是游动的或者直接被改造的，诠释的接近就等同于背叛。然而我们研究文艺复兴时期的伦理图景却不能不研究当时的历史背景，尤其是最宏观的时空范畴。正如上文所说的，研究文艺复兴是要注定“失败的”，试图描述最宏观的时空范畴也必然会遭遇“失败”。然而如果我们做得足够好，或者因宇宙意志的某种偏爱，我们还是有望在“失败”中“成功”。

说时空之前我们先谈谈文艺复兴时期的身体和意识。如果康德的哥白尼革命是让我们信服的，那么我们就不会忽视先天意识对时空这样的先天直观形式的基础性作用。为什么不直接谈意识，因为文艺复兴时期的身体“起义”了，甚至最后反控了意识。所以我们还是着重来谈文艺复兴时期的身体，并以身体为切入点同时批判文艺复兴时期的意识与时空。

谈身体就不能不谈那次生成“文艺复兴身体”的“事件”——1347年欧洲黑死病的暴发。这种迅速夺去了欧洲1/3生命的病毒重塑了欧洲的时空以及时空观念，黑死病的转折意义在于它让14世纪的时间“缩短”、空间反向“拉长”，时空之间出现了巨大的量上的悬殊。在基督教的时间表述中，真正的时间开始于肉体的死亡，灵魂的时间远超过肉体的时间。随着“祛魅”时代的到来，人们首次意识到个体的时间只是活着时候的短暂时光，黑死病让刚刚进入文艺复兴的人们的时间再一次缩短。与此相反，黑死病却造成了空间的“增长”，不仅如此，还引发了空间的质变。黑死病病毒让文艺复兴时期的欧洲空间发生弯曲、断裂，并开始交叉和移动起来。中世纪的空间是大体稳定的，而文艺复兴时期的空间则是游动的、碎裂的。而击碎空间的恰恰是身体——新的空间形式，身体既穿梭于空间，身体本身又是空间。这里的身体不但是指人的身体，病毒也是身体，同时也是空间。病毒空间和人的空间是“叠加的”，而逃跑的身体空间也和客观空间实现了最大程度的叠加。某部分空间既是病毒空间，同时也是身体空间和宇宙空间。在恐惧的催化下，身体空间是快速移动的，这导致病毒空间的快速移动。相对于身体空间，病毒空间又是“僵硬的”“惰性的”，它粘滞在紧张的、飘忽不定的身体之上，贪婪地保持着相对静止。黑死病的身体空间是“比身体大得多的空间”，在这一空间的内部，病毒将身体分割为无数个异质空间，具有稳定之质的曾经的身体空间不复存在，病毒直接将其改造为自己的“异托邦”，在身体空间中繁殖并形成自己的身体空间。在外部，身体空间在未知恐惧的追逐下到处转换物理空间，黑死病造成的“逃逸”让14世纪中叶的人们第一次将身体放置在如此“多”的陌生空间中，这在中世纪是不曾有过的。逃逸的人们非常注重空间的私有化，他们要求自己的空间与其他空间之间有着明确的“通道”和门墙，反对自有空间与其他空间紧挨，更拒绝任何人挤入自己的空间。那些患病的家庭紧闭门窗，并用尽一切方法将空间中的“秘密”——呻吟声和长有黑斑的身体遮在围墙之内。然而这种做法的效果终究是有限的。出于对身体的恐惧，文艺复兴人更多地进入逃亡空间中，且尽量让逃离路上的每个空间都是“荒原”。然而，逃亡者们还是会撞在一起，在精疲力竭时被迫生活在一个空间之中。病毒控制的身体空间远大于身体的空间。这样的身体不只是占据自身的空间，它还总是占用比自身大得多的空间，甚至要占据所有的身体空间。当第一个乘船回到欧洲的身体被感染时，随着病毒的快速移动，这一个身体最终成为了两千万的人类身体。当一个人类身体往某个空间逃亡时，更多的身体也在往那里逃亡，相遇的身体产生了更多的新的病毒身体，一个人的身体和另外一个本来不相干的身体开始交叠，空间切入空间，不幸的人们最终融入死亡的物理空间。

中世纪的空间是自在的、宁静的，黑死病之下的空间则是啮噬的、暴力的。这样的空间不再“安分”，而是不断配合病毒这个外来物将人围困起来。当时的地理交通条件虽有改善，然而要想逃出这片瘟疫严密控制的区域是极其困难的。健康的人们只要进入任何一个病毒空间，这个空间就必然将其吞噬。当然我们说这个空间是残暴的，也等同于说这个空间是包容的、冷漠的或者公正的。广延第一次与广延之物紧密黏结在一起，并迅速变更空间的内部形式。活着的人传染活着的人，死去者不断回身将健康的人们拉向自己的空间。在这样的空间中，身体处于叠加态，身体是既死又活的。死亡的身体依然是病毒理想的生存空间，并在活跃的病毒空间中以“活”的方式存在，直到借着老鼠和跳蚤转移到下一个身体空间，变为那个真正的活的身体，从而再次生成“比身体本身大得多”的身体空间。

黑死病过后，欧洲空间开始出现了大面积“剩余”。在农村，土地大面积荒芜，村庄无人，无主的牲畜四处游走。黑死病过后，众多人开始向城市转移，在那里做生意或者定居。黑死病过后的城市空间逐渐开始被灌满，这样的空间表现出极大的包容性。中世纪众多的城市空间是特权的、封闭的，文艺复兴时期随着新商业模式的兴起，商业交换要求城市对外开放，众多的公共空间开始允许进驻，人们首次摆脱了中世纪狭窄的共同空间。城市空间在量上不再有大片的无人区域，在质上被更多样的要素填充，这使得所有的空间都变得丰富和充满活力。

中世纪时期的众多空间是未经开发的，人们知道周围就有很多这样的空间，然而只要生活没有将其逼入极限，它们和人之间是彼此互不打扰的。人化空间在一些区域，自在空间在人化空间的空白区，二者彼此点缀，经过足够的时间才开始改变相互的边界。在农村偏远地带，诸多的自在空间世世代代“沉睡”在那里，既不保护也不伤害人类。城市的很多古老建筑只供特权阶级观览，围墙将普通人拦在外面，人们心怀好奇，却也不急于看到它们。到了文艺复兴的鼎盛时期，这些“沉睡”的空间“苏醒”了，自身有了向外“绽出”的能力，普通人也有了观看和触碰的权利。这些曾经的神秘存在直接闯入人们的视线，物和人之间的屏障被移开，人和这些神秘之物“赤裸”面对。看到这些恢宏的古代建筑，人的凝视、骄傲与惭愧感共同被调动起来。人看到了祖先的能力，又看到了当下的没落与希望。随着航海、制图与交通技术的提高，人可以直接进入那些自在区域中间，去凝视祖先之外的空间，以至于开发这些空间，并在其中住下。人们开始致力于“盘活”这些空间，主要方式是进驻其中和经济交换。人和空间的交换需要人的力量进入其中，旧时代的人们只能借助思想“进入”陌生空间，文艺复兴人则要求视线、触觉进入空间并通过对外交换，让属于陌生空间的物进入自己的视线和手中。旧时祖先经常使用的“听说”模式已经遭遇淘汰，人们的意向要求直接触碰到“实物”。文艺复兴人要求感官与空间的直接链接，最好的状态是首先直接进入陌生空间，其次是接触陌生空间的物。如果两项都得不到满足，他们便要自行制造“人工空间”。黑死病追赶人们四处逃窜，有条件的人们不断在新的陌生空间中穿梭，直到停在了某片区域，再也没有了逃避的精力和心情。这些绝望的人们开始相互献计，建造“人工空间”，《十日谈》一书向我们描述了这样的空间。这空间一方面是“窘迫的”“垂死的”，它们被其他的“啮噬”空间重重包围，那些“消化的”空间随时将身体伸展进来将其中的人物吞噬，然后将这片人工空间同化。然而另外也不得不说这样的空间是“独立的”“理想的”，人们在其中过着“艺术”的生活，虽遭受外在空间的围攻，然而人们却“不再记得”那种压迫。人们因绝望而“安享”此刻的空间生活，不仅生活，还生活得雅致浪漫。黑死病的残酷杀人行动并未彻底毁掉当时人们的内心希望，这场瘟疫刚刚过去不久，荒凉的空间就被恢复使用，空间中的人工物更加繁复起来。中世纪的空间是冷漠的、不欢迎人类的，黑死病的空间是食人的，黑死病过后的文艺复兴空间第一次被人类“制服”。人对空间的优势无论如何也是“关键的”，这有助于同时发展出繁荣和愚蠢。

人们很少看到黑死病和商业活动的共同方面，实际上二者有着某种意识上的同构性。黑死病和商业活动都需要对空间的仔细“观察”。黑死病时期的人们要时刻用眼睛判断其他人的身体，凭借往日的记忆查看遇见的人在当下有无异常。他们要观察哪部分的空间是“拥堵的”、危险的，哪部分的空间是自在的、纯净的。一个人也会不断观看他人对空间的观看，看空间的人们不断在看他人那些看向空间的眼神，以便及时作出回避或一起去到某片干净之地。黑死病“训练”的这种观察的敏锐被稍后的人们直接继承到商业活动中，人们观察的眼睛更加敏锐。一个空间的形式与内容被很多的视线随时盯紧，空间中要素的匮乏与盈余被快速判断，那些盈余的东西经过商人们的手很快就会被转入匮乏的区域。如同黑死病中逃跑的人们一样，“空间的回避”也是商人尤其注重的，自己运输商品的空间路线一定要是快捷的，最好是不被他人所知的，自己的销售区域越少人知道越好。文艺复兴时期甚至兴起了早期的商业调查，空间的情况被用数据记录，经过众多的科学性取舍，最终转变为一种“科学空间”。科学在那个时期带来了狂热的野心，那些曾有“深度”的空间被科学和数据曝光、削平，空间随时被所有人“询唤”，完全失去了原来的自在。人们在不同的空间中穿梭的频率加快，被记录和询唤的空间逐渐失去神秘感，人的信心、野心和贪婪之心开始过快增长。直到今天人们似乎都在忘记重要的一点，那就是空间是“神秘的存在”，即使人们再战胜和熟悉空间，也不会知道空间是什么，不清楚创造主提供给我们的空间是为了延续我们还是在未来毁灭我们。文艺复兴助长了空间的繁荣和残酷。文艺复兴之后，征服一些空间的人们开始寻求征服所有的空间，意图将所有的空间都变为交换和利益的空间，诸多血腥和压迫直到今天还在上演。黑死病给人们最好的警示应该是：空间是人的怀抱和地狱。在地狱空间的怀抱中，文艺复兴时期的伦理幕布被缓慢拉开。

三 文艺复兴与伦理图示

（一）语言“穹若”与前象征伦理

总体来讲，文艺复兴时期新的语言正在形成，导致伦理图示整体上处于“前象征态”。这一时期，拉丁语和意大利语处于过渡阶段，拉丁语的众多语法、语义和语音均遭到了否定，然而经由否定而形成的意大利语尚且没有力量构成“异质性”存在。文艺复兴时期意大利人使用的语言基本上还是一种“母亲”语言，是意大利语的“穹若”（克里斯蒂娃）状态，这样的语言等待“压抑”，以便从一些连续的游动片段进入“规整的差异”状态。此时的意大利语与拉丁语处于粘连状态之中，意大利语虽然正在形成，然而尚且没有“父亲能指”的绝对力量。这一时期意大利人使用的语言是暧昧的、滑动的。这种潜意识语言有着梦一样的结构，语词之间既相互依赖又存有敌意，意义与意义之间既对话又沉默。但丁创造的佛罗伦萨俗语最先想从这种语言的前象征态中走出，以一种清晰的意指结构收复混乱的前语言能指，然而这种俗语还是受到很大威胁。但丁的“父亲语言”并未站在俄狄浦斯化之后，而是越过这条边界，向语言的前镜像阶段插入，最终站在“母亲语言”的边位，甚至部分融化为“母亲语言”。这种新独立的语言显得软弱，没有力量直接将那些游动的语言能指固定在某个位置上，它只能以母亲般的“体贴”前去“感化”，继而对其增添符码。这些前语言是“创伤的”，它们塑造过千年的历史，最终又被历史“阉割”，西罗曼语到了14世纪已经成了语言的残片和碎末。这样的语言是脱离主人能指的，是逃逸的，同时又是软弱的，丧失稳定语义和规则的。这些被时代吹散了的符号正在努力寻找和固定自己的位置，并尽量和其他语义群组成稳定的整体。然而这样的语言又是盲目的，它们尚未形成清晰的离开“母亲”的“赤子”野心，而是去“父亲”那里寻找一个被压抑的位置，以便在象征世界中象征。

这种暧昧的文艺复兴语言态连同空间的背景一起形成了文艺复兴时期混乱的“伦理图示”。让语言不允许人在其中找寻到位置，人必然表现出盲目，这预先形成了后结构主义的伦理图示。

文艺复兴时期的道德原则和道德要素是“星丛”状的，各自尚且不能完整表达自身，而是在一个空间网络中相互表达和彼此压抑。各种道德信条处于与整体的暧昧中，同时又在“父亲原则”的凝视位置上接受象征的诱惑。道德原则之间一方面有着敞开的互文结构；另一方面每种道德原则也在纵向上向着自己的过去和未来同时“对话”。对话同时伴随着回避，这种回避意味着某种自由的野心。文艺复兴人力图以主动接受压抑的方式从这种前伦理的状态中分离出来，以便停止“滑动”而将自身固定下来。他们想接受“父亲”的象征捕获，然而又不甘心于被捕获。文艺复兴时期的象征父亲不是纯一的，而是复数的，相互间也有着绝对的异质性。一种道德原则如果想从母亲那里独立出来，它就要被迫接受选择，选择要到哪种稳定的象征范式之中去，复数的父亲原则增加了选择的难度，这种选择的结果更经常地表现为潜意识的、强迫的与蒙昧的。与其说是选择，不如说是遭受某种象征伦理的“魅惑”，并以无意识的方式被收容和捆绑。于是我们经常看到文艺复兴人的某种悔恨，以及对于被诱惑而形成“贱斥”（克里斯蒂娃）意识的毫不甘心，于是他们便主动退行，向历史深处逃窜，逃到中途又遭遇悔恨，再次反向逃向某种“父亲”象征。文艺复兴人生活的空间以及他们借以表达的意识符号是扭曲的、移动的，其道德的整体图示必然是“块茎的”“孔洞的”和正处于否定中的。文艺复兴时期的符号语言处于神学符号与科学符号（卡西尔）之间，其道德坐标在感性和理性的抽象的交叉区域无规则地运动。伦理之事物尚未形成质的坚固内核，而只是处于量的“双值”间，量在空间中的反复出现随时填补质在时间中的缺场。文艺复兴时期，各种道德事件都与时态相连，并与其他事件构成多音位的共鸣，整体的伦理组合最终是丧失“调性”的。一种道德原则似乎永远处于等待完成之中，又在趋向完成的那个点自我消亡，究其原因还是来自每一原则自身的符号脆弱性。那“一个”原则的命名是“幼年的”、尚未牢固的，其自身刚刚从“母亲实在”中挣脱出来，被“父亲男根欲望”“诱骗”到象征空间，其本身是“不情愿的”和悔恨的。在另一个同样被“诱骗”的道德原则的“诱骗”下，两者新编织的道德链是经不住自身对自身以及相互间的结构张力的。这只能带来

"幼年语言的死亡"（阿甘本），幼年伦理也跟随语言一起死亡。

自文艺复兴时期往回看，语言和伦理都成熟过，甚至衰老过。和人类早期的语言胚胎不同，早期的语言和伦理在自身与自身同一性的种子中间萌芽、成长，周围的要素也都围绕着符号和伦理成长。伦理在古代德性论社会和中世纪神学话语中都充当了"主人能指"，具有扭结其他各种社会范畴的力量。伦理符号在加固自身之外各种要素的同时也在加固自身，同时也和各种要素相互提供养料。到了中世纪，神学伦理长成了一棵"参天大树"，而其他各要素都被要求超过"献祭"之外的"献祭"（巴塔耶）。经过这种"过量的供给"，神学符号将所有营养吸收完毕，其他所有要素都被当作子项且以同一的结构围绕神学伦理打转，神学话语丧失了异质性交流功能，只能在自身内部进行闭合循环，逐渐地只能走向自身的消灭。那些死亡的语言符号跌落在"大地的自信"中（海德格尔），腐烂为残片，文艺复兴人认领的恰恰就是这些比残片还细碎的符号粉末。这些作为"粉末"的符号是伪装"幼年"的，它们不过是苍老尸骨的强迫回归，身上刻着顽固的旧日符号同时还驮着受伤的"菲勒斯"，这两样东西都是不允许"幼年"语言顺利成长的。腐烂的象征碎片拒绝成长为异质的新的象征整体，那些回归的"创伤之物"更是对新的象征秩序心怀仇恨，因为它们深知自己的第一道刀痕便是来自过去的象征符号本身，这些"实在物"因自身过去的经验直接拒绝为新的符号体系提供能量。新的"幼年"伦理自身携带了过多的反对物。自身虽然代表新生，然而自身就是腐烂，是过去腐烂之物的碎片，并随时被那些"物"返回来腐蚀自身。过去与现在在质料上更具有亲缘性，返回是容易的，异质化却是艰难的，这种艰难本身也训练了它的力量。它知道过去是亲切的，然而过去毕竟是腐烂的、卑贱的和恶心的，过去为现在保留着深刻的记忆，那些印象并未随着腐烂的过去而消隐，而是立在过去与现在的边界线上充当"屏障"（齐泽克）的作用，这屏障是残缺的，却也是坚实和连续的。过去的部分有的透过来混入现在，但大部分还是被挡在了中世纪。这"屏障"立在中世纪的腐烂与新世纪但丁的"新生"中间，因与古代相隔甚远，古希腊和古罗马的象征残片可以大量逾越而过，因时间久远，人们不太记得这些新出土的残余物上面携带的腐烂观念，而是起来抬举它们，让它们充当"理念父亲”的作用，让中世纪的、当下的残片和碎末围绕着这些古代的理念形成拓扑结构。古希腊和古罗马的伦理理念也被询唤为“主人原则”，让它的手牵着众多的“风筝”，并使其各自的引线互相独立，各种伦理要素和伦理原则还是在“父亲”欲望的引领下顽固地朝着稳固的位置固定自身，并努力形成某种小范围的伦理织网。然而这样的主人能指毕竟是被“询唤”的，被询唤之物不可能轻易让自己成功地询唤他物，被命名的也不太可能实现命名的成功。那些被询唤的古希腊和古罗马道德原则只是被用来充当一个“脸孔”，这张脸上缺少必要的“眼睛”，也无法完成对各个伦理要素的有效“凝视”。最后，那些临时的“主人”只能向后退步，退回到和其他道德要素平等的位置，发挥某种有限的名誉作用，由此，文艺复兴时期的伦理图景还依然是“星丛的”“滑动的”。

（二）游动空间与伦理范式

人性和空间具有互文结构，一切关于人的问题都涉及人与空间的问题。文艺复兴时期的空间在变质，人性也在重组，二者在纠缠的状态下共建了当时复杂的伦理图示。文艺复兴时期的空间是多孔的、交叉的和叠加的，自然空间、地理空间、经济空间、政治空间、文艺空间也各自以不规则的形状处于游变过程中，而伦理空间作为以上各空间的扭结空间更是以最复杂的形式存在着，各种拓扑子结构经过伦理空间而实现相对闭合。在伦理空间内部，各种道德事项之间、伦理原则之间形成多维互文结构，伦理空间与其他空间也同样以“对话”形式共同实现意指。然而这种结构却没有形成稳定的、可以被直接识别的伦理形态。

然而既然是研究，我们就要“被迫”去结构出一些反映文艺复兴时期宏观伦理样态的网格，以便将那些游动的质料对应地填充起来，最终总体勾勒出欧洲文艺复兴时期整体的伦理图景。

首先，当时的欧洲萌芽着一种“初始化的俄狄浦斯”伦理，这是一种“成年”的“幼年”伦理。事实上，如上一部分所说，文艺复兴时期的伦理图示总体上处于前象征态，各种伦理原则和伦理要素间处于“母亲能指”阶段，互相交叠成一个混沌整体，这给我们的结构意图带来了困难。然而，毕竟有一些“父亲能指”越过了镜像阶段而直接对欲望的能指提出了“诱惑”，一些自愿被“压抑”的能指甘心弃却“卑贱”而参与到象征秩序中，并相对“成功”地标记出一些可见的伦理样态。其中最鲜明的便是瞬时伦理与应激伦理。这些伦理样态尚未到达伦理原则的位置，而只是处于样态与混沌之间的临时连接点上，并受到时间与场域的双重制约。黑死病、商业交换、私人迁徙以及当时的艺术活动都在培育这种“瞬时伦理”。空间在以上提到的宏观背景中快速“移动”，黑死病造成的逃逸以及商业迁徙生成了游动的空间结构，空间是随时从人的眼前“飘过的”，空间要素也是新的和易变的。伦理主体在游动的空间中以移动的方式存在，面对各种“突入”的时间，只能以应激的状态作出回应。旧时德性论和宗教伦理已经被游动的空间结构剔除大半，道德再也不能高居在某一中心点来统管所有事件，它甚至丧失了统管某些事项的永久权力，实用的经济伦理开始在众多的交往活动中起到实际的调控作用。这并不意味着人们从不对交换外围的事件丧失兴趣，实际上，文艺复兴人对“凝视”象征伦理背后的“孔洞”兴趣十足，然而在文艺复兴人那里凝视的部分和规制的部分是需要区分的，这种区分的需要来自他们对于摆脱繁复生活的功利要求。本来就被游动的一切重重缠身，过多的“操心”要被用于“在世”的瞬间“筹划”，主体不太可能在某一个固定的点上接应所有事件。需要说明的是，文艺复兴时期在一些领域处于支配地位的经济实用伦理也只是相对稳定的，众多异质性的生活要素不断穿入其中对其进行干扰，这种经济伦理也是飘动的、泡沫的，它无法上升到文艺复兴时期伦理原则的位置，也没有一种伦理范式在文艺复兴时期能够永立于原则位置。

文艺复兴时期的道德主体同样处于“幼年”阶段，在“小他者”的运载下不断巡回在各种象征伦理之间。由于距离“贱斥”点的位置过近，其大部分意识都被那些“前象征物”耗尽，只剩下有限的少数精力被用于应对象征事件，其遭遇的结果经常是“未及深入”的。文艺复兴的道德主体不仅受到“对象物”的凝视和胁迫，他们还同样受到那些死去很久的“古老神话”（卡西尔）的诱惑。对象物的胁迫是“危急的”、焦虑的①，神话原型的胁迫是“经久不绝”的。文艺复兴

① 请试想达芬奇过分的绘画拖延与“怪异的沉思”。

时期刚刚成型的“命题语言”还能经常回味起神话中“情感语言”的温度，感性频繁崛起，难以压抑。文艺复兴人要“操心”现在、过去以及过去的过去三者的联合围困，他们每一刻都必须被用来实现这种“不可能的协调”。这些刚刚步入符号界的人们使用符号极不熟练，而此时的符号表意已经十分复杂，那些“异己”的符号逼迫主体的身份分裂，在“物”的压迫式追逐下，“存在性安全”（莱恩）难以获得，个体对生命和价值的统一性没有坚固的认知，多重身份的集合也不再可能建构自我的实体。这种符号的泛滥导致文艺复兴人生活的整体氛围是“敌意的”，布克哈特曾记载了当时人们自己带食物去赴宴以防被下毒的事例，也曾客观记述了台伯河经常漂浮尸体的恐怖事实。黑死病加剧了存在的脆弱感，那些每日可见的尸体时刻提示主体看向与其自身的客体完全丧失差异性的“贱斥”点之前，尸体向活人演示“死本能”的真实存在，告知人们身体表面上是求生的，实际上是求死的，甚至整个宇宙都是求死的。自然也不是自在的，自然时刻体验着被占有的极度欲望——实在界的鬼脸。自然和自我的潜意识每一刻都在合计、密谋死亡，让身体和灵魂早日死亡。死亡意识成为一个重要的干扰点，对大多数文艺复兴人的伦理观念和道德行为产生了紧密的影响。中世纪的可以被宗教引渡至天堂的永生灵魂不再存在，死亡就是现在的、永久的死亡，这让文艺复兴人的意识处于躁动状态。为了应对过去实在界和死本能的实现，他们努力寻求自身的身体分裂和精神分裂，让自己以多重身份存在于多个场域，让自己拥有的物品更多，名声更大，然而这并不能在实质上弥补幼年象征秩序对比过去实在界真空与久远的神话底层的亏空。

尽管文艺复兴人存在于象征秩序的幼年时期，其伦理结构的建立过程异常艰难，然而象征伦理作为新生事物还是在固执地生长。到了文艺复兴中后期，一些象征符号可以被用来建构相对稳定的伦理原则，文艺复兴人开始在道德实践中逐渐获得自信。在这一过程中，科学理性起到了一定作用。科学的生长过程经历了与神学和“残余物”的艰难斗争，科学之所以胜利了，是因为科学技术满足了文艺复兴人的“对象”需要。科学技术的优势就在于它的可实现性，尽管在20世纪科学理性乃至技术官僚已经引起包括法兰克福学派在内的众多思想家的反对，然而科学技术在文艺复兴时期尚且没有发挥太多的消极作用。马尔库塞说，任何事物的过度发展都会压抑人性健康，然而包括科学技术在内的必要事物也不能发展得“过少”，否则人类就会停在某个不完美阶段。文艺复兴时期的科学技术迅猛发展，人们开始崇尚理性，追求可被验证的事物。一切都要经过理性的检验，尽管文艺复兴时期的占卜术也很流行，然而像布鲁诺一样的占卜狂人也总是在理性指导的基础上去“迷信地”预测未来。科学技术追求可以产出的结果，道德世界也开始模仿科学技术并尽量追求可以实现的效果。文艺复兴人开始构建人工道德和实用法律来为人们的日常行为提供明确的规范性指导。一些思想家以言说或者出版书籍等形式来宣传自己坚信的道德原则，法学研究者们专心研究古代罗马法以便指导当下的交换世界，意大利的法学研究在当时闻名于世。

然而这并不意味着文艺复兴时期人们最终获得了实践理性，当时的道德世界虽然活跃却不成熟，除了上面所说的幼年符号秩序的脆弱以及中世纪和古代因素的围攻，当时的政治分裂也是导致伦理秩序不能有效形成的重要因素。国内各个政治势力之间、国家与国家间、王权与教权间的矛盾极为突出，各地区的法律条文差异巨大，经济贸易发展受阻，道德统一原则的建构困难重重。

四　伦理样式

该部分主要涉及书中第三章到第六章。主要探讨现当代伦理学研究的四个核心维度，即自由、尊严、人权以及正义，并将这四个核心维度放在文艺复兴的历史语境下进行重新诠释。

在“自由”一章中我们将以“绝对自由及其前提”“自由的自否定”“自否定的不自由”三个部分对文艺复兴时期的自由状况进行全面而系统的考察。这里首先需要澄清的是：我们叙述的不是三个问题，也不是一个问题的三个层面，我们是在呈示一个问题的一个层面，只不过因其自身的强悖论与强否定色彩才迫使我们以为在面对三个问题。文艺复兴时期的自由确实具有强否定的特性，在其自身之内散佚着自身的核心。一方面，文艺复兴时期具有了其他时期不可能具备的绝对自由的可能性，政体观念形态（道德、法律以及其他价值团块）的碎化以及固定的现实束缚（物质与人身依附，制度对人的规定性）的涤除，让这一时期的人成为“先验的越狱者”，从诞生那一刻起便越出了固定性的监禁，使得之前与之后历史时期那些人身与制度观念的绑缚在其自身无法发挥效用。他们不再和以往之人一样嗜欲于某种或者某几种道德规范，并拒绝自身成为规范所否定掉的其他样式。文艺复兴人不再甘心领受这种固定化的道德规约，却可以随意变成与现在不同的“其他的自己”。他们不再受到道德引领，而是道德为其引领。这样说并不意味着选择性在他们之中发挥着主导力，他们并不是要选择一些另类的道德形式，而是说文艺复兴时期的道德就没有基础与另类之分，曾经的那种从中心向边缘递减直至被划出最后一个否定范围的道德规范模式彻底不再，主体被迫抛入绝对自由之中。自由虽然经过他们选择，然而并非是选择赢得自由，绝对的自由先验的就在文艺复兴人的现实中，因为界限与限制在这一时期伊始就已消失，至少是不具备限制的“力量”了。因此，文艺复兴人成为自由的穿越者、变形人，生活在绝对自由的可能与现实之中。然而，这只是问题的一部分，更准确地说这只是文艺复兴自由现实这一问题的不完整性表达。因为，绝对自由在文艺复兴人那里并非来得真切，在自由被“抛予”的同时，不自由也在同时膨胀。那些无我的自由的穿越者因为尊严以及主体意识的觉醒，重新以否定自身的相同力量肯定自身，在变化自己的同时固化自身。前者让他们随意变成另一个自己，主体意识又让他们不做任何改变，因为，变得再好也不是他们自己。这种变了也是自己与变了就不是自己的冲突构成了文艺复兴自由现实的绝对悖论。文艺复兴人在解构界限的同时也在结构界限，在远离责任的同时也在制造义务，在伤害他者的同时也在被他者维护。这种不自由的极端悖论被文艺复兴时期的“举烛人”表露得极其鲜明。他们是最不自由的自由人，是自己的其他人，同时也是最自由的自身实在。这种关于自由的文艺复兴式悖论我们将在第一章以三个部分详细阐述。

第四章的主题是尊严。实际上，这一章的主题并非来自我们可有可无的选择或者类似于意识灵感的纷涌，而是一种“迫不得已”的必须。一个最无可辩驳的历史现实是：完整的尊严意识发轫于文艺复兴，“尊严”又是当下伦理学探究的最核心的概念之一，因此，对文艺复兴时期尊严现状的探讨就不再是一种随意性的有意为之。如同“破土而出”时期的一切事物一样，尊严的发轫也并非一蹴而就，而是有着一个渐变的展开谱系。在该章中，我们以“窃回的尊严”“敷衍的尊严”“合谋的尊严”“神秘的尊严”以及“未来的尊严”为问题的轴突来全面还原这一自泉口到江海的尊严成长谱系。第一部分我们以但丁的《神曲》为主要文本，阐释尊严在初始过程中被提出的被动的“隐藏”特征。但丁提出了尊严，同时又惧怕被自己提出的尊严，因此，他只能选择在文本中暗自“窃回尊严”。这里要注意的是“窃回”而不是“窃取”，区别是：前者认为尊严曾经被“人”拥有过，只不过后来被上帝收回。在接下来的“敷衍的尊严”这部分我们谈到了文艺复兴时期的一个通才人物阿尔贝蒂，在无法解决神之尊严与人之尊严相互冲突的情况下，他拒绝讨论神，而直接进驻到对人的尊严的讨论领域，利用人的实践理性与实际能力证明人的尊严。然而，在那个神学传统挥之不去的时代，这种绕过神而直接讨论人的探讨方式最多也不过是一种临时敷衍。为了解决神性尊严与人性尊严的冲突问题，费奇诺与皮科分别“合谋”了两种尊严，以一种和谐而并举的方式将神性尊严与人性尊严放置在一起，并使得二者同时被提出，同时被提升，最终统一地抬至世界的最高处，这是我们在本章的第三部分将要讨论的。接下来，随着神学话语的式微，人的尊严意识的日益高涨，人势必要脱离神学框架来求取自身的尊严的合法性。马基雅维利和布鲁诺在这方面分别做出了有效的尝试。前者认为，人以其“无定型”的特征让自身得以突出，后者认为人能在非中心化的宇宙中制造出未来的中心，并具有最终占据中心的能力。透过这一章我们将看到，尊严的发轫过程是异常艰难的，然而终究是顺理成章的。在漫长而黑暗的中世纪，人的尊严被人亲手制造的上帝侵夺，人从坚定不移地认为自己是上帝所造，继而回到自身，以自身价值证明人类存在的价值，这一路径的最终回归将是必然的。

第五章我们要论述的是文艺复兴与人权的关系。事实上，这一章不过是上一章的自然延伸。当人意识到自己高于万物，意识到自身作为人的存在具有不可侵夺的尊严与价值时，权利观念自然而然就产生了。尽管尊严与人权的关系在不同的叙述者那里经常以相反的决定关系被定位，然而，这些叙述却总不能逃开二者的原始联结，有了尊严意识必然就有了权利意识。然而无可置疑的另一层事实关系是：尊严意识与权利保护之间却有一段现实空白需要时间历史去填充。因此，这一章的题目为“文艺复兴与过渡（度）人权时代”。这一题目表达了两种互相联结的意旨。首先，文艺复兴是现代人权观念的过渡期，这种过渡性表现在：人权从“上帝的人”权过渡到人权；人权从人类权过渡到个体的主观人权；消极人权中的财产权开始获得重视。第二部分要阐述的是文艺复兴时期由于权利的过度要求而带来的使其暂时未抵达现代人权门扉的事情的另一个维度。人权尤其是消极人权不同于一般的其他权利，后者在法律的允许内可以随意索要，然而人权具有“塑形”的特性，它要求简练而精致，要求明确而少量的规定性。文艺复兴时期对权利的过度追逐从另一种意义上“胎死”了现代人权观念在那个时代的最终诞生。在这一章的最后一部分，我们还详细讨论了文艺复兴时期的尊严、民主、道德以及法律这些社会要素之间以及与“人权”概念之间的总体关系，逐一阐述了其先进性与局限性。

最后一章涉及的是政治伦理学中的正义问题。这是探讨文艺复兴伦理不可绕避的另一个重要维度。实际上，正义是一切伦理评价的第一指标。在考察一个专有的社会形态及其历史定期时，只有通过其具体的对“何为正义”的社会意识形态的解读才能做出后续的关于自由、德性、尊严以及权利的延伸性价值评断。文艺复兴时期的社会历史完成了从德性正义向权利正义的转变，之前的那种将正义归属于个人德性的古代价值模式被权利正义以及自由正义所置换。此外，个人正义向国家正义的递转是关于这一时期正义存在的另一个主要维度。在过度强调个人权利的同时，由于个体的道德败坏，个人及其主观德性已经不再被给予美好的期望，同时，由于政治混乱、法国与西班牙的入侵以及意大利国民之间的互相倾轧，人们活在扭曲的不安定现实之中。鉴于这种现实，众多当时的思想家决定用国家正义来替代“个人正义”这一概念，以稳定的制度正义的方式框正人们的退格行为。限于篇幅，最后一章主要是以但丁的《论世界帝国》以及马基雅维利的主要著作为底本，对国家正义这一文艺复兴时期的“政治伦理”概念展开详细的讨论。同时，由于二者所处的时代不同，即使是表面上都重视的国家正义在其各自的笔下也都有着更多的相反的论述，在但丁更重视目的论以及血统论的玄想时，马基雅维利更看重现实的正义结果。正是借着马基雅维利的引导和启发，后续历史的霍布斯以及更晚时代的思想家才开出了契约论、自由主义、功利主义以及实用主义的伦理进路。马基雅维利第一次将哲学辩证法融入政治思维之中，使得政治与哲学首次被在实践论的层面获得了完整的衔接，这对迄今政治伦理的发展是功不可没的。

五　研究方法

国内目前对文艺复兴的研究主要停留在文学、史学和艺术层面，哲学方面的研究还是极其欠缺的。虽说本书的主旨是研究文艺复兴时期的伦理方面，然而，笔者在每一部分都尽量使用多种哲学方法从宏观上构建那一时期的哲学图景，使得伦理学的相关研究具有哲学方法论的支撑根基。

除了纯粹哲学，本书的写作还大量借用了精神分析学、符号学、人类学和社会学的方法，尤其是精神分析学和符号学。笔者希望在此澄清一种误解，有学者认为精神分析属于心理学范畴，只是以各种实证的方式研究个体的心理特征，因此不适于来研究一个时期整体的道德图景。在此笔者想说明的是，精神分析不仅仅是一些实验和假说，它也不仅仅针对的是个体的心理剖析。从荣格到拉康到大部分的精神分析流派，其研究方法基本上都是“结构主义的”，都是从最宏大的符号、行为以及想象和意志等方面来对人类整体进行研究，并分解到对各个阶段的研究。它的研究对象是整体和个体的辩证统一。此外，精神分析之所以叫精神分析，它不仅仅是研究“心理”，“心理”只是精神的一个方面，那些心理和语言之外的众多精神也同样属于精神的范畴。同样也极少有精神分析学家不关注“自然实在界”方面的研究，那些被“外化”的社会制度和观念也还是在经典精神分析的研究范围之内的，甚至是重要的研究方面。精神分析也不仅限于弗洛伊德的生物主义或者一些实证主义的还原方法，它们在各处都追求形而上学的支撑。本书第二章之所以借用精神分析，是因为笔者觉得精神分析具备两个基本性格：坦率和勇气。笔者不同意德勒兹对精神分析属于“资本主义意识形态”，因此具有狭隘性的那些说法。事实上所有的哲学方法都可以大体概括为两类：还原（结构）和玄想（生成），笔者认为那些玄想的、生成的哲学虽然表面看来够大胆、够花哨，实际上恰恰是“懦弱的”，他们没有力量和能力来成功构建某些哲学“结构”。当然，我们推崇结构的方法也并不意味着我们将自己置身于“结构拜物教”，任何结构在某种程度上都是以偏离“实在”为代价的，然而这恰恰是“哲学结构”的价值。另外稍有哲学常识的人们也不会不“反思”那种让他们“喜欢”的结构，否则那只是宗教式的伪哲学研究者。本书大量借用了拉康、齐泽克、弗洛伊德、荣格、克莱因、克里斯蒂娃、伊利格瑞等精神分析学家的相关成果，来解析文艺复兴时期的道德现象和伦理原则。本章的写作注重了各种精神分析学说的交叉比照，尽量从整体上以令人信服的方式得出每一个结论。笔者在这里也想来个“抛砖引玉”，希望以后的道德史研究也能借鉴一下精神分析的重要成果，来印证一下“深层”和“表象”的区别。

符号学作为笔者的偏爱已经“渗入”了每一部分的书写之中，尤其是文化符号学的诸多成果被借用到本书的研究中。如同上面所说的精神分析不只是“心理分析”一样，符号学也不仅仅是对一般的符号的研究。“精神”和“符号”是极其涵容的两个概念，它们有着共同的“野心”，既可以用来研究世界的整体结构，同样也可以研究一段时期的整体或个体特征。笔者在多处借用结构主义语言学和文化符号学的一些方法来研究文艺复兴时期的伦理构成，通过对维科、卡西尔和皮尔士等符号学家相关学说的引用，文艺复兴这一段人类的神秘历史将会以另一种完全不同的方式向我们呈现自身。

第一章 黑死病症候下的身体、时空幕景

“我看到黑沉沉的夜幕里，以及星星苍白的脸上，尽是繁露、哭泣和眼泪”，如果将塔索的这句诗借用到我们对即将开始的关于欧洲文艺复兴的开端描述上是极其恰切的。亚平宁半岛上 14 世纪开始的这场繁华确实自一种“绝望的黑色”中“流出”，却并未以失败收场。在黑色的光照中，身体正在酝酿一场史无前例的“起义”，那些化脓的精神被斩于中世纪的穷途。本章里我们负担着沉重的任务，并以纯粹哲学的范式，尽可能少地使用诗学的、艺术的、历史的、地缘与政治的方式来展开对于文艺复兴时期伦理幕景的分析。这种分析是“悲凉的”、龃龉的和必然“失败的”，文艺复兴以及作为其开端的黑死病是“匿名的”“逃逸的”，那些“鱼腹”一样的“油滑”拒绝任何规范的、一劳永逸的结构和任何思维的妄图。文艺复兴驻扎在“平滑空间”中，在思维的背后生长，并遗留下一些虚假的“记号”。那些症候学和谱系学对于“忽视”“断裂”“背反”和“突兀”等进行最后串联的妄图在文艺复兴的深度沉默面前同样失效，我们依然被它凝视。我们的研究将以身体和空间作为切角，以多维的方式去“偶遇”那些现象，这种方法严格说来是现象学的。本章的研究虽然涉及大量的历史文献资料，然而我们这里却并非要以还原主义的方式回溯那段历史。历史主义的方式看似是精确的、让人信任的，却也几乎从一开始就是注定失败的。依照胡塞尔和梅洛—庞蒂的启示，空间、时间与身体是最具现象学意味的，我们对欧洲文艺复兴的研究也由此开始，并从中“看出”它自己的“对象”。

一 黑色斑下的身体伦理学

“1347—1351 年的黑死病是人类历史上被记述的最大规模的流行病，在几年时间中有两千万到两千五百万人（约占当时欧洲总人口的三分之一）被杀死”①。这场疾病中改变的不只是人口结构和物质要素，黑死病以及由此造成的经济危机对于整个欧洲的哲学和底层心灵结构造成了决定性的影响。② 1347 年的身体在接近另一个身体的过程中被杀死，这种杀死与人类的图谋无关，它不再是伦理意义上的，也无关爱与恨。病毒随意杀死一个人、一村人，甚至更大区域内的所有善人和恶人。曾经那些“平凡的”身体成了杀人的武器，任何一个无辜的意识都不能阻挡自己正在成为武器的对象或者武器本身。此时的身体与中世纪的身体有着明显的属性区别。中世纪的身体是消失的、隐没的，基督教的理想就是“只剩意识，去掉身体”。身体在中世纪是被动的，在意识的强制中充当奴仆。宗教裁判所的直接作用便是移除身体，火刑在中世纪盛行的原因是火能将身体销毁得更为彻底，从而大大优于其他的死刑方式。而在基督教信仰中，火是将否定的身体转化为肯定性的精神的最好介质。火刑过后，身体消失，灵魂受洗，罪孽框定。在当时的基督教徒意识到异教群体难以在精神上皈依之后，消灭异教者的身体便成为流行举措。身体与意识的状况到了 1347 年猛然急转，经过了黑死病，曾经被动的身体开始具有反攻意识，并借助身体理论与时代机遇而最终凌驾于意识之上。

（一）危险的身体

1. “诱人的”身体

中世纪的身体隐没了，直到 1347 年，处于意识灭点的身体被重新看见，并沿着越来越宽广的延伸线反向挤压意识。曾经让上帝之光照亮

---

① Tommaso Limonta, *Raccontare le pandemie: il caso del* 1348, Fondazioneistud. (Citato da http://www.istud.it/up_media/peste.pdf)

② Tommaso Limonta, *Raccontare le pandemie: il caso del* 1348, Fondazioneistud.

的精神第一次转暗，身体轰然登场，却载满症候。1347 年的黑死病让身体暴露在日光中，又迅速结束于沟壑、污泥和绝望里。身体在场与离场的变奏如此高频，意识全部遭遇了“无调性”。久违的身体竟是腐烂的、正在消失的“客体”，这些死去的身体不断反向凝视，让理性的坚硬范畴在生成中同时瓦解。身体由过去的“无”变为现在的“物”，身体走在意识“之间”，意识成为剩余，但意识无法停止凝视。拉康说，凝视就是被凝视，凝视无法停止。文艺复兴时期的意识第一次看见身体就看见了“物”，并不停地看见“物”。黑死病的身体是“繁忙的”，身体不断生成广延性，又不断在时间中寂灭，身体是活的，又是正在死的、已死的、复仇的。一个身体不断遭遇其他身体，却只遭遇互相之“物”。身体看见了身体，却又看不见身体，但身体必须视看。

瘟疫可怖，这种可怖却是诱人的，它导致倒错的吸引力。没有什么比瘟疫在人们心中造成的事实感更加具有事实性了。比起快乐的事情，人们对恐怖之事的记忆更加清晰，尤其是当人正处于恐怖中而无法抽身之际。看着周围的人死去，自身极有可能也因为同样的因素以同样的方式死去，这种致命的绝望往往超过人的情感承受力，理性的储量明显少于感性的情绪，人们恐慌不安。瘟疫之“质”不仅让人想远离，而且还迫使人靠近它。瘟疫造成的症状往往是骇人的，它伴随着人类承受力之外的疼痛、腐烂与呼号①，视觉和听觉同时感受酷刑。光是这些症状就足以让最坚强的人变得软弱，更别谈随之而来的最摧毁人类意志的死亡了。然而，这些可怕的瘟疫事实上仍然造成一种“被动的”吸引力。瘟疫征服人，人同样要征服瘟疫。征服的前提便是了解，知道瘟疫“是什么”。没有人对身处其中的瘟疫毫无兴趣，瘟疫对最愚钝的人，甚至对儿童都有着迷人的召唤力。每一个人，因自身的焦虑，都想知道瘟疫是什么，然后再以有效的方式将瘟疫驱逐，使之处于理性的控制之下。

在人类早期，限于医学以及科学的落后，即使人们被瘟疫召唤，这

---

① 关于黑死病带来的声音世界的变化，请参阅 *I promessi sposi*，Edizione eletronica diriferimento un’ estensione online del corso B. Panebianco, M. Gineprini, S. Seminara, Letterautori Zanichelli 2011。

种召唤也通常召唤不到人，古代人只能被动承受瘟疫的恐怖。在我们生活的现代社会，科学的发展让人们或多或少地了解了瘟疫的结构，至少“接近”了每种瘟疫之“质”，因此，现代人基本将病毒的阻止任务交付给专业医生，自己只是听从医生的建议而进行常规防御即可。唯独文艺复兴人对瘟疫有着别样的态度。文艺复兴时期，科学介于有所发展又不甚发达的阶段，人们不再像更早期的人类那样认为瘟疫只是来自神灵的惩罚，相信只有通过忏悔，才能让神将惩罚的病毒最终收回。虽然在1347年一部分人宣称黑死病是神对人发怒的警示信号①，并用鞭子猛烈抽打身体以平息神的暴怒，然而，在众多文艺复兴人的心中，这种观念是动摇的。这些人潜意识中更倾向于相信瘟疫只是一种自然事件，与人的道德作为完全无关。这一阶段的人们宁愿相信：自然赋予人知性与理性，“自然乃是让人生活幸福的最佳向导”②。由此，自然“恢复”到最初的意蕴，将自身纯化，并由此带来“纯洁”的非道德的思维方式。然而越是自然的就越是神秘的，自然比神秘本身更加神秘。在曾经的神学时代，人们会将自己的作为与神的奖惩连接，或者根据自身的行为推测神的喜怒，或者根据神的奖惩来检验自己的道德。在基督教徒的潜意识中，神并非是喜怒无常的，神是最理性的，神性的基本发挥方式只是“奖善惩恶”。而自然却是非理性的，人们存在于自然中，却对自然的喜怒丝毫不知。当自然的至怒以病毒的形式发散出来时，恐慌的人们便深刻感受到人类的“范畴无能”。

2. “既死又活”的身体

“范畴无能”引发高频凝视，凝视又引发新的凝视，然而所有的凝视却只能凝视到“无”。这种凝视的反复“扑空”来自身体与病毒的“叠置”。黑死病的身体不再是纯粹的，黑死病的病毒也不是纯粹的病毒，病毒以“异在”的方式住进身体，并成为身体。身体此刻呈现最大的悖谬，身体接受、欢迎并培育病毒，自身已经融于病毒，却被病毒啃噬、消耗，直至最终被替代。身体死亡，死亡的身体却通过病毒活了下来，病毒并未占据上风，因为病毒无法杀死顽固的身体，病毒也不想

① Cfr. Tommaso Limonta, *Raccontare le pandemie*: *il caso del* 1348, Fondazioneistud.

② Eugenio Garin, *Il Rinascimento Italiano*, Capelli editore 1980, p. 53.

杀死身体。身体与病毒由此构成了复杂的关系。身体以自身的死亡喂养病毒，病毒却在生成、保存身体。在瘟疫中，身体与病毒同时处于“叠加态”，身体是“既死又活的”，病毒也是“又死又活的”，身体是病毒的，病毒也是身体的，身体是病毒，病毒也是身体。人们在凝视病毒，就是在凝视身体，在凝视那个“不存在”的身体。凝视的眼睛也住进病毒，病毒替代眼睛凝视，病毒在凝视自身，一种外在凝视外在的自己。

3. 理性的灰烬

以后几个世纪的康德的“知识”学说都十分重视稳定的思维范畴，至少强调时空这两个先天形式范畴的稳定性。文艺复兴时期的哲学家也曾试图讨论“理智是否有先验基础以及理智、神性与身体三者的关系”①，然而人类任何形式的知识能力在黑死病面前都宣布无效，人为自然立法的宣言遭遇溃败。实体、数量、性质、关系、地点、时间、姿势、状态、活动、遭受诸范畴被反向瓦解，量的范畴、质的范畴、关系范畴和样式范畴无一幸免。瘟疫作为德里达句法指称中的“绝对幽灵”，每一次的存在都是对知性的绝对挣脱，让某个时代的所有人同时体验无能。早在人类社会初期，一场小规模的瘟疫便足以完成其本身的恐怖使命。瘟疫是“飘来的幽灵”，是最神秘的、不知何时离开的存在。瘟疫是非实体的，它有着绵延的姿势，并且在未知的时间与路线行进，其遭受对象也不可事先预知。瘟疫在被识破之前没有本质，一切人都是它的可能对象。在其降落到某地之后，一切的人类思考都被强迫过来围绕它，恐惧它。在瘟疫面前，人为自然立法的所有知性范畴全然失效，它在发生时刻是“非知识的”，瘟疫的“去知识化”以及由此带来的恐惧焚毁了因果与道德。瘟疫本身是告别数量范畴的，数量最多只能用来把握死亡的人数。在瘟疫被破解之前，量词对其是失效的。数量与时间的关系从中断裂，一切确定性全部消失。生命遭遇夭折虽是人类早期的常见主题，然而，瘟疫以外的夭折并不能摧毁人们心目中关于生命时间的矢量把握。那些一般的夭折性死亡只是一次意外，一个人的夭折通常不会破坏周围人关于时间矢量的信任感以及对于生命稳定性的总体

① Cfr. Eugenio Garin, *Storia della filosofia italiana*, Einaudi 1966, p. 508.

信任。瘟疫之外的夭折即使规模再大，也常有外围界限，活着的人即使面对再多的死去者，他们也能大概推测出其死亡的缘由与未来的结束方式。通常的“夭折死亡”毕竟是一种“时间形式”之内的死亡，而瘟疫死亡虽在时间之中，却仿佛与时间无关。在骇然的瘟疫面前，一切坚定的意志连同精致的理性筹划同时失效，活着的人们在生物体死亡之前全部完成了符号性死亡。在瘟疫的围裹下，死亡可能沿着时间的矢量，无限地远离某个个体，也可能迅速将时间融化，并直接夺走任何一个人的生命。时间有时候是瘟疫的帮凶或者载体，有时又是瘟疫的死敌。人们期望时间，又惧怕时间，时间同瘟疫一样也成为幽灵之物。在各种防备措施相继失效之后，理性中的因果范畴丧失了最低的连接性，退回到知性的凝固和虚无中。一个动作不再连接任何预期结果。原本只是自然事件的瘟疫却化身为“嘲讽者”，其尖酸刻薄足以摧毁任何一个最自信的人的理性。一切虚无都被虚无连接起来，命运和肉身皆丧失了固定性根基。文艺复兴人频繁地写道：“如果我们的生命是易变的，有什么值得惊讶?”[①] 一种无法描述的荒谬感在文艺复兴人心中驻扎起来。面对黑死病，崇高感丧失了，留下的只是“崇高”的“严厉”对象。理性不再能够以更大的力量驱逐强大的敌人从而获得最终的快感，对象过于崇高，理性只能承受失败的唯一结局。

（二）身体反控与新身体伦理

1. 实践理性的空集

人类理性主要有两种功能：一是认识功能；二是意志功能，康德称前者为理论理性，称后者为实践理性。麦考米克认为，实践理性是人们运用理性决定在特定情势下如何行动才算正当。理性一定都是以相对稳定的“形式”作为推行的前提依据的，包括稳定的对象形式、稳定的认识结构以及稳定的实践载体。而黑死病带来的恐惧感让一切理性形式都从“稳定”中“溢出”，在病毒的挤压和吞噬下，人们的意志瞬间碎片化，此时“迷信而糊涂的人们，放弃了求真的工具，朝自身的错误

① Eugenio Garin, *Storia della filosofia italiana*, Einaudi 1966, p. 305.

走去"[①]。康德的"理性"概念在对待不同的方面所指迥异，在最一般的意义上，康德强调理性与知性的区分，指出理性的思考对象是知识之外的事物，在该意义上，理性与非理性是紧挨在一起的，这样的理性不需要向前多走一步就已经到达了它的反面。我们通常说欧洲文艺复兴是一个理性的时期，这一时期的文本不断肯定理性的价值以及人与理性天然链这一事实，[②] 然而，文艺时代的理性自一开始就与其反面合体。这一时期，理性的对象形式与知性的每个范畴都被迫隔绝，丧失了知性的理性不再与理性相像，反倒与幻想一起走向幻象。作为实践理性重要内容的伦理方面随之空集，每种伦理判断都显示出了相对主义的特性，并在伦理实践中经常走向自身的反面。

伦理行为主要的发起者与承受者——人，在黑死病的作用下首先被取消实体性，人不再是活生生的生命，也不再是尸体或者是精神，人成了无法定义的"物"。不只如此，作为"物"的人具有了一种被动的"能动性"，一个黑死病的感染者不再只是拥有普通的力量与人性结构，而是具有了一种强大的力量与"侵凌"结构。这样的人只要存在于"某处"，不用任何作为，他本身就是严厉的"非我"，具有异化的天然能力。他拥有了"自在"的"自为"力量，让其他的自为轻易化身为自在/自为。两个人待在一起，不再是原来的生命与生命的组合，不再是生命与实体的组合，也不一定是尸体与尸体的组合，而是任意的组合。看似健康的某个人很可能正在被病毒啃咬，某个患病者也很可能依着某种命运的奇迹在转好。黑死病甚至让死人都不能完全死去，而是在病毒的身体内继续存在。

伦理在人与人之间的承接方式也同样受到冲击。[③] 一个心怀为善动机的人即使想去帮助另一个人，如果他携带着潜在的病毒，就会致这个无辜者于死地。虽然动机论的伦理原则只是强调动机，然而在瘟疫的大

---

① Eugenio Garin, *Storia della filosofia italiana*, Einaudi 1966, p. 319.

② "通过言说同样的语言以及拥有同样的理性，人回到向其显现的世界……人获得了永不衰竭的理性，正是理性本身让人相信自己的客观可靠性。"（Cfr. Eugenio Garin, *Storia della filosofia italiana*, Einaudi 1966, p. 501）

③ "黑死病还造成了中世纪伦理道德观的深刻转变，整个社会都被带入到分化的顶点。"（Tommaso Limonta, *Raccontare le pandemie: il caso del* 1348, Fondazioneistud.）

背景下，每个人都知道自己是病毒的高风险感染者，这一点是清晰的，于是，助人的动机也趋向于复杂化。如果不比较动机，那只好比较结果，结果主义的伦理原则在黑死病面前更加无力。结果主义伦理原则通常是以结果的确定性作为伦理价值的判断依据的，然而，病毒造成的结果却是“运动的”，并可能朝着各个方向运动。一个举动只能导致一个“潜在”的结果，这个潜在的将来的结果往往不能被现在的意志推定价值。一个人去到另一个人那里，后续会导致什么结果，这在文艺的氛围下是逃离确定判断的。结果是运动的，判断也是运动的，都因为身体是运动的。

在黑死病的肢解下，伦理原则也丧失了自足性。当我们说到一个道德原则，它必然要具备某种相对稳定的结构，即使它要判定的内容是流动的。不论是德性论的、功利主义的、契约主义的、动机论的还是享乐主义的伦理原则，都必然涉及某种判断，这种判断必然要求一种结构性。然而，有什么结构能在黑死病面前保持形式的绝对稳定？当动机、结果、过程与载体都是流动的。在这种现实面前，实践理性诸范畴一并幽灵化，善恶、诚实与谎言等不再处于原初的二元对立情势，而是彼此蕴含的。伦理原则之间并非再是平行且独立的，一个往往只在瞬间便成为另一个的子集，并在其他瞬间又成为其他的子集或者统摄其他原则。即使是最确定的动机原则在瘟疫面前也丧失了清晰性，黑死病常常带来“昏暗的”意志，精神本身在病毒与恐惧的双重挤压下已经丧失了独立的清晰性，世界是“黑色”的，意识也是在黑天行走，并作出模糊的判断。伦理原则常常被自由的意志制定与奉行，然而，意志却在此刻遭遇了病毒的胁迫，一种介于自然与意志之间的胁迫。病毒是自然，又是某种生命意志，病毒的动机在操控着人的动机。描述与 Discorso（交流）由此被迫中断，语言这一“让人类获得迥异于万物之德”① 的灵性工具遭遇无能。

传统的善恶报应观念也不再成立。善的动机与行为经常带来一种荒谬的恶果，每天修身、行善的人们，瘟疫一来，还是要被他人、病毒和命运一同杀死。同样，做了传统意义上的“恶事”，却可能逃避瘟疫，

① Eugenio Garin, *Il Rinascimento Italiano*, Capelli editore 1980, p. 53.

当然也可能无法幸免。在这种现实面前，道德理性与意义结果之间呈现了完全错位的关系，甚至连迷信和信仰的思想都不再能够起到作用。又可以向谁祈祷呢？人们很可能正在被那个祈祷的对象诅咒。上帝和撒旦相互替代，或者重叠为一？没有人清楚。或许那只是上帝的一个试验或者魔鬼的一场先验梦境。

2. 嬉戏

阿甘本曾高度肯定“嬉戏”在社会生活中“去神圣化”的关键作用。文艺复兴时期的集体“嬉戏”正是对整个人类过去历史的“去神圣化”，而正在经历黑死病的人们则是要通过“嬉戏”消解掉人类一切可能时间的“神圣”。黑死病的毁灭威力常常带来意志力的瓦解，然而人们似乎并未束手就擒，而是忙于“垂死娱乐”。黑死病带来了最高程度的荒谬，生命、意义、时间与存在都是一场荒谬，人类成为某种意志的玩偶，也成为自己身体的玩偶。几乎每个家庭都要丧失亲人，几乎每个人都“必须”夭折。

面对荒谬的死亡，人类却不像很多动物那样坐以待毙，而是以荒谬回应荒谬。在黑死病的氛围下，死亡的悲哀每日将人笼罩，很多人却用“快乐”笼罩病毒与不幸。黑死病下人们及时行乐的方式在薄伽丘的《十日谈》以及文艺复兴时期其他作家的文本中被生动地记叙下来。空间被疾病侵袭，人们便重新构建空间，并且在新空间中持续嬉戏，在嬉戏中冒犯禁忌与历史。这些不再与神合作的人们“在解蔽中嬉戏着一种给出”，在理智的远方，也即在“让—在场”中重新遣送自己抵达“存在的天命”①。《十日谈》的整部作品就是一块“污物”，其目的是“弄脏”中世纪一千多年的宗教神圣——干净的精神和作为其派生物的“性”。在黑死病最后的狂欢中，越是干净的就越要被玷污，越是禁止的就越要被冒犯。

意识与身体的连接最初源自某种神秘的形而上学的契约。宇宙给了人精神与身体，这是明白显见之事，然而，宇宙意志如何分配身体与精神的关系，到任何时候这都是一个迷思。让我们能够看到的是人的身体

---

① ［德］海德格尔：《面向思的事情》，陈小文、孙周兴译，商务印书馆 1996 年版，第 9 页。

和精神与最高的宇宙意志之间仿佛签订了某种契约，在起初的契约关系中身体充当容器而精神充当统领，这样的关系在西方一直维系了上千年，然而这个关于肉体服从的契约到了14世纪开始被撕毁，身体不再甘心处于惰性的载体位置，而是要起来反抗精神。黑死病为肉体战胜精神提供了最佳契机。身体借用了外在的病毒作为帮凶和工具，并且以自杀的方式完成对精神独裁的反控。到了这个时期，身体服从的契约被身体撕毁，身体的势力从未如此显赫。身体首先要撕毁的就是精神与身体的连接物——信仰与性。这一时期，人们不禁起来反对曾经的禁止物，而且更重要的是还要反对禁止者。性与神父作为禁止物与禁止者的最典型的代表，在《十日谈》一书中作为重要的冒犯情节而占据了一半以上的内容。神职人员，这些曾强迫信徒自己以及他们的祖先去尊崇的人，遭遇到最严重的报复。这种报复集中的体现就是对最神圣之人不断地做最下流之事的反复描写。而且，更为关键的是，这种恶意的描写却是借着最“轻松”的语气表达出来的。这里的轻松并非是在表现一种无足轻重的、可有可无的氛围，而是一种彻底的反衬，借着轻松来表达巨大的愤恨。对禁止物与禁止者的反对必然带来个体欲望的无限释放，这种释放在瘟疫的强大压力面前不但没有被废止，反而因为吸收了否定性的阻力而变得异常显著。人们冲破被传染的恐惧聚合在一起，完成各种“最终的”娱乐，人的个体分散性被一种“不可能”的欲力拉在一起完成了整合。一个自我意识此时如此需要另外他者的自我意识的认同，这能让一个人以最低的能量越过死亡恐惧。病毒将人打散，又作为黏合剂将人聚拢，人群由此荒谬地形成。巴赫金声称的人类的“狂欢本能”在此刻凸显，在人群中织就。人群中的人们以酒神的模样狂欢、嬉笑与怒骂。一个意识在狂笑，所有的意识在震荡。事实上，这里的“意识”的兴奋不过是一种假象，狂笑的却是身体，是身体的嘴角在扭曲、震荡。意识从人的身体中被抽走，剩余的意识只是在辅佐肌肉完成倒错的狂欢。

人类有着自身的精神史，身体同样也构成了一个谱系。14世纪的身体完胜了之前所有的精神，并且要替所有那些被压抑过的人类身体复仇。文艺复兴的身体开始搜寻、捕获、命名以往精神的全部劣迹，将最隐秘、最邪恶的精神部分晾晒在外，让人们直面自身过去的污点。搜索那一时期的资料，为数众多的文本都在嘲笑、玷污过去，曾代表人类精神圣洁制高点的教士与修女被放在淫秽下流的凝视点上供其贬低。《十日谈》以故事的形式让人们感受关于人的最隐秘的，更准确地说是最邪恶的部分。每一个故事都不再是一般的取材，以及中立的描述，其选材就侧重于人类“秘密的邪恶”部分，可谓是一部堕落的谱系学。善意的历史被有意忽略，下流、邪恶与可笑的狡计被精心收集，并在不断的闪回中刻意放大。

恶不仅以现实主义的手法被记录，更多地以文学虚构的方式被使用，各种想象的能指从多个方位对恶进行结构，以便让恶看起来更加真实。纯粹的现成事实已不再能够满足人们对过去精神的窥视欲望，而必须借助大脑的想象，让人类的秘密以典型化的、夸张的形式虚构出来。文艺复兴人热衷于这种夸张，热衷于对人类最深层的邪恶的表现。这种对人类本能以及邪恶本性的窥探欲在瘟疫的背景下获得了最佳的同时也是最快的展现渠道。人类越是感觉到死亡随时可以来临，就越是想要了解人本身，去窥视平常外表下隐藏的内心善恶。至于人性之善，文艺复兴之前的人早已了解，宗教以及道德信条推出的道德榜样已然数不胜数，每一榜样都在明确告诉人们何为人性之善，精神的神圣性从来不乏记载。然而，对于邪恶的人类本性，以往典籍的记载则颇为慎重，因为，任何一种对邪恶的记载都可能变成教科书，让人学会这种恶。13世纪之前，对于恶，书籍的表述总是慎之又慎，人们之间的话语交流通常也是点到为止。这种对恶的非交流状态被文艺复兴时期的观念解放与瘟疫传播叠加起来的现实背景彻底改变。14世纪之后的眼睛是贪婪的、好奇的，这样的眼睛已经不想再回避任何不适宜的对象，而是要去凝视、补充和戏弄补丁之下的污秽。

3. “肉身理论”

经过始发于1347年的黑死病，贬低与消灭肉身的主导观念在欧洲被绝对的“肉身供养”的观念最终取代。“肉身翻供”造就了个体的觉醒，或者反过来说是个体性的觉醒解放了被贬义的身体。古代以及中世纪那种试图让身体的个性消弭并回归到统一完善的宇宙意志的愿望被整个倒置，曾被贬低的恰好受到褒扬。先前控诉身体的精神第一次站在“被告”的位置，等待着被身体宣判与超越。身体的能力与“深度”首获众多知性系统的关注与肯定，并渐次导向真正而全面的身体实践。

身体的胜利除了来自黑死病的客观助力，还来自亚平宁半岛一整套的“肉身理论”，这些理论将那些悬置的身体以合法的形式放置在高处，并通过各种形式固定起来。瓦拉便是当时“肉身理论”的集大成者，并在意大利思想史上具有极大的影响。

瓦拉对西方传统主流文化中贬低和消灭肉体的倾向给予了激烈批评，公开宣称“人们爱惜德性并非出于德性是自身对自身的报偿的古代的斯多亚主义观点，而是因为美德给人带来幸福”①。瓦拉在这里所说的幸福虽然包含精神层面的个人愉悦，但更多的却在强调被否定的肉身感官的快乐。他认为德性培养“不仅包含让人诚实的方面，而且还在于它能产生快乐”②。瓦拉坚称斯多亚主义者所持奉的人文主义从根本上是反人道的，因为人的天性便是追求感官享乐与自身的幸福，而且其学说也是违反后来基督教教义的。基督教教义尽管宣扬人的目的在于来世的快乐与幸福，然而在瓦拉看来，这种来世的快乐与尘世的快乐极其相似，基督存在的最终目的也不过是让人获得快乐。③ 瓦拉在著作中还引用圣保罗的句子“神的同情只落在意欲的人身上”④ 来强化自己的主张。可以说，人文主义承载着中世纪向文艺复兴的过渡，作为重要的人文主义者，瓦拉高扬身体和感官欲望的举动在招致众多激烈批判的同时，也为近代之前的灵魂权力向近代之后的身体权力的话语过渡提供了重要的理论支持。

在肉身反击的过程中，意大利文艺复兴时期的另一位影响深远的思想家彭波那齐的著作提供了重要的理论资源。彭波那齐首先宣告了肉身的可死性，并同时否认了费奇诺主义所坚称的灵魂超越于一切承载物的新柏拉图主义设想⑤。这种斩断了宇宙精神的一元性与永恒性的做法对

---

① Augusto Guzzo, *Breve storia della filosofia*, Lofferdo 1944, p. 128.

② Cfr. Rorenzo Valla, *Scritti filosofici e religiosi*, Sansoni 1953, p. 41.

③ Cfr. Augusto Guzzo, *Breve storia della filosofia*, Lofferdo 1944, p. 127.

④ Augusto Guzzo, *Breve storia della filosofia*, Lofferdo 1944, p. 130.

⑤ “没有不死性和绝对的精神性，只有痛苦的死亡以及由此引申而来的希望，恰恰在死亡的缺场中肉身反复在场并赢回荣耀。”（Cfr. Eugenio Garın, *Storıa della filosofia italiana*. vol. 2, Piccola Biblioteca Einaudi, 1966, p. 522）

彭波那齐本人的理论体系以及那个时代盛行的人文主义不啻为一个绝对性的危险，因为强调个人价值的彭波那齐让个体直接“跌出”稳定的整体系统，而被迫置身于有死的孤单有限中。这样的个体存在不但虚无荒诞，没有任何意义与价值，甚至经常陷在一种悲剧情绪的体验中，后现代主义流派中满布的荒诞体验便是这一情势的鲜活注解。彭波那齐还是决绝地将个体从整体的稳定性中撕开，并使其暴露于孤单虚无的危险中。正是通过这种“撕开”，他努力将个体的边界框定，让“个体”与费奇诺主义的“整体”之间的关系由黏着与依附变为独立，从而真正实现了“个体的个体化”，让个体真正平等地站在了整体面前。这在当时宗教话语尚且坚实的时期，的确需要极大的勇气与智慧。彭波那齐正是以“让身体死去”的方式来证明个体身体在时间中的存在。正因为身体会死亡，所以身体必须存在。在此我们看到，这种证明方法将其再次推置于中世纪“让身体消失”的早期倾向中，乍获“平反”的个体也因着这种理论的激进性而随时陷入严重的危险中。彭波那齐接下来的任务就是将这种暴露在危险中的身体移至安全地带，并试图证明文艺复兴时期的身体死亡与中世纪的身体取消有着本质的差异。中世纪的身体是一种实在却抽象的身体，这种身体指向一种统一性。而彭波那齐的身体却是一种“具体的身体”，这些“具体的身体”导致的死亡具有“参差性”。这种身体死亡的个体参差性决定了个体的灵魂也在不同的时间死亡。他颠倒了灵魂高居于肉体之上的传统说法，给肉体感官带来了真正的话语权。在其体系中，肉体相对于灵魂不仅不被动，反而在存在论的意义上更加主动。身体在，灵魂在；身体亡，灵魂亡。身体的死亡在时间上呈现参差性，灵魂因此在不同时间死亡。身体与灵魂亡去的参差性恰恰反向证明个体的唯一性与实在性。其路径不再是传统的“灵魂”—“灵魂”，而是“身体”—“灵魂”—“个体”，这种路径的颠覆是以身体的有死性以及死亡时间的差异性作为推演前提的。死亡反证了存在，继而证明了个体存在的差异性。身体依照个体性而在抽象的意识面前第一次找到了优势，并最终借着“具体的有死性”反向控制了古老的意识。

二　空间生产与新伦理范式

时空是宇宙对万物的慷慨馈赠，然而，时空的无限性与不可超越性又常给人制造绝望。文艺复兴之前，欧洲的空间结构整体上是稳定的、可以被信赖的。这种结构性的空间将人限制在某种伦理图示中，让人褪去兽性而相互合作，并在这一过程中切走部分自由与创造能力。1347年由商船携带的鼠疫病菌将亚洲空间插入欧洲空间之中，两块空间的断裂第一次被黑死病填平，更大范围的空间交流被迫开启。黑死病造成的灾难是“白色的”、显著的和飞溅着悲惨声音的，然而这些“明显”的惨象却是沉默的、消失的，透露着“不在的症候”。黑死病让这片更大的空间到处充斥着“事件”，人们在事件面前却感到一片空寂，一切都在发生前消逝，所有的症候都禁止阅读。

（一）症候空间

1. 匿名空间及啮噬空间

黑死病将14世纪中期的欧洲空间首次变为陌生空间，并抚平了一切伦理范式。“通道”是传统空间哲学的核心词项，任意两个断开的空间被“通道”连接，且在连接中彼此隔绝。在对黑死病的逃亡中，通道的意义被反复强调，逃亡就是要逃到“另一个”空间，这个空间与任何其他空间隔着“必要”通道，逃亡的人们拒绝空间的靠近与黏合，“距离”成为追求的目的。他们到处寻找一个能够否定宇宙的“角落”，角落是一种“贫乏”的表达，有人生活的角落隐藏生命，拒绝“生命”，在“角落”中，人就是他所在的空间①。除了那些被人主动欢迎的“角落”，黑死病本身也在自动生产“角落”，黑死病的空间就是“角落空间”。“人们很少走入他人的房间，那里极有可能存在病人”②；“众多的人死了却不为人知”③，到处都是“角落”。

---

① ［法］巴什拉：《空间的诗学》，张逸婧译，上海译文出版社2009年版，第147—148页。

② Tommaso Limonta, *Raccontare le pandemie: il caso del* 1348, Fondazioneistud.

③ Ibid.

那些逃亡者则希冀空间的固定与移动符合其意识的规划，他们要求自己的路上空间是快速移动的，其他人居住的空间则最好是“生锈的”、僵硬的。他们还要求自己将来“逃到”的空间是稳定的、隔绝的，这个将来的空间是拒绝的、坚硬的，任何一个预备侵袭的其他空间都无法刺入。在理想的状态下，这些逃亡者希望自己的空间是“匿名的”“不在的”，这样的空间对自己和家人是亲切而永固的，对外人是“消失的”。那些已经被病毒袭击的家庭更希望所处的空间是“绝地的”“被遗忘的”。文艺复兴时期的一个黑死病患者的妻子用笛声掩盖其哀嚎的事情被当时的文本记载，这告知我们：患病家庭是想将居住空间中的一切信息都借围墙遮挡住，声波被提防，外人的视线与耳朵被提防，一切都被空间提防。那些被强制隔离的人们被迫限定于某个空间中，只有最后的死亡才能将其拉出门外，在垂死和已死的时间间隔中他只能与其他的患病者或疑似患病者分享最小的空间和最差的空间资源。悲哀的是，一个患病者的家人经常与其一起被隔离在某个空间中，要么看着亲近的人死亡，要么自己也一起死亡，人类能承受的最悲惨的状态在这个空间中被上演。这样的空间是“啮噬的”“消化的”。黑死病尤其是对平民和穷人造成了难以承受的痛苦，疾病带来隔绝、孤独和恐惧。① 黑死病时期，整个欧洲缺失了最基本的救助系统，人们之间也没有了最低限度的人道同情。②

因恐惧于这种结局，那些感知自己患病或疑似患病的尚有行动力的人们开始了主动逃离，逃离路上的马车空间或者身体空间都被筹划成秘密空间，随着马车或身体的移动，经过的空间在理想的状态下都将是“秘密空间”。那些被“经过的”或者被暂时抛弃的空间是被判定的“啮噬空间”，这样的空间将从匿名状态迅速“绽出”，再次成为新的经过者的筹划空间。

2. *游动空间*

黑死病病毒让文艺复兴时期的欧洲空间发生弯曲、变形，并开始交

---

① Tommaso Limonta, *Raccontare le pandemie*: *il caso del* 1348, Fondazioneistud.

② 请参阅 *I promessi sposi*, Edizione eletronica diriferimento un' estensione online del corso B. Panebianco, M. Gineprini, S. Seminara, Letterautori Zanichelli 2011。

叉和移动起来。如上所述，尽管很多人在主观上想让空间独立和固定起来，然而，病毒控制之下的空间是脱离一切意识操控的，任一空间都不再具有独立的实体性，而是正在其他空间中或者正在被其他空间占用和瓦解。而击碎空间独立性的恰恰是身体——新的空间形式，身体既穿梭于空间，身体本身又是空间。这里的身体不但是指人的身体，病毒也是身体，同时也是空间。病毒空间和人的空间是“叠加的”，而逃逸的身体空间也和客观空间实现了最大程度的叠加。某部分空间既是病毒空间，同时也是身体空间和宇宙空间。在恐惧的催化下，身体空间是快速移动的，这导致病毒空间的快速移动或直接坏死。身体空间在三种叠加态中是最脆弱的，身体空间便渴望摆脱其他两种空间的控制。同时，病毒空间也有一种想要迅速扩大广延性的倾向，和一般的体内微生物不同，体内微生物一般只将自身的活动空间限制在宿主空间之内，而病毒空间却具有更大的更换倾向。在这种情况下，逃亡的人们只想让身体空间和病毒空间分离，并只是和客观空间发生交叠，这是极难实现的。当身体在某个空间逃离时，病毒空间也跟着一起逃离，因为对一个患病者来说，它的身体空间在很大范围内已经就是病毒空间。病毒空间又是隐形的，当一个健康的身体空间想逃往一块“纯净”空间时，很可能他正在将自己送入病毒空间。患病者的身体是“流动的身体”，是正在形成也是正在消失的身体，这样的身体不只是占据自身的空间，它还总是占用比自身大得多的空间，甚至要占据所有的身体空间。当第一个乘船回到欧洲的身体被感染时，随着病毒的快速移动，这一个身体最终成为了两千万人的人类身体。当一个人类身体往某个空间逃亡时，更多的身体也在往那里逃亡，相遇的身体产生了更多的新的病毒身体，一个人的身体和另外一个本来不相干的身体开始交叠，这样的“亲近”是让人厌恶的，这导致黑死病时期的伦理主调是“憎恨”的，是身体对身体的憎恨。在恐惧与对身体的憎恨中，“父母和兄弟姐妹互相不顾”①，“躺在床上呻吟的人们人迅速遗弃，而后因食物短缺直至饿死”②。

尤其是当一些身体被冤枉为是致病的身体源时，这些身体便开始遭

---

① Tommaso Limonta, *Raccontare le pandemie: il caso del* 1348, Fondazioneistud.

② Ibid.

遇大规模的屠杀和火刑。当时的犹太身体和麻风病身体被另一些自视纯洁的人们大规模屠杀，经常几万人一起含冤而死。在这个过程中，一些人处理另一些人的身体往往是经过“科学”分析的，当然这只是带有某些意识形态偏见的“科学”分析，甚至只是以一些传言或者神话作为依据，便将另一些无辜的身体轻易处死，最终以火的形式将这些身体从公共空间中驱逐。此刻，伦理是“零度”的，谋杀成为唯一的“道德”，与其说这种谋杀是功利主义的，是为了保证最大多数人存活下来的，不如说这种谋杀只是谋杀。

3. 言说空间

象征和互动是人类文化中最具特色的部分，这也决定了故事的意义并不停留在单纯的融化无聊的层面，故事存在往往可以与人类的存在画上等号。语言的发明者们让人居于动物之上的位置，这种关乎自由的技艺将时间流线上的人们隔空连接起来，“你说给他们，他们也在对你说；他们听到你，你听到他们”①。言说在某种程度上都是被主观加工过的，然而只有故事和谎言等少数的形式承认这种“修改”的事实。

在随时到来的死亡面前，人类并没有选择其他方式，而是以讲故事及听故事的方式来告别可能的最后时光，这一事实本身就值得我们思考。在瘟疫面前，空间已经遭受了限制，然而，此刻的人们一定不再允许空间继续限制自身，而是要在有限的客观空间之中拓展出更大的心理空间。同时，通过叙事故事，让时间向前后历史拉开，而编造故事则是在有限的生命时间以及空间面前拓展二者的最佳手段。② 故事告别了事实，因此，便不再受制于现实的条件与根据，人的最丰富的想象可以最大限度地满足这一时期人们最强烈的窥探欲。在通常的判断下，在随时而来的死亡的恐惧面前，等死以及心灰意冷应该是人类最本能的内在选择方式。对有财富的人来说，最多只是将家人或者自己迁徙到相对安全的地方，剩下来能做的便只是在与人隔绝中听天由命。然而，文艺复兴

---

① 以上为 Poggio Bracciolini 对“脱域言听”的意义肯定。（Eugenio Garin, *Storia della filosofia italiana*, Einaudi 1966, p. 301）

② “脱域”的生活模式为文艺复兴人钩织故事创造了素材条件。在那个时代，“高级官员、文学家与政治家三者经常为同一个人”。（Cfr. Eugenio Garin, *Il Rinascimento Italiano*, Capelli editore 1980, p. 44）

时期的财富掌握者并没有选择这条看似最符合常规的路，而是热衷于故事交流。不仅交流，而且还发展出规范的、“民主的”交流程序。在死亡面前，人们本能地会放弃规矩，然而，那种想要“了解人”的强烈欲望促使这些有钱人制定出合理的、“便于”讲故事的程序环节。中世纪的贵族群体热衷于举止典雅以及谈话程序的规范性，这种风雅程序为文艺复兴时期的故事讲述者们沿袭并强化。通常来讲，在瘟疫面前，人性的恐惧毕竟占据主要的心理空间，没有什么风雅的观念能挤压并驱赶走内心的恐惧。事实却让我们感到惊诧，文艺复兴时期避难的人们还是对“规范性程序”有着高度的重视，我们认为，这种对规范性的重视除了是对中世纪甚至更早的关于人类风雅举止的崇尚传统的承袭之外，“便于”窥探人性的深度也是极其重要的一个方面。因为，越是在无常的死亡面前，人就越想知道“我是谁”“其他人是谁”以及“人存在的本来意义”。到了此刻，人才认识到自己之前不过是混迹于人群中，闭着眼睛寻求肤浅的欢愉，而对自己和整个人类毫不知晓。此刻，人的依恋，人对作为人的怀恋最为生动和深刻。既然人最想了解人，途径不外乎从自己开始，或者从他人开始。然而，“戈夫曼伪装”以及“后台管理”随时在场，甚至在随时的可能的死亡面前，人还是难以告别伪装。既然从自己以及他人身上都不再容易获得直接的关于人的经验，同时，人想了解人性的愿望又难以抹去，那么，间接经验则变得无比重要。以故事的无限制的形式，以事实或者想象的途径，借助他者之口来多一点探听人类的秘密，便成为黑死病控制区将死之人的最大愿望。于是，在黑死病的背景下，故事占领了现实，虚拟伦理取代了现实道德原则。其他时期的人们在即时判定道德事项时，只需要实际观察现实中的人的互动方式即可，而文艺复兴时期的现实道德却直接混淆、让位于故事道德。眼睛的重要性远不及耳朵与嘴巴。人们在用规范性的方式模拟现实，却不过是在用最逼真的情感“祭奠”现实。真假、善恶、生死之间的二元模式被一种幽灵化的事态替代，模拟的现实越像现实，现实的成分就越稀薄。故事讲述方式越是方便，伪造的人性就越是泛滥，泄流而出的道德秘密也因为太多而最终归于虚无。

当现实变得“不可忍受”（德勒兹）时，人们通常会调动一切资源完成虚拟，而后再将现实与虚拟糅杂在一起，以便完成符号补丁的幻象编织。瘟疫状态下的人们充分运用古代财富，暗自滋养新的研究内容和兴趣[①]，这些研究并非是要生成学术性价值，而是要将其当作填补现实匮乏的要素。从古代文章的形式（如对话题材）到内容的各个方面都被借鉴过来，为黑死病造成的黑色绝望提亮色彩，生活于黑白格之下的人们借着这种艺术的多彩形式彼此编织幻象。在这种非技术性的虚拟现实中，艺术虚拟完成着增强现实的作用。如果说艺术的本质就是让物的“深度”绽出以此摆脱理性生活的无聊，那么这一时段的艺术真正发挥了其本身该有的作用。当艺术世界的“不道德”高于生活世界的“不道德”时，艺术的伦理拯救价值开始显现，艺术净化的另一种方式自此发挥作用，《十日谈》便是绝佳的例子，这部书对不道德的生活毫无节制地揶揄潜藏了对人性的未来拯救，虽然这种拯救在当时未能明显生效。

（二）空间、政治与伦理

1. 命名荒原

政治权力在很大程度上直接表现为空间权力，通过对空间进行“命名”和实际控制，自然空间从很早便失去了自在性。而在人们活动范围极小的古代社会，空间和空间伦理也相对稳固，由于交通工具不甚发达，自觉出走很久的人们也不过距离旧址咫尺。人们接触到的人通常是固定的，活动的空间相对狭促。在这种社会形态下，大部分空间属于“继承空间”，伦理也只是“继承伦理”。

在封建社会甚至我们今天的社会，有力量的人，凭借权势或者经济力量可以让空间在其手中固定，至少是在他活着的大部分时间里，权威者不只是在掌握空间，还掌握着空间中伦理范式的命名权。他们划分空间，命名事件，规定人的关系。尽管这些貌似被某些流动性要素解构着，每天发生的不同事情以及各种互动关系仿佛是对规定性与力量掌握的逃离，但实际上，事件的变动只是事件的量在变动，其质几乎都是稳定的、符合预期的。在这种社会格局中，空间与伦理整体上保持着一致的关系。空间决定伦理，伦理决定空间，甚至伦理本身就是空间，客观

---

① Eugenio Garin, *Storia della filosofia italiana*, Einaudi 1966, p. 500.

与主观黏缠在一起。

与前后历史完全不同，在空间与伦理的问题上，文艺复兴社会呈现“中间型”色彩。该特征使得文艺复兴社会的空间与伦理关系表现出特定复杂性。它超越了稳定与变动，同时又在变动与稳定之内。将中世纪与文艺复兴拦腰截断的黑死病让空间第一次“逸出”于政治命名，并且将各种“对立”的空间性质黏合在一起，但总是难以协调。1/3 的人在黑死病中死去，而农民和底层工人在其中又占了多数。土地自在化为荒原，曾经热闹的村庄如今只剩下牲畜和病菌在四处游走。除了米兰和德国中部幸免以外，欧洲的大部分区域都是断瓦残垣，曾经那些象征着严格空间边界的围墙、角楼与划分线被荒草、血迹与恐惧顶替，空间在时间中快速飘动着，这一下那一下。日升、日落之间，空间的变化速度“快过”了时间。除了那一任幸免于难的教皇外，掌握世俗权力的众多主教在这次瘟疫中也还是和穷苦人的命运一样，死在了所在城市的最高建筑上。世俗政治家要面对瘟疫和另外众多的真正敌人，即使他们有能力占领下一个诱人的空间，他们也不敢轻易入住，因为病毒是这片空间的真正“主人”。命名的人死了，命名的空间风一样随时变形，权力的空间命名力第一次完全失效。

在以上的背景中，在空间中的具体存在即是命名的主体。谁到了那里，仿佛那里的空间就是谁的空间，这在黑死病袭击过的欧洲农村尤其明显。在那里，人们貌似以过高的代价实现了权利的某种平等，过去没有权利的人同样能够统管死者的大片耕地。然而，这样的农村空间却不是自在的、等待被命名的。它们是“要去”命名的存在，随着越来越多的人被杀死在耕地上，这些耕地终于如愿以偿地让自己回归到久违的自在空间。黑死病造成谷物等价格大幅下跌，这使得佃户和大农场主的收益大幅减损，领主对农村土地的直接管理权越来越少。[①] 海德格尔在荷尔德林诗中发现的“亲切的大地”被冰冷的、敌对的荒原所顶替，土地不再是人们日常资料的提供力量，而是堆叠成埋葬尸骨的坟墓矩阵。当人看到空间对自己的强烈拒绝时，便只能被迫迁徙，去新的纯净空间中找寻活路。逃亡是孤独的，一个人最多几家人在一起，最后常常

① Tommaso Limonta, *Raccontare le pandemie*: *il caso del* 1348, Fondazioneistud.

又剩回到一个人在最终的某处空间中。孤独的人将独立的空间连接成曲折的线，偶尔与其他人的空间彼此交叉。瘟疫过后的一段时间，恢复中的文艺复兴人更大规模地迁徙，一方面是由于过去的逃走已成习惯，更多地是被经济利益所驱使①。

与中世纪大迁徙时期大规模的群体流动有别，文艺复兴人的流动路线是极其个体化的，存在在空间中体现出自动性、个体性和非固定性。欧洲空间与单个个体第一次发生直接的对应关系，空间与个体以完全随机的样式一一结合。个体支配着空间，空间同时也支配着个体。个体支配着空间之中的事件，事件同时也支配着个体以及个体之间的关系。与此同时，空间逃离一切个体的支配，个体亦逃离一切空间与他人的支配。这是文艺复兴时期的一种根本性的空间张力。随着资本主义生产方式的兴起，市场交换呼唤空间生产，诸多的空间被命名、使用和改造。

2. 共同空间与公共空间

作为当代政治学核心概念的“公共空间”一般有两层含义：它首先是指作为民主政治基本条件的公民自由讨论公共事务、参与政治的活动空间，代指每个普通公民都应该拥有的政治参与空间。此外，“公共空间”还是一个实际的地理概念，是指那些供人们日常生活和社会生活公共使用的室外及室内空间。在最早的古希腊和古罗马的部分时期，自由民是被允许在公共空间活动并参与公共事务的，然而到了中世纪封建社会的鼎盛时期，诸多的公共空间被关闭，只有少数特权阶级才有资格进入。普通市民终生被束缚在某些固定的城市边缘地区，那些农奴更是难以走出庄园和村落。

在中世纪，空间是“辖域化”的，公共空间几近丧失，有的只是被辖域空间之内的共同空间。理性乐观派学者们曾将中世纪的共同空间描述为“温情的”“让人怀恋的”。如果我们相信这种判断，也只能是在中世纪的人们毕竟有上帝关照的层面上，否则从世俗的意义上我们总也不能看到中世纪人们生活的幸福状态。仅有的资料已经可以足够证实

---

① 经过黑死病之后的人口暴跌，那些来到城市空间的人们可以获得更高的收益，日常生活条件大幅改观。（Cfr. Tommaso Limonta, *Raccontare le pandemie*: *il caso del* 1348, Fondazioneistud.）

中世纪普通人生活的贫困、束缚与绝望。虽然人口稀少而地理空间无比广阔，然而，人们因为交通、地理和胆怯等各种原因终生待在某个地方，除非被战争和天灾追逃。不流动的人们终生挤在某个狭窄的共同空间中，和熟人生活在一起，这个共同空间到处与伦理规范相互命名。在这种社会模式中，“熟人”本身就具有重大的道德约束力，在狭窄的一成不变的空间之中，到处都是他者以及他者的评价性目光。一切事件都变成了道德事件，一切人都变成了道德的主体与客体，道德义务被强行分派到每个人。在这样一个泛道德化的熟人社会中，主体间的意见交流，甚至是最微不足道的人发出的一个眼神，都会对区域内所有人产生巨大的影响力。在熟人之间，惧怕获得负面评价如同惧怕死神一样，这并非出自夸张的想象，因为在那样的社会交往模式下，目光即死亡。记忆、夸张、歪曲与想象是熟人社会道德实施的主要方式与运作机制。在狭窄的共同空间中，人们互相熟悉每个人的性格与过往，世世代代一起生活的经历让他们互相熟知家世背景和家族整体的道德状况。这样的“记忆”加上人们相互间的“夸张和歪曲”，就会生产巨大的“超我”力量。在熟人社会中，“想象”是道德运作的首要机制，没有了想象，抽象的惩罚就无法具体化、自动化。每当这个共同空间中的一个人违反了“道德”，所有人都会认为这是一个“事件”，然后依照自己的想象进行渲染，并相互交流那个人的“堕落”，不但经常去现场观察实施给那个人的惩罚，还要亲自给予惩罚。之后这个人的受罚情景便内化为所有人的超我，当自我意图违反某些共同规则时，这个“过去的人”便迎面走来，在意识中对其及时阻止。

到了文艺复兴时期，随着新商业模式的兴起，商业交换要求城市对外开放，众多的公共空间开始允许进驻，人们首次摆脱了中世纪狭窄的共同空间。为了维持生计，他们要在新的空间中选择新的交往者，从事新的交往活动。人们经常在十几岁时便以学徒的身份进入陌生的外地，成年后也经常变换城市与工作。个体在人生的早期就要接触陌生人，他们无从继承伦理模式，只能以有意识的观察以及学习的方式来决定自身的道德反应。伦理反应在这里已经不再是一种直接的、自然的，而是在习得与应激之间。文艺复兴带来的陌生人社会让人们之间的联结不再过度紧密，个人之间从童年开始的共同生活史被剔除，人们没有足量的关于熟人的“记忆”，于是便逃离了熟人语言的制约。人们的活动更多地指向了行动本身①，而不再过度地关注他者的评价，想象性惩罚由此式微。

文艺复兴时期，空间在很大程度上丧失了间隔性，空间不再对应人的类型与特定道德。② 虽然不能说任何人都可以进入任何区域，然而每一个人的活动空间较之以前确实宽阔许多，穷人也可以进驻繁华区域，高贵之人偶尔在贫民集中地区活动也不会引发过度的惊讶。诸多原来的只有少数人可以进驻的地区变成了公共场所，每个人都可以进出，这些空间资格不仅被法律支持，还为道德所容纳。人们在城市与城市间、城市与农村间穿梭漫游，很多人都开始注重参与公共事务，人文主义者经常参与政治讨论。③ 封建时代至上的皇权与教权观念被世俗的政治参与意识替代，意识到自己力量的人们逐渐不愿再将自己的权利无偿转让给别人，民主化进程由此向前推进。黑死病造成的人口暴跌使得进入城市的劳动者的基本权益第一次被承认，且通过一些法律法规的形式被固定下来，④ 劳动与收入的正向连接机制开始启动，这加速推进了欧洲民主意识的进程。尽管包括意大利在内的众多欧洲国家并未在文艺复兴时期完成政治的世俗化和民主化，然而，这一时期萌芽的众多民主意识以及产生的公共空间确实为后来的民主化建立了生长的源头。

3. 私人空间与隐私权

在文艺复兴之前，人们的活动空间极为有限，私人空间如此匮乏，以至于人们不得不和他人共在。人们不得不每天都生活于共同空间之中，被迫接受他人目光及话语的评价。那一时期的人只要一迈出家门，

---

① 文艺复兴时期的众多思想家特别强调“行动”的作用，Coluccio Salutati 就是其中的代表人物，他曾写道：“你只顾沉思，独自追寻真理，我则只顾行动为了至善……我们的每个行动利于我，利于家，利于亲属、友人、国家和人类。”（Giovanni Reale/Dario Antiseri, *La filosofia nel suo sviluppo storico*, Vol. 2, Editrice la Sguola, p. 21）

② 文艺复兴社会不仅将实在的空间界槛拆除，思维的、理论的界限也同样遭到拆解，那一时期的“主教经常对政治和文化保持兴趣，某个王子常常对富有争议的文物研究保持着严肃的专业性”。（Eugenio Garin, *Il Rinascimento Italiano*, Capelli editore 1980, p. 44）

③ Leonardo Bruni 便十分注重人们的政治参与，并借鉴了亚里士多德的思想，强调公共讨论，认为“人只有在社会和人群中才能实现完满性”。（Giovanni Reale/Dario Antiseri, *La filosofia nel suo sviluppo storico*, Vol. 2, Editrice la Sguola, p. 22）

④ Tommaso Limonta, *Raccontare le pandemie: il caso del* 1348, Fondazioneistud.

就"必须"踏入与他人共用的狭窄空间，随处接触的每个人都是熟悉的，见面时必须打招呼，最基本的沉默权被完全剥除。每一个人都必须说话，必须礼貌，必须按照社会塑造的样子来反应。其交往模式都是继承的，不是你可以这么做，而是你必须如此做。从一个空间进入另一个空间，其通道尽管不止一条，然而，每一条通道都被加上道德属性。走"正常"的大道同走"歪门邪道"的意义是完全不同的。你走在"哪条"路上，在不同的时间（白天与夜里）和谁走在"哪条"路上，都被评价性地赋予不同的伦理意义。熟人社会擅长制造出各种模式，让单个人无法"只身"存在。独立生活者都被视作怪异之人。谁想逃离与别人的共同生活，谁想逃离一切人的评价，谁就将被一切人驱逐。熟人社会有着一种拉拽之力，意图将每个人拉回到可以控制与评价的空间之内。这样的空间中不存在已完成的体系，只有一种黏性的、互相吸附的自由结构。[①] 每个身在空间之中的人都要遭受各种监视和无所不在的评价，而一旦那个人游离于这一空间之外，他更要接受人们的议论，因为当一个"正常的"总是与他们生活在一起的人有一天不再出现在他们的视线之中时，人们就会倍感"兴奋"，总是借助一切交流机会让这个人在意识中仍然存在于自己"之内"。任何一个为了逐梦而走出共同空间的人，其家人都要等待一场场没完没了的审判。一家人出走于一个村落，将被几代人的记忆"追杀"，几代的熟人在空闲或者劳作的任何时间中都会抓紧一切机会将他们想起，继而共同进行猜测性评价。[②] 在这样的熟人社会中，贫苦大众干脆就生活在一个大院子里，串门几乎是每天必做的事情，推门就进是常态，一个人可以在白天的任何时候去到其他家庭是不必打招呼的。能够阻止他们直接进入熟人家里的唯一屏障可能只是纠纷或黑夜。只要天色还没有将大地笼罩，对方就没有理由将其避之门外，这已仿佛是一条地道的"自然"律令。在那样的共同空间中，每日出门探听隐私成为一种基本的存在方式，这非常有助于当时的"流言式管理"。"流言即权力"，谁知晓了更多的流言并有高超的修辞

---

① Eugenio Garin, *Storia della filosofia italiana*, Einaudi 1966, p. 312.

② "某人一旦离开居住了几年的社群，会留下一份个人鉴定，上面通常还附有一部全面的传记，其中包括他可能有什么'下场'的种种设想。"（参阅［美］欧文·戈夫曼《污名：受损身份管理札记》，宋立宏译，商务印书馆 2009 年第 1 版，第 105 页）

技巧让流言传播得更广，这人就在这一空间中拥有了特殊的地位和权力。而要获得流言和相关权力，人们就要尽可能进入别人的私密空间，只有在那里，流言才会被认为已脱离了谎言的范畴，而获得了被所有人广泛讨论的可能资格。

当共同空间完全等同于流言空间与监视空间时，个体意识已经觉醒了的文艺复兴人对此是难以忍受的。[①] 他们渴望真实的通道与围墙，能将自身所在的空间和他人的空间隔离起来。文艺复兴人渴望自由，加之黑死病因人们使用有效的隔离方式而被最终控制，这两个因素加在一起最终促成了文艺复兴时期隐私权与隐私意识的滥觞。每个人都开始有意识地将自我与他人隔离开来，统治者也在顺应这一大势。经过一些年的发展，文艺复兴时期的“隔离”制度开始建立并逐步完善起来。这里需要强调的是，文艺复兴式的隔离与旧时的隔离制度具有显著的区别。在古代初期，隔离是为了群体的军事或身体安全，是以高筑城墙为标志的。随着历史的拉近，封建式的隔离除了考虑到安全因素，还关注地位的划分。其分层的意识形态认为较低资格的群体只适合在相应的地区存在，如果跨出这个界限一步，不仅会侵犯其他高级群体的纯洁性，而且还可能以动乱等形式直接颠覆统治政权。

而文艺复兴时期的隔离综合了上面诸因素，它考虑到了安全因素、纯洁因素、地位因素、管理因素，此外，它还增加了隐私因素。文艺复兴人极其注重隐私，私人别墅在那个时代异常流行。别墅的门窗紧闭，外人首先不被欢迎驻足，即使是长时间站立观察，也很难窥看出室内的究竟。按照阿尔贝蒂的设计，有权有势者应该生活于郊外，鱼龙混杂的生活场面应该存在于市中心。犹太人被迫带上“O”形标志，不准在规定之外的区域活动。我们看到，文艺复兴时期的隔离本身就是暧昧的，体现着封闭与开放的辩证关系。文艺复兴式的隔离并非等同于封建式的完全封闭，如同中国古代的深宫大院，护卫终日站岗巡视，外人甚至连路过的权利都没有，只是所谓的庭院深深。文艺复兴式的别墅与一般住所却在封闭中体现着某种开放，这种开放是以基本隐私的保障为存在前

---

① “文艺复兴以个体主义为起点……让自由从过去的权威统治中解放出来”。（Giovanni Reale/Dario Antiseri, *La filosofia nel suo sviluppo storico*, Vol. 2, Editrice la Sguola, p. 9）

提的。文艺复兴人有着相互邀请的习惯，每隔一段时间，人们便会相互邀请去家里做客。这种邀请本身就蕴含着隐私考虑，即如果未获邀请，将不能随意进入他人的私人住所。即使是那一时期的普通人，也会将这一重要的人类文明成果秉持终生。事实上，我们说对隐私的尊重情况是人类文明发展阶段的第一衡量指标是毫不过分的。区分文明与野蛮的第一标志就是看是否尊重基本的个人隐私。即使一个社会表面看来和谐融洽，人们见了面彬彬有礼，遇到困难互相帮助，这些对当时社会的文明状况也未能作出准确反应。在封建社会，到处充斥的是道德信条，这种信条的核心要素就是仁爱和关怀，然而，所谓的关怀经常不过是对基本的个人隐私的毫不顾忌。而文艺复兴人却在保护个人隐私这方面替整个人类走出了最重要的第一步，欧洲人将这一习惯保留并且固定了下来，一直到今天，它已经可以被看成是人类发展史上最重要的文明成果。当然，有人可能会反驳说文艺复兴时期的穷人们也是混居在一起，相互之间同样没有隐私自由，这便低估了文艺复兴。文艺复兴表面看来是精英主义的，是拉丁语层面的，普通人不懂拉丁语，不懂艺术，更没有相应的经济实力来参与到这一运动之中，因此，这场运动与普通人无关。然而事实上这场运动的普及程度却超出我们的想象。文艺复兴运动不仅涉及精英与文艺生活，普通人的日常生活也被人文主义的气息浸染着，“人命中注定要发现一种属于他的新意义”①，这种热烈的人文主义信念不只是精英主义的，普通民众在这场风潮之中也从不落后。文艺复兴时期的艺术家中有很多便来自普通的穷困家庭，他们很小就被送到作坊中学习绘画与雕塑。在年少的学徒时期，他们也必须生活在师兄弟中间。然而，西欧学徒制与一般的亲属村落共聚的方式不同，他们很早就意识到自己是要在将来单独撑起一片理想天空的，即使是最普通的学徒，他们也已经沾染上了个人意识，认识到个人基本的隐私自由是应该有权拥有的。

在当时社会的各个领域，文艺复兴人已经有了很强的边界意识。良心边界更是明显，当时的人不认为其他人秉持的道德原则是自己应该无条件尊奉的，自己的道德原则也不必强行推销给其他人。在敏感

---

① Eugenio Garin, *Storia della filosofia italiana*, Einaudi 1966, p. 318.

的宗教与世俗哲学领域，这种界限意识尤为明显，人文主义者反复强调“教会及神职人员应当将自己的职责限定在特定领域，只有在这些特定领域之内才有意义和正当性……应避免哲学与宗教的互相侵凌，也应该分清哪些有益于大众，哪些是知识精英上层的利益”①。在资本经济迅速发展的过程中，与财产权保护有关的制度逐渐建立和固定下来，这些对于人类文明的发展都是具有正向推动作用的。比起所谓的联合，人类更需要区分。只有在区分基础上的联合才会有效防止专制和强迫的出现。如果说西方文明有优越于东方文明的地方，原则性和隐私保护无疑是最具代表性的两项，这在今天的人们看来几乎是难以反驳的。

（三）空间经济与个人自由

1. 交换空间与经济伦理

在封建的道德形式向新兴的商业资本形式过渡的时间拐点，文艺复兴时期的意识形态规则悄然出现变化。文艺复兴之前的社会尽管不乏商业活动，然而商业规则仅仅在社会次系统中发挥作用，伦理意识形态则往往位于主系统之中并承担统一性职能。到了 14 世纪，经济伦理取代常规的道德伦理而占据了人们生活的核心位置。和一般的伦理范式有所不同，经济伦理为的是将来的经济利益，尽管诸多从事交换的人们也想在对方的眼中成为一个“好人”，然而，成为一个“好人”却并非事情的“全部”②。商业交易的双方只奉行交换过程中的经济伦理，只要在交往中能够如期履行事先的约定，交往伦理便不再奢求更多，其中更是反对强行的道德参评。在这一过程中，法律和契约精神较之道德意义上的人格评定更具有实际意义。随着经济交往成为社会的主要生存方式，这一时期道德的所指也在悄然改变，而携带上了某种它之前反对的功利性。对于很多文艺复兴人来说，“道德不是他物而是一种计算，在各种快乐之间协调，为了得到将来最大的利益”③，

---

① Cfr. Eugenio Garin, *Storia della filosofia italiana*, Einaudi 1966, p. 512.

② 文艺复兴时期的 Antonio Loschi 曾在文章中批评那些自称为德行高尚的托钵僧为“游手好闲的寄生虫”。(Cfr. Eugenio Garin, *Storia della filosofia italiana*, Einaudi 1966, p. 303)

③ Eugenio Garin, *Storia della filosofia italiana*, Einaudi 1966, p. 314.

“诚信的举止只为追求最大的快乐以及将不利减到最小，德性不过是一种通晓利弊大小的知识”①。经济伦理具有相对独立性，它拒绝被任何“整体善”的原则所笼罩。在总体善涉足商业领域时，诚实守信是第一原则，然而，具体到交易双方，潜在的互利原则将取代诚实守信的原则而上升至原则的首位，至于交易活动涉及的道德因素，则常常不予考虑。传统的道德规定倾向于规定所有人的一切生活，不只是可见的交往活动被规定，背后的、内心的、私人的活动也被严格要求，所以儒家有“慎独”之说；西方基督教存在诸多教条来对私人生活以及意识活动进行顽固干预。概言之，传统社会中道德管辖的是“更大”范围内的人以及这些人的“全部”作为，而经济伦理涉及的仅仅是交往过程本身。至于一个生意人是否要成为一个传统意义上道德高尚的人，那要取决于其个人意愿。

经济伦理注重给人更多的私生活空间，而传统社会的伦理规则到处给人规定空间。经济活动需要最大限度的博弈，博弈活动要消耗极多精力，即使是最简单的经济交往活动，交往者也要小心谨慎。这种过多的“操心”使得交往者无法将很多精力投注到经济交往活动之外的空间，为了节省力气，他们只是守住有限的空间，并仅仅对交换的空间提出要求、希望，并尽量符合对方的要求与希望。文艺复兴人没有任何单一的伦理原则可以坚守，然而，依照经济伦理的规定来行动确实是其最主要的存在方式。文艺复兴之前的世界，大部分人处于一种在各方面均遭到压抑的状态，人的各种潜能得不到发挥，人只能发挥其一小部分的力量，其他的多数部分则完全受制于一种传统的、一致的、全善的信条，这些信条如一条条绑绳，将人捆绑成固态，做一个听话者是这些道德控制的最终目标。文艺复兴时期的“僭越者”们在“过度”的挑衅中完成着历史的机体康复，使得传统社会对人性的压瘪部分重新恢复。尽管今天我们所生活的社会为技术官僚和商品霸权所控制的局面依然让人失望，然而我们却不应该忘记文艺复兴先驱为人类发展所做出的种种尝试和努力，因为他们经常在提醒我们的失败。

在文艺复兴的交换空间中，“选择”成为体现个体自由意志的重要

① Eugenio Garin, *Storia della filosofia italiana*, Einaudi 1966, p. 314.

方面。自由意志中的自由首先应该是选择的自由，拥有选择的自由是评价一个行为是否构成道德性的关键因素。而选择首先便涉及对生存空间的选择。人是一个外延的存在，他必须在一定的空间中生活，因此，在什么样的空间中生活如果幸运地取决于他的自由意志，他便获得了最理想的生存开端。文艺复兴之前的陌生人社会却不具备这种优势。在漫长的熟人社会，人们的交往与其说是选择的，不如说是继承的、分派的。他们不得不依照祖辈的传统被迫与一些人交往，交往的空间是被事先规定好的，方式也是几近固定的。尽管这样的空间会经常被各种温情的气氛所充盈，然而时间过久人们不免会感觉到沉闷和“缺氧”，相互间摩擦不断。这种生活模式曾严重伤害了人的自主性，造成了道德的、人格的依附关系。不仅如此，它还带来了创造力的贫瘠。这种因交往者的固定化而带来的最大问题便是经验有限性的凝固，熟人社会伦理的固定性与知识的僵化性二者之间的恶化循环，这造成了人类社会长期停滞不前。在文艺复兴社会，人们交往的目的往往只是满足交换的需要，合作不再是遗传的教导，合作开始成为自主选择的结果。人们不仅是在选择交往者，还关心在“哪”选择交往者，在什么时间选择交往者，与交往者保持的距离大概是多少等。文艺复兴时期形成的陌生人社会在个人自主的前提下往往可以发展出多维的交往关系。比如，在物品的交换领域，人们注重发展与生意伙伴的关系；在情感领域，人们热切寻找倾听者；在教育领域，人们是以学习伙伴的方式彼此联结在一起的。然而这些界限“之间”的人们却连接得不再那样紧密，比如，一个人的生意伙伴与他的情感朋友往往互不相识。文艺复兴带来的陌生人社会不仅是由空间的分割造成的，而且还再分了空间以及人们的交往类别，人们交往的对象、交往经验的固定化被不断打破，这对于人性自由健全的发展益处极大。

我们也切不可从“陌生人社会”这一概念本身匆忙推出人们之间交往关系的蜻蜓点水，任何一种社会类型都不乏亲密的情感关系。在陌生人社会，人们的生活空间总是不经常重合的，加之彼此又没有必然性的连接关系，利益矛盾不会必然出现，个体之间经常因此而“深度交谈”[①]，原本陌生的人会因为这些“深度交谈”而互相实现“快感转移”（齐泽克），并因此成为心灵挚友。这造成了一种“不可能”的“文艺复兴式亲密”，一种因疏远而带来的亲近，也是一种产生于冷漠的尊重和温暖。文艺复兴社会总是难以定义的，包括伦理在内的所有关系都是由悖谬糅合而成的，这经常导致未来的回溯式评价顾此失彼。

2. 经济伦理与艺术伦理

我们说文艺复兴是一个自由的时代，那么，艺术自由就是这个时代整体自由的最好说明。我们熟知米开朗基罗与教皇以及其他权威人物抗争的种种事实。米开朗基罗只是众多追求自由、坚持自我的文艺复兴时期思想家的代表。那个时代的艺术家几乎全部都以坚持自我而著称。只要作品的题材不能表达自己的价值观，或者违背自己的艺术价值观，他们就会直接拒绝创作，尽管被给出丰厚的待遇。诚然，在那一时期，大部分有名的艺术家都依靠某些赞助人的资助来维持生活，在这种依附关系中，艺术家必须按照雇主的要求从事艺术创作，然而由此而出的画作往往不能传世，因为它违反了艺术出于自由的本性才能达到较高水平的根本规律。最佳的画作往往是一种“协调”的产物。一方面，雇主的要求构成了一种必然，艺术家必须在突破这种必然的同时还可以将自己的私人情愫融入其中，这并非易事。此种必然性的结合造成了文艺复兴时期大部分艺术家的深刻苦恼。米开朗基罗悲怆的一生让我们印象深刻。在罗曼·罗兰所著的《名人传》中，我们得知米开朗基罗是一个非常傲慢的有个性的人，朋友们经常忍受不了他的傲慢，而变成他的敌人[②]；他傲慢地蔑视一切，甚至公开宣称即使某些教皇的话也使他感到恶心[③]；他在工作中故意挑选一些无能的人作为他的助手，以此来彰显自己的伟大[④]；在画西斯廷教堂的天顶画时，他直接解雇了为他磨染料

① 语言也因此获得一种“好感”，甚至这种“好感”也被投注到修辞的创建者那里，人们认为“discorso 的创建者们应该被投以更多的感激，恰是他们的研究和照护让语言得以传承”。(Cfr. Eugenio Garin, *Il Rinascimento Italiano*, Capelli editore 1980, p. 53)

② ［法］罗曼·罗兰：《名人传》，傅雷译，中国戏剧出版社 2011 年版，第 84 页。

③ 同上。

④ 同上书，第 85 页。

以及做绘画配角的五名助手，因为他认为这些人对自己的妨碍甚于帮助，为此他付出了后半生视力严重衰退以及走路只能仰视的惨痛代价。[①] 在作画的过程中，他和不可抗拒的教皇尤里乌斯二世爆发了激烈的冲突：在画作完成之前，他不允许教皇进入教堂，因为他怕教皇干扰他的独特构思。教皇却屡次进行催促，甚至乔装进入教堂进行偷窥，在此状况下，愤怒的米开朗基罗立即离开了罗马；[②] 他不畏权贵，甚至把暴君比喻为野兽；[③] 在凸显个人能力的同时，他和周围几乎所有人都结下了矛盾，以至于处处碰壁，屡遭困厄，甚至连其助手都遭人污蔑；[④] 他发起怒来甚至不顾亲情，在垂死之时，他也不许自己最亲的侄子来继承自己的遗产。

文艺复兴时期其他的艺术家也都表现出对“自我”以及“独特性”的高度重视，虽然艺术家依赖顾主提供的钱财而生活，但文艺复兴时期的艺术家却表现出高度的自我坚持，他们不会为了金钱而屈从于顾主的意愿并以违背自己艺术趣味的方式去进行被动创作。文艺复兴人忙于剔除“非我的部分”，人文主义者翻译、阅读古代经典，称颂经典的目的不过只是想借力经典来创造出新的属于自己的哲学思想。当时的“柏拉图主义者复兴古代学园，亚里士多德主义者研究纯正的亚里士多德思想的目的并非是复兴古代哲学，而是想要创造完全不同的哲学范式”[⑤]。甚至连文艺复兴时期的诗人也秉持着某种功利性，他们表面上为了诗歌之内的东西，实际上不过是为了自己的荣誉。[⑥] 在文艺复兴时期出现的这种最初的雇佣关系中，经济伦理同艺术伦理、“严肃”和自由、权力与责任之间钩织出巨大的张力界面。

文艺复兴时期的众多艺术家不再如其前人那样甘于贫困与无名，而

---

① ［美］威尔·杜兰：《世界文明史·文艺复兴卷》，幼狮文化公司译，东方出版社1998年版，第337页。

② ［英］彼得·伯克：《意大利文艺复兴时代的文化与社会》，刘君译，东方出版社2007年版，第115页。

③ 同上书，第65页。

④ 同上书，第80页。

⑤ Nicola Abbagnano, *Storia della filosofia: la filosofia moderna: dal Rinascimento all' illuminismo*, Utet 1993, p. 142.

⑥ Cfr. Eugenio Garin, *Storia della filosofia italiana*, Einaudi 1966, p. 314.

是在某些显赫家族或专业商人的赞助下过着舒适的生活。依照正常情况，赞助人出钱，受雇佣的艺术家本应该尽量遵从其要求直至创造出令这些雇主满意的艺术品，才符合经济伦理。然而，文艺复兴时期的艺术家却拒绝在雇佣关系中履行这种“理所当然”的义务。大画家乔万尼·贝利尼（Giovanni Bellini）便是这方面的突出代表。皮埃特罗·本博描绘他说：“他的快乐就是不对其风格施加任何明确限制，他喜欢作画时任意挥洒”；当画家皮埃罗·迪·科西莫与顾主发生矛盾时，顾主威胁说不付钱，艺术家则扬言要毁画。[①] 画家雅各布·彭托尔莫最令人恼怒的是：他只在自己高兴的时候为自己喜欢的人按照自己的想象工作；作曲家乔斯坤也“总是在自己高兴而不是被要求的时候才谱曲”。根据文艺复兴时期传记家瓦萨里的叙述，大画家马萨乔总是“心不在焉，他甚少在意他人，无论何种情况他都不愿想一想世俗事物，甚至也不在意穿着”[②]；画家多纳泰罗为一位威尼斯商人制作胸像，当这位商人认为他要价过高而与他讨价还价时，多纳泰罗直接将胸像扔到地上摔得粉碎。[③]

米开朗琪罗在西斯廷教堂天顶上的创作完成后，教皇才惊讶地发现全部人物都是裸体的，这位“严肃”的宗教领袖最后只能让一些画匠以粗糙的手法为这些人物穿上衣服。文艺复兴时期的这些事例给了我们关于艺术伦理的更多思考，这一思考的第一个问题便是到底有没有“艺术伦理”。事实上，当柏拉图将诗人逐出理想国时就已经启动了这一问题。从狭义的角度看，艺术家确实不应为了吸引人们的欲望和或为某些利益而毫无艺术原则地去生产“艺术品”。艺术作品、艺术情节和艺术人物都不应该是创作者的奴隶，艺术作品中的各种人物在理想状态下也应该具备一种“类似于政治学的平等性”（朗西埃语），没有谁是另一个的微不足道的配角，在“开放的作品”中，受众也不是作者的“可有可无的配合者”（艾柯语）。那些传世的艺术品在当时的社会经常被认为是“下流污秽的”，一段时间内都处于受禁的位置。然而，这些

① ［英］彼得·伯克：《意大利文艺复兴时代的文化与社会》，刘君译，东方出版社2007年版，第115页。

② 同上书，第90页。

③ 同上书，第93页。

“堕落”的作品经过时间的考验在最后经常被肯定为伟大的艺术作品。艺术伦理经常是超道德的，在尼采看来，真正的“艺术是对道德约束和道德广角镜的摆脱，或者是对它们的嘲讽”①。只有自由的动机和自由的创作可能才是艺术伦理的主要意涵，那些受制于社会伦理与过度的个人表现欲的作品都是“反伦理的”，前者被他人强迫，后者被他人与自己协同强迫。当然在对艺术伦理的看法上康德与弗洛伊德可以说正好是相反的。

文艺复兴时期的艺术家更多地在遭受自我的强迫，也可以说是在遭受自我的“自由”，从经典精神分析的角度，“自由”和“强迫”是一个同义词，二者经常互相“认出”。艺术代表着自由的可能或者自由的实现。一个社会如果不给艺术家自由或者艺术家在一定的社会形态之中不能为自己找到自由的表达方式，那么艺术在那一时刻就只能表达空洞与刻板。艺术自由在文艺复兴时期获得了真正的重视。文艺复兴时期的艺术家们注重将“理想自我”以及“小他者”（拉康）带入艺术表达的各种题材中，画家们不再画上帝、圣母、圣徒与天使，不再画历史人物，而是画与自己有关的一切。过去的宗教画收集未来，而文艺复兴时期的画作则收集过去，不仅收集某一瞬间，还在收集过去的全部。那些要画自己生活的画家们也意识到自己是凡人，画与自己有关的一切会在不久的将来被人忘记，因此，他们选择画神，将自己的生活与神连接起来，神成为了他们的工具与实现载体。那些看似明晰的宗教题材实际上被画家们偷换了内容，宗教画的形式还在，然而内容已经被抹去，至少不再纯粹。在自我意识的觉醒中，以提香和瓦萨里为代表的众多艺术家们画了多幅自画像以满足自我的镜像欲望。

我们观看文艺复兴时期的绘画时，一种挡不住的叙事与时间性同时向我们走来。那里的每种颜色之所以都如此鲜艳，是因为它们是时空中的，是生活之内的，是作者本人的。这种时间不再通往未知的未来，通往宗教的记载与想象，而是此时今世的。此时的绘画与雕塑也并非想要表达一个单纯的瞬间，而是要表达过去全部的生活，与作者有关的全部

---

① ［德］弗里德里希·尼采：《悲剧的诞生》，生活·读书·新知三联书店 1986 年版，第 366 页。

生活。通常当我们画与我们无关的事物时，我们只能凭借不明晰的想象，这幅画作因此而必定是晦暗的。而当我们画自己的生活与感想时，画出来的东西必定是“可拿取”的。Sensibili（可感性）不仅作为文艺复兴时期文学和政治表达的重要范畴①，它实际上已经成为当时全部艺术创作的工具与表达动机。特勒肖（B. Telesio，1508—1588）甚至直言，“因一切都是物质，故人的最完满的知识是感性的”②，“人的精神也是物质的，是一种更精细的物质”③。威尼斯画派以耀眼的颜色宣告着晦暗已经属于过去，中世纪刻板的宗教人物被着上了鲜艳的妆容，世俗之人的情感也被植入其中。拉斐尔的圣母开始像母亲，提香的维纳斯开始像女人，神开始像画家自己。历史上还流传下来了属于那个时期众多的以第一人称写的日志和旅行日志，其中，仅佛罗伦萨就有约 100 部日志保存了下来。④

3. “触觉”空间与实用伦理

如果我们将现象学认识论中的意向性范畴投入到对文艺复兴时期道德方面的研究中，跳出道德心理的认识论考察，将会有新的收获。文艺复兴时期的整个社会尤其重视此在意向性的功利主义运用，意向性不再关乎认识的成因、作用方式以及与先天意识的关系方面，而是涉及“意向性”的外显方式。经过道德、政治和宗教等“大他者”几千年的生命治理，人类经过中世纪走到了 14 世纪已经积满“尘垢”，“自我”被“非我”重度侵染，以至于不再可能单独从一个“透明”的头脑中发出自由意志。文艺复兴人向古代的主动“退回”实际上是一次集体的“加括号”的“主体性”还原，其潜意识是要“括住”那些未经意识明晰性考察的一切要素，尤其是关乎意识主体的方面。如果我们跳出拉康关于“意识是无意识，而无意识是他者的欲望”的精神分析框架，

① 比如 Sensibili 便是瓦拉的重要理论工具。（Cfr. Eugenio Garin, *Storia della filosofia italiana*, Einaudi 1966, p. 315）

② Nicola Abbagnano, *Storia della filosofia: la filosofia moderna: dal Rinascimento all' illuminismo*, Utet 1993, p. 142.

③ Ibid.

④［英］彼得·伯克：《意大利文艺复兴时代的文化与社会》，刘君译，东方出版社 2007 年版，第 218 页。

我们会说文艺复兴时期的意识主体较之以前是更加“干净的”、纯粹的。尼采曾多次肯定“文艺复兴时期的主体更符合主体”的看法，如果说去掉这种看法的绝对性，至少我们可以肯定文艺复兴时期的主体较之当下的和14世纪之前的主体更具有主体性的判断是基本成立的。因为今天我们更加受制于经济技术意识形态，而14世纪之前的人们则更加受制于道德意识形态。文艺复兴人更像动物与超人之间的绳索，其“自我”更不是“他者”，而是真正成为“此在”。这种“干练”、纯粹的自我构成了意识结构的基本开端，现象学基本环节——意向性中的“意”的纯粹性自此具备了人类学的基础。

对比于“意”的优势性，文艺复兴时期意向性的“对象”优势并不明显，然而文艺复兴时期的意向“对象”还是占有某种现象学优势。中世纪时期的“对象”是“先行给定”的、是“剩余的”，这些“对象”在面临意识时已经是“过期的”“衰老的”了，曾被神学话语反复“表征”过。而文艺复兴时期的对象则是相对独立的，词的表征是依赖于陌生“对象”的，表征无法绕过“物”。关于这一点福柯曾在《词与物》中反复证明过。文艺复兴人刚刚完成了迁徙和转移，到了一个新的地方就要面对陌生对象，新的人、物与思想，他们被对象的陌生性反向逼回“幼年”时期，必须要靠“嘴”的触觉来代替意识的先在统摄。意向性结构最终靠“触觉”完成闭合。

此在的“触觉”开始发挥首要的作用，这里的触觉并非单指皮肤作用于对象而造成的感觉，更多的还关乎对精神意向性的价值的反馈。当然这种现象学的触觉结构不再是认识性的，而是生存论的，是关乎生本能和继续存在的。人们面对的对象必须首先被“纯粹判断”，继而必须作出该“抓取”还是该“避开”的功用性选择。文艺复兴人的意向性结构既是最纯粹的，又是最“欲念的”，后一点尤其是在实际生活中表现得无比明显。文艺复兴人服膺的信条是“上帝同情（怜悯）想‘要’的人，上帝不同情无欲望者”①。不管是现实的还是虚拟的对象，意向无法驱逐自身的“在场”，此在“精神的皮肤”无时无刻不在趋近

① Nicola Abbagnano, *Storia della filosofia: la filosofia moderna: dal Rinascimento all' illuminismo*, Utet 1993, p. 130.

对象，他们将自身的此刻与前一刻、后一刻断绝开来，将无与有严格区分，去追求一种对象的最低限度的“侧显”，这种“侧显”要求物对自身的正面价值。此在不在“物”的前后，“物”被从其他的“在世者”那里唤回，引向主体的某种价值期望。在这种功利主义的意向性关系中，物的价值被此在的价值渗透、淹没，“物”以自身的“实在性”完成了对此在的“象征性”作用转化，并成为下一刻继续其功利主义意向性的“前摄”。在伦理实践中，由实用性导致的意向性让文艺复兴人十分重视实际需要，瓦拉主义者反驳了很多善行的出现只是“对诚实的爱”的说法，认为每一种人类活动无一例外都是为了满足快乐这一目的，国王被选举出来也不过是为了至高的实用性目的。① 伦理的对象由此成为快乐的对象，或者反过来说快乐的对象同化了道德对象，甚至连同纯粹的美学对象都被功利主义的伦理意向俘虏，功利的快乐至上主义者声称“人们记得的那数不清的艺术、文学、雕塑等，哪一个不是为了满足人们对典雅和装饰的实际需要呢”②？当下的快乐追逐将功利主义的对象在时间上“拉短”，潜心积累以便未来凸显于人群的想法似乎已经过时，功利主义在意向性的牵绊下导向了严重的短视性。在文艺复兴人的内心估测中，未来似乎并不存在，即使存在，也并不一定可以容纳自身的卓越，只有当下的对象才是真实的存在。意识由此将对象完全弥漫，对象之“流”被意识切割为彼此抵消的碎片，意识仿佛不再能够在多维空间吸收新的要素转而激活物的多重性。物被极高的强度激活，随后却显示出尖利的窄度，其上难以容纳多种道德价值，最高点也不可能再伫立其神圣价值。时间与空间在意向性的功利主义伦理观的统治下变得臣服，极力收缩其形式，并将更多元的内容从中间挤出。然而，这种干瘪的伦理观最终不仅没有造成物的匮乏，反而带来了物的丰盈。尽管每一刻的物都受到了意识的控制，时空也被压缩成一个个的薄片，然而，意向性却具有极高的速度，当意识高速撞击物时，“物的深度”还是会被激发出来的，当一个功利者的意向与其他功利者的意向频繁相撞时，这种意向性就会被迫产生偏离，并激活新的对象潜能。以

① Cfr. Eugenio Garin, *Storia della filosofia italiana*, Einaudi 1966, p. 312.

② Eugenio Garin, *Storia della filosofia italiana*, Einaudi 1966, p. 312.

上的分析有助于我们理解文艺复兴社会的种种矛盾特征，尤其是那些干瘪的繁华、多维伦理观念的迅速冲撞，以及日渐消失的日常现象。

三 结语

本章主要的篇幅都在谈文艺复兴时期的身体和空间，最后我们想用文艺复兴时期的“时间”来为此章结语。柏格森曾反对过利用空间数量混淆时间绵延之质的做法，然而文艺复兴时期的时间是最“空间化”的，时间与空间纠缠在一起，互相“表达”对方。

较之于中世纪，文艺复兴时期的时间变“少”了，空间却无限增加了。在基督教的时间表述中，“真正”的时间开始于肉体的死亡，灵魂的时间远超过肉体的时间。随着祛魅时代的到来，人们首次意识到个体的时间只是活着时候的短暂时间，黑死病让刚刚进入文艺复兴的人们的时间再一次缩短。人们突然被告知时间是有限的，每个人都只能有限地存在一些年头，然后化身空无。肉身不再，思想、话语、亲人、创造物、关系链、情感及知识，在时间快镜头的排布中都一带而过。对人这一存在物来说，与其说是惧怕死亡，不如说是惧怕时间，因为时间是一种“讽刺”。这种“讽刺”让人终生的辛苦、期盼与构建都强行毁灭，毁灭到如同从未在时空之内存在过。既如此，存在就成了对存在的反讽。

文艺复兴时期的空间却在骤增，这种骤增主要来自两个方面：一是时间缩短的反衬；二是活动空间的实际拓展。当然还有另外一个重要的遗留因素，那就是黑死病夺走两千万生命后留下的大量“荒原空间”。时间亏空与空间盈余的反差如此强烈，人站在这个“余数”的位置，他要弥补时间对空间的巨大“亏空”，靠什么来弥补？靠“人”的两种“身体”。

第一种是“实在的身体”外，这在本章的第一部分“身体的反控”中已经讲得很明白。人的身体站在了由“极短”的时间和“极大”的空间构成的鸿沟中，来填平这一“亏空”。随着商业和交通方面的发展，文艺复兴人具备了到各处活动的可能性，他们于不同时间的“广泛”存在可以“拉开”空间，也可以通过“行动”来丰富空间，空间的量与质都被拉伸，时间却是越来越短了。当文艺复兴人意识到这一点时，他们要做的就是“用身体增加时间”。通过增加身体的活动频率和在空间中快速的身体移动，身体挣得了“更多”的时间。与此同时，这也增加了文艺复兴人的身体疲劳。所有文艺复兴人的身体都是疲劳的，不想降低自身活动频率和移动速度的，这些身体之间便会出现“高频撞击”。即使文艺复兴的空间在伸展，也容不下这些疲劳的、执着的、高速移动的身体。这便导向本章和全书的主旨，即对文艺复兴时期伦理图示的探讨。当“多维的欲望”和争抢时间的身体相互间反复撞击时，伦理研究的广角空间就在文艺复兴这个维度被打开。这一时期的伦理现象是最丰富的，因为这一时期的身体最“忙碌”，意识与意识的冲突也最丰富。

除了上述“实在的身体”外，“艺术的身体”作为弥补时间对空间亏空的第二种填补物，在文艺复兴时期占据重要的位置。这也能解答那个由来已久的问题——文艺复兴时期各个方面都在变化，为什么只是称那段时间为“文艺”复兴呢？如加以考察，我们不难发现那一时期的商业、交通、社会结构和哲学思想等各个方面都发生了巨大的变化，有何理由只是称其为“文艺复兴”呢？

之所以叫“文艺复兴”，是因为较之其他领域和结构，文艺对当时的社会确实产生了最重要的影响。尤其是绘画和雕塑中的“身体”，其中包括鲜亮的“风景身体”和“人的身体”。文艺复兴时期的风景不再如中世纪的风景那样始终隐退或者晦暗如夜，而是具有了颜色生命的律动感。这一时期作为身体的风景是表达的、游动的，是存活在时间中并拉伸时间长度的。更重要的拉伸时间长度的是艺术中的人体。雕塑的身体貌似只占据“一刻”时间，然而“一刻”过后这些雕塑的身体开始和空间一样永恒存在。绘画中的人体拉长时间的作用更加明显。据传记学家记载，达芬奇经常在画布面前发呆，几天不动一笔，一幅画几年都完不成。《蒙娜丽莎》这幅画作者一直带在身边，终生修改。我们今天读不懂《蒙娜丽莎》，是因为“蒙娜丽莎”承担了过多的意图。达芬奇意图让蒙娜丽莎不断丰富，丰富到在一幅画作中让时间永恒，并承载包括一切可能空间中的一切要素，并以和谐的形式统一到画中人物上。这是一种试图永恒化的“妄心”，然而在今天看来《蒙娜丽莎》确实因其承载意图的“过剩”而成为了经典。我们今天的人、以后的人都能从这个丰盛的身体中不断解读出当时的时间和情感。“每种认识都是一种交流”[1]，这些不断参与交流的意识会不断将文艺复兴时期的蒙娜丽莎永恒化为永久的人类的蒙娜丽莎。很多当时的画作都以这种“沉默”的形式“借贷”未来的、永恒的时间。在这类画作中，作品是甚少言说的。《暴风雨》便是其中的另一典型。画中男、女主人公的身份本身就是一个谜。这两个人是夫妻，还是爱慕者？画中是在表达希望还是毁灭？这一切都只有作者一个人明白。作者不想向我们公布谜底，因为到了14世纪，作者有权利同时也有必要不向我们透露任何关于艺术内容的信息，他只是向我们呈现形式。如我们所知，只有当一位艺术家能够按照自己的自由来进行创作时，只有某一作品是在表达他自己的某种想法或者与他有关的某个人物时，这样的作品才是鲜活的。在经历了瘟疫、动荡的岁月之后，生命的脆弱已经显而易见，在随时带来死亡的时间中，艺术家们都在思考：死后能够留下什么。他们拒斥什么也留不下的虚无结局，同时，也在拒斥与自己无关的永恒。借由艺术中的人体，这些自信的文艺复兴艺术家们为当时的时间借贷了时间，并最终“弥平”了时间和空间之间的巨大亏空。本章的写作时间以及未来读者阅读的时间也同样被“蒙娜丽莎”和《暴风雨》中的主人公们不断“窃走”，这让我们意识到文艺复兴时期的身体及其艺术的图谋和巨大力量。

① Eugenio Garin, *Storia della filosofia italiana*, Einaudi 1966, p. 319.

第二章　文艺复兴时期的道德精神分析

西方哲学主脉通常将世界定性为精神本质，人由此更是被当作“精神的精神”，从而衍生出康德的“人为自然立法”以及其他类似的“主体”范式。在对某个时代精神的总体把握中，一种宏观意义的精神分析便显得十分必要。这种精神分析将那些由弗洛伊德开创的无意识理论范式导向那个时代的抽象人群，并结合个案来复活某段精神的历史。这种复原依赖背景，同时又隐去背景，通过将暴露的人隐藏，最终让隐藏的人性暴露。尼采认为文艺复兴时期的人“最贴近人”，对于文艺复兴人的精神分析将有助于我们更好地理解抽象的人性和具体的人类行为。本章我们主要将经典分析理论应用于文艺复兴人的境况研究，并在其中第一次将拉康的“三界”拓扑理论应用到历史的群体心理研究中，最终通过道德形而上学的端口深入文艺复兴人的精神世界。

一　象征“侵凌”

在中世纪一直盛行着对异教徒的两种应对方式：“书写的”和“语音的”。这两种方式一直延续到文艺复兴时期。“理念”在公元7世纪之后有了更大的野心，并且全部以象征的方式外显出来，致使这一时期的欧洲人集体告别了想象界，完全陷入象征的话语模式中。象征实体作为“理念”的坚硬结构，以“镌刻”的形式对想象界的残余思维进行“塑形”，并辅之以“溶解”的形式对那些原始思维的“尾巴”进行割除。在神学象征话语世界，“支持社会价值的宗教力量所依靠的是它对世界进行象征描述的能力……在宗教仪式和神话中，价值所描绘的不是一个主观性的人类偏好，而是在一个有着特别结构的世界中隐含的强加于生活的条件”[①]。象征理念以酷刑和宗教教义作为工具，对西方世界的残余想象进行最后清算。酷刑成为“语言”，身体成为文本，在教义的遮掩下，那些“互渗的”、浮散的实在界和想象界之“物”一一成为“客体”。象征话语以宗教清理的形式作用于西方世界，也因此表现出两种“伦理”结构：一种是“书写的”“修改的”道德范式；另一种是“溶解的”“擦除的”作用方式，两种范式相互补充，以双线的形式从中世纪的后半段向着文艺复兴时期顺利延伸，最终以自反的形式自行解体。以酷刑为代表的第一种象征形式体现着“语言”[②]的“书写”野心，中世纪的教会势力不再允许镜像想象，而是让身体及其意识进入规定好的狭隘形式中，在语言的刻刀下被迫重塑。人们不再有原始的自由想象，那些“野性的思维”在遭受俄狄浦斯化的集体“阉割”之后各自获得了命名，成为一些被承认的并且亟待提升的道德存在。这些道德存在是被赋予“信心”的，被认为是可以完善的。以十字军杀戮等形式表现出来的第二种象征野心又在对第一种“可修改”的道德控制方式进行必要补充，以“语音的”“自卑的”父亲中心主义方式直接“擦除”东方的异教存在，这种象征的夸张方式不再对道德的提升给予时间和信心，而是通过身体消灭的方式直接对“异类”进行清除。象征结构的两种惯用方式，即“书写的”和“语音的”形式在这一时期被充分暴露和使用，这两种方式一直沿用到今天，并且毫无阻碍地向未来延伸。

（一）猎巫与镌刻

1. “女巫”与“书写”

熟悉这段历史的人们都会注意到西欧社会当时流行的一种现象：猎杀女巫。这种滥觞于中世纪的规制方式一直延续到文艺复兴之后，几十万女巫被实施酷刑直至被烧死。由号称仁慈的宗教对异端实施的酷刑是极其残酷的。17 世纪的著作《基督徒的回忆》这样描写惩治“巫术”

---

① ［美］克利福德·格尔茨：《文化的解释》，韩莉译，译林出版社 2014 年版，第 161 页。

② 文艺复兴人认为象征“语言”的可理解性构建了自由的人类文化，没有语言，理性和知性将不复存在。（Cfr. Eugenio Garin, *Storia della filosofia italiana*, Einaudi 1966, p. 302）

的酷刑的场面：使用酷刑的人甚于地狱的幽灵。我看到过分离的四肢、散落的眼睛、与腿分离的脚、缠绕在关节的肌腱、肿胀的深处血管以及深陷的表层血管。受害者被提起和落下，被旋转以及被倒置。我看到过行刑者用鞭子鞭打，用棍棒重击，用针刺，用绳索捆绑，用硫磺灼伤，用油浇以及用火烧。

另一个有意思的现象不得不求助于精神分析的解读。这一现象就是被杀害的巫师中绝大多数是女巫，这种现象似乎也不太让人意外，因为女巫在巫师中本来就占了绝大部分比例。在15世纪至18世纪的欧洲，“猎杀女巫”（witch hunting）的风潮盛行到峰点，在整整三个世纪内，有大约十万名女巫被处死。

那些针对巫师的酷刑是骇人的，著名的“西西里牛”酷刑便是当时“仁慈”的教士们的重要发明。据记载，“西西里牛”是指用黄铜铸造、像极真牛的空心模型。通常情况下，受刑者的舌头行刑前已被割掉，行刑者将其置于铜牛之中，关闭后在铜牛身下烧火加热。犯人难以忍受如此灼热，就会在痛苦之中扑腾、哀嚎。铜牛的构造减弱了晃动与声响，使得犯人在铜牛里的尖叫听起来就像一头牛发出的声音。这种效果给观众带来娱乐，并很好地使他们远离了酷刑的残暴，因为他们看不到受刑者。

针对女巫的酷刑更是残忍，只是其中一项——“烤刑”就让我们怀疑“人性善”的种种说法。中世纪的酷刑清晰地反映着象征理念的来临时刻，实在界和想象界在西欧的世界正式退场，象征界以话语王国的形式，在酷刑和教义的支撑下开始了对“实在”的塑形及“书写”。这种“书写”虽然也是“阳具中心的”，然而这种“父亲”的治理方式仍然包裹着“母亲”的调和方式，这种象征治理的方式是“修改的”“未来的”，它要在残忍的作用下实现某种“仁慈”的目的。女巫象征着某种“自然”，她们也确实真正作为了“顽固的自在”①，死死守住想象与实在界的最后防线。史学家认为原始思维已经是古希腊、古罗马

① “一个真正女巫的明显特征，就是能够离奇地在审讯之后，仍然坚持自己无罪，而且她们在辩解和发出尖叫的过程中，还能念出特别有力的咒语。”（引自［英］萨达卡特·卡德里《审判的历史：从苏格拉底到辛普森》，杨雄译，当代中国出版社2009年版，第98页）

文明很久之前的“往事”，并认为象征秩序在更早的古代成形，并且被固定下来，事实上，原始思维一直延伸到中世纪晚期，它们是“顽固的”“浪漫的”。巫术象征着语言秩序之外的东西，被视为某种“污物”，要在这一时段接受强大的象征秩序的理顺。以《金枝》和《原始思维》为代表的众多人类学著作都向我们明晰地传达了原始思维的“飘忽”，然而这些飘忽的思维都是以对象为意识动力的。早期的《圣经》宣扬者努力让人们的意识对象从短暂的实物变为永恒的虚幻上帝，这上帝的王国尽管有《旧约》的详细记载，然而对上帝的想象整体上是自由自主的。随着《圣经》话语地位的日渐增强，神职人员的野心开始膨胀，他们要借助一切规训形式让那些飘忽的思维固定化，于是教义便成为了律法，宗教道德取代一切道德。此刻的神学开始强行让看不见的思维被“看见”，被“记录”（福柯），使秘密的思绪以声音和文字的形式在众多的“凝视”中呈现。所有曾经掌握自身秘密的主体由此成为“暴露的他者”，而酷刑便是完成“暴露”的主要方式。在其中，“阳具自恋”开始有了变态的“洁癖”，在其坚定的清洁观念中，巫术在不当的位置上仇恨经验与记忆，却被一种漂浮的固执所强迫，其特性是要“去游动”，拒绝固定。巫术是秩序语言的敌人。巫术中的女性因为更顽固地违反了象征秩序对于“洁净”与固定性的要求而遭到更加残忍的对待，巫师的“固执”被作为性别的“固执”而受到最终确认。那些女性远比最“固执”的男性还要“固执”，她们本身就是前象征态的代表和化身，自一开始就和“洁净”的“男性”被置放在对立的结界。[①] 虽然今天的伊利格瑞强调“杀死母亲”是人类文明的开端，而文艺复兴人和今天的人们还是认同人类文明开端于“杀死父亲”的说法。驱逐巫术不过是驱逐混沌与游动的外显形式，巫术通过模仿律和接触律（弗雷泽）顽固地厌恶逻辑和日常因果，并在非记忆的思维系统中反复演绎集体表象。中世纪对人的折磨是结构性的，那是象征秩序的话语时代，象征借着人类虔诚的手要去砍掉“菲勒斯”：那些自由

---

① 与其说巫师团体是自行建构的具有稳定性质的群体，不如说社会对他们的态度反向建构了其巫师身份，比如女性巫师。（请参阅［法］马塞尔·莫斯《巫术的一般理论》，杨渝东等译，广西师范大学出版社 2007 年版，第 28 页）

的、含糊的、反结构的原始精神。[①] 酷刑作为象征话语的典型形式，就是要对身体和精神的“实在界”进行刻画和塑形，从而让象征话语在身体上彻底驱散“实在的顽固”（拉康）。我们从字面上就可以看到酷刑和一般刑法的区别在于它的残酷性，这种残酷性集中表现在对身体绘制的强迫兴趣上。它不仅要控制身体的一些部位的浅层结构，而且要深入这些结构的底层，在敏感的神经区域最大幅度地实施破坏。酷刑透露着象征的贪婪，它要绘制身体的整个地图，通过捆绑的形式将身体最大程度地进行固定，通过钢钉和绳索等工具让那些“实在”的身体结构被“彻底”地更改，从而打上象征的伤痕。中世纪的象征话语认识到人的原始精神最具有“实在”的特性，它们是“滑动的”、若有若无的，对这些游动的虚无进行塑形是耗费能量的，于是身体便成为了它们的便捷入口。身体此刻开始广泛充当形式的作用，尤其是那些按照象征图示修改过的身体，流浪的自由精神被其强行固定，并和身体一起呈现崭新的意识地形图。

酷刑是以“眼睛”和想象作为重要支撑方式的，中世纪的酷刑是一种仪式，作为仪式的酷刑欢迎“观众”，在直接的视看过程中，随着身体“实在”被符号痕迹反复“修订”，受罚者本人以及那些所有在场者们的“精神实在界”一同被象征化，从自然的原生状态集体走入象征的宏观秩序之中。另一个可以印证我们这种结论的是差不多同一时期在中国一样泛滥的封建制酷刑。

2. 修改的道德

人类学的诸多成果都在向我们证明着巫术在人类文明演进过程中的开端作用，列维 - 斯特劳斯反复强调巫术思维和今天的理性思维一样具有优势，稍有见识的人们也应该会看到理性思维的缺陷以及在20世纪对人类造成的致命灾难。巫术思维最大的价值就是它的“漫游性”和整体性，它有着某种“自然的野心”和巴塔耶所强调的“可贵的整体意图”。巫术一方面作为缺乏逻辑的存在形式，而同时又因不忍理性夺走世界的感性与活力，一直顽抗到今天的理性时代。巫术将实现“至

① 当时的人反对一切“隐而不显”，包括纯粹思维，隐居的生活方式等，继而提倡“可看出的行为”。（Cfr. Eugenio Garin, *Storia della filosofia italiana*, Einaudi 1966, P. 292 e 293）

高的部分”（巴塔耶）及走进“共同的笑声”① 作为追求的目的，巫术的实施者意图突破人的极界，通过将没有“意义”的短暂的冲动变得具有“深度”，来填充可能的缝隙并跨越理性死板的界槛。巫术的实施者尽管不乏迷信的功用目的，然而巫术的道德追求结果却是别样的，在巫术的判断体系中，那些死板的、模式化的方式是应该放弃使用的。巫术的这些特性恰恰决定了其自身作为理性敌人的立场和位置，并受到象征话语的“阉割”。

在中世纪中间时段就已经掌握话语的象征理念开始了针对以巫术为代表的原始思维的“人道”矫正，它要去修改那些“实在”的图示，并拯救“堕落的”、未经“雕琢”的原始想象。在当时的语境下，恶的认知意义渗透进了道德的判断中，人们会将那些造成认知耗费的事物自动归恶，并且通过杀死的方式将其消灭。以宗教伦理为代表的象征道德强调“可书写”的秩序，注重可视化的规约和检验方式，并且以未来的简易化作为发展目标。象征理念首先展示出“母亲”的“温柔”样貌，以此同化“前象征”的道德混乱，尽管惩罚的方式是“父亲的”、严苛的，然而惩罚的目的被自称为是“仁慈的”“众望所归的”。女巫在被烧死之前总是被反复问及“是否悔恨”，当那些“顽固”的前象征代表们誓死不从时，“象征母亲”总是一边仁爱地叹息，又一边毫不犹豫地点燃火把。二者的矛盾并非来自彼此真实的敌对效果，事实上女巫和上帝的信仰在众多方面本来是可以互相加固的，因为对上帝的信仰也是一场“飘动的想象”，同样具有“越界”的形式，并且都以某种“回报”作为将来的目标。然而象征道德还是以模型化、条文化作为始终的方向追求，并将“合适”位置的对应存在（道格拉斯）作为“洁净”与否的判断标准，而这种“洁净”也被作为道德判定的圭臬。象征的道德格式反对的是巫术道德的飘忽和破碎，反对那些似有若无的“声音”，反对“匿名”背后的隐藏形式。遭到宗教道德修改的是巫术的“野心”，与此相对，上帝的至高优越是必须被独尊的，上帝被认为是所有道德图形的母体，在总模式的条目下清晰划分每一种道德样式。

① 参阅［法］乔治·巴塔耶《内在体验》，尉光吉译，广西师范大学出版社 2016 年版，第130 页。

因此，宗教对巫术的惩治是打着“母亲”标志的，就像在一堆孩子面前教训一个犯错的孩子一样，希望通过这种稍显残酷的方式让包括受罚孩子在内的所有孩子都改掉原有的坏毛病，继而让他们遵照大人们的道德原则进行将来的生活。这是一种“教化的”道德，以“可修改”作为出发意愿，以惩罚和被惩罚作为眼睛的目标点，并借着他者的恐惧性想象完成教化的“道德”目标。中世纪的“母亲”酷刑是一把“自大狂”的刻刀，倾尽一切机会对那些自由的灵魂实施“纹身”，通过黑色的血液和残缺的肢体打上矫正的记号，让自由的灵魂全部俄狄浦斯化，然后进入象征秩序的死板之中。这种书写的、伪装母性的道德修改方式是施虐狂和自大狂的合体，这种畸形体异常“勤奋”，要随时规划每一个人在每一时域中的道德思想和伦理实践。这种“修改的”道德模式作为“老祖母”（荣格）原型在中世纪和文艺复兴时代的显像，承担起了象征话语对人类整体实在界和想象镜像界的意识形态管制角色。“巫师”在我们的表意系统中也不仅作为事实上巫术实施的主体，“巫师”是一种类型，并且首先是一个顽固的“症候”。巫师在中世纪之后的任何在场都是“过时的”，在比当下提前很多的时代里，“巫师”都是“不合时宜”的代表，都是要被“修改”的对象。然而“巫师”却以“不合时宜”的身份反复回归，在严酷的惩罚中不停“在场”，正是在惩罚中“巫师”被反向构建起来，有“巫师”出现的地方，一切惩罚都立刻获得直接的合法证明。“巫师”还代表了一种“无可挽回的被动”[①]，这种被动总是对应着象征的主动，通过将自身置放在极低的地方，借助修正和惩罚的杠杆，它总是反向抬升了象征的位置，并将其固定在最高处。有“巫师”存在的地方，就有惩罚和话语，象征装置就总是“自信的”“果断的”，并且以“母亲的”“仁慈的”目光时时打量那些亟待“修正”的魔法使用者们。以上所述便是文艺复兴初期道德图景的第一种典型形式，在这里特别需要强调的是，“巫师”只是某种表征，巫师在一定时期正好是其反面——教士的名字，并在某些流动

① 巫师通常必须在远离教堂的深山中活动，以秘密的形式游离于社会之外。（请参阅马塞尔·莫斯《巫术的一般理论》，杨渝东等译，广西师范大学出版社 2007 年版，第 28 页）；“不生活在社会中，人的力量就不值得被重视”。（Cfr. Eugenio Garin，*Storia della filosofia italiana*，Einaudi 1966，p. 290）

的地方驻扎，在流向将来的历史中不停存在，不断变换表情和位置。

（二）语音与“父亲”

1. “十字军”与语音

那个“西西里牛”刑具传说由一个叫 Perillus 的希腊人为了阿格里真托的（Agrigentum）暴君法拉里斯（Phalaris）而发明的。为了凭借自己的发明拿到可观的报酬，他成为第一个关入铜牛中受酷刑的人。据报道，当君主厌倦了这种虐待刑罚时，他也成了铜牛酷刑的最终受害者。这种发明者和君主自愿接受酷刑死亡的传说泄露了象征秩序的第二种不自信的[①]，却故作坚强有力的治理方式：擦除的、“溶化的”方式。那种对身体和精神实在界的局部塑形已经难以满足 11 世纪以后的象征实体，它要将异己的象征全部抹平，让那些身体和精神向后消失。十字军六万人在准备不足的情况下靠着一种狂热冲动向东方的耶路撒冷进发，这带着某种理念转折的意味。以前那种通过“刻写”身体以引起精神禁锢的方式已经不再能够满足象征实体的全部野心，那些将身体以残酷的方式肢解甚至焚烧的形式被象征界自身否决，认为这样“清淡的”凝视造成的震颤不足以完成最终的神圣使命。那种秩序野心由此从自我的基督群体向“东方”[②]世界蔓延，其目标也不再是“阉割”或者整饬，而是消灭“异教”的整体。象征实体的野心从对实在的“深雕”转入对其他象征类型的“实在化”，直接杀死还不够，因为那些被杀死的顽固灵魂还可能返回“复仇”。基督徒杀死异教徒后还要诵读那些会导致“第二次死亡”（拉康）的经文，确保两次死亡带来的是从未存在过的虚无，“尸体”的象征残余不会再次寻机报仇。

“口号”是任何狂热行动的重要“音响”，在十字军中口号显得更加重要，“为了主的荣耀”这一简单的口号具有重大的“述行”（简奥斯汀）力量，叙述和喊叫并非在行动之前，其本身与行动具有“同时

---

① “在这场针对崇拜撒旦的异端战争中，罗马教会反而要把撒旦从一个低级恶魔提升为黑暗之王。清洁教徒们相信，撒旦与上帝比试过，结果撒旦在尘世中取得了胜利。”（引自萨达卡特·卡德里《审判的历史：从苏格拉底到辛普森》，杨雄译，当代中国出版社 2009 年版，第 95 页）

② 这里的“东方”一方面指实际的东方地域，此外还具有抽象的象征意义。

性”。那个天空中的隐约实体透过几乎所有欧洲人的嘴向外发声，这个声音成为持续狂热的能量源头。德里达曾论述过西方世界是“语音中心主义”的，而口号即为语音中的语音。声音告别了文字可能的缺场与匿名性质，声音（口号）的在场印证了主体的在场，在声音中，“‘意识’要说的不是别的，而只是活生生的现在中面对现在自我在场的可能性”①。东征途中的十字军的口号声音造成了地震一样的摇动，他们的行动“全部”是由声音陪伴的。人类史上的大部分战斗都需要借助某些口号和乐器来将分散的意志整合，并以强化的力量攻击敌人，然而即使是那些具有共同意识形态目标的战斗口号也没有十字军的口号响亮和持久，与其说声音是十字军吼喊出的，不如说是“那个”声音“生产”出了那些声音，然后通过某些身体来释放。此刻，语言的意义是逻各斯，即神言。“伟大的”这一修饰上帝的永恒的形容词被十字军反复喊出，意识形态以固定的方式凝结在句子之后，便需要维持自身的稳定性以传达“顽固”的思想内涵，所以需要重复自身。显然，口号往往成为意识形态的统一传声筒，句子直接凝缩为一句或者几句口号，并被反复喊出。此刻的象征实体完全化为声音，它不再是酷刑和猎巫阶段“视觉的”与“凝视的”。当象征完全以声音的样貌显现时，象征变得无比“纯粹”，对比于视觉的散乱，声音总是收束的、一维的，任何实体都很难在同一时间发出几种声音。声音在目的性上一般强于颜色，“声音的特性是流逝、逃逸……颜色从属于地点，它在静穆中闪烁”②。语音和直接杀戮都是“父亲的”，是俄狄浦斯化的纯粹形式。这种形式告别调和性，也不再能够容忍杂多的存在。那个“声音”不再满足于对一些身体和精神“实在”的简单镌刻，而是要让所有的异类存在直接消失。如果说猎杀女巫的行为还是以“母亲”对部分异端的劝解为主要特征的，劝解无效也只是残忍处死其中的“部分”女性以满足视觉意识形态的规劝目的，十字军的屠城则是“决绝的父亲”直接取消发出不同“声音”的身体，从而完成那个“大他者”声音的绝对指令。

① ［法］雅克·德里达：《声音与现象》，杜小真译，商务印书馆2001年版，第9页。

② ［法］列维-斯特劳斯：《看·听·读》，顾嘉琛译，中国人民大学出版社2006年版，第128页。

“西西里牛”酷刑以及那些女巫刑罚还在将希望寄托于人的想象，认为人可以通过想象那些疼痛结束与魔鬼的合约，而十字军东征则是要直接杀死一切能思考的身体，不再给人通过对痛苦的想象而皈依上帝的任何机会。

在此我们需要说明，以上的“十字军东征”以及“屠杀”等用词不仅仅是在指涉那些真实的历史事实，更多地是被用在一种象征的意味上，并借由精神分析为工具来展开对象征控制的分析。由此，上面所说的“东方”并非仅指耶路撒冷和其他的东方地区，“东方”是某个“声音”或是某种俄狄浦斯主流之外的样态，“东方”以顽固的驱力不停地“强迫返回”，自身携带着不可更改的死亡本能。“十字军”作为“父亲”的象征，后者强势的同时也是式微的话语主体的象征，其屠刀指向的对象都是实在界的“对象 a”，这对象不仅使其憎恨，还带来一种不竭的“致命的”诱惑。

2. “擦除的”道德

中世纪的酷刑被作为仪式，承担着“凝视”的价值。酷刑仪式强调过程，借助于对恐惧的想象，并以惩戒的方式完成预期的道德整治。酷刑求助于直接的感觉和事后的回忆，作用于未来的行为和思想。酷刑的“规劝”目标的达成假借于移情机制，并且加固移情机制的后续作用。酷刑是“父亲的”“自大狂”的施虐，却掺杂着“母亲的”含糊与“仁慈”。酷刑仪式是需要道德解说作为“补丁”的，它要不厌其烦地进行“规劝”，并不断向人们说明酷刑实施的道德依据。然而酷刑毕竟是眼睛之下的，再好的语言包裹都难以掩饰住众多目光的现场勘测，即使酷刑中“母亲”嘴脸包裹得再好，也难以掩盖酷刑者“父亲”的阴谋和独裁。酷刑仪式依赖想象，然而想象通常是自由的，原质的（拉康），众多原始的眼睛借着想象突兀出来，以“邪恶的”“明察的”方式审视那些仪式的性质。酷刑是横跨象征界和实在界之“物”，酷刑以象征心理难以承担的残忍方式将“正常的”心理还原至“野蛮”。酷刑被象征话语执掌和实施，然而，酷刑造成的“阉割”和扭曲本身却是实在界的。没有人能描述清楚酷刑“是什么”，它是非语言的。酷刑表面上是象征界的，又是无法说清的。酷刑还会引起观看者的自动“退行”，那种过于残酷的画面会经常击碎人们内心中的符号结构，那些返回镜像阶段的人们最终看到了未经包裹的“对象物”——那个丑陋的、阴森的原质。酷刑在这里呈现自反的方面，那些惩罚的遭受者经常只是“无辜者”，包括思想自由者和被诬告的人们，在这里人们不免要问：酷刑在惩罚谁以及谁在惩罚？这种无法承受诘问的酷刑在中世纪却经常要经过繁复的、“审慎的”宗教核定，以“正义的”理由来惩罚那些无辜的人们。此外，那些残酷的惩罚者们并不构成本质意义上的“坏人”，甚至也没有认知上的愚昧，但却残酷无比。当“不残酷”的人以残酷的方式折磨人的现象出现时，那种仅仅简单化地认为那些残暴者残酷的动机只是“信仰的忠诚”和“一时的无知”的说法就只能停留在问题的表面，那种“信仰杀人”的表象就不应该再成为问题的简单答案，特别是当大量善良的人用极其残暴的手段杀死或者折磨无数善良的人们成为普遍的日常情景时。中世纪通过想象实现效用的酷刑最终失败于人们的想象和明察，教会也意识到自身阴谋的泄露和根本的无能。象征的前形态是教化的和“耐心的”，然而当过程的艰难超过可以忍耐的限度过后，那些“急躁的”符号开始用酷刑的手段将这一过程快速推进，直接清除身体便成为主要的方式。象征话语此时已经充分认识到酷刑矫正的作用乏力，酷刑作用于身体，然而酷刑的目标是精神的道德性。精神的道德规训是艰难的，必须辅之以直接的身体清除，异端精神也会相伴随着被一同清除。此刻的道德是擦除的、挥发的，它要溶解掉所有的凝视和声音，让存在直接归于虚无。正如社会学家涂尔干看到的，在十字军东征的“崇高场面”中，最老实、最平庸的市民也变为英雄和屠夫。[①] 作为典型的象征规制手法的“父亲”方式和“母亲”方式在历史上经常叠用，在特殊的时期却以其中一种为主。文艺复兴之后，“母亲的”规劝方式成为流行手段，并一直延续到当下。需要说明的是，“母亲的”方式看似“温柔”“耐心”，但是在某种程度上其残暴程度远高于父亲式的刚性清除。这点已经被福柯、马尔库塞和鲍德里亚等人在文本中完全说出。

① ［法］涂尔干：《宗教生活的基本形式》，渠东、汲喆译，上海人民出版社1999年版，第281页。

二　实在界的"诱杀"

拉康认为，主体的需要遭到象征界的入侵时，会带来一种伤害。齐泽克则认为这种伤害的残余会不断返回象征界，随时造成看似坚固实则脆弱无比的象征界的倾覆。文艺复兴时期被象征界最大限度地入侵、蚕食，其集体创伤显而易见。创伤带来躁动，与平淡寡欲的生活格格不入。在文艺复兴之前的时代，人类群体被符号割伤得过于严重，文艺复兴的反抗实际上是文化对文化的复仇，也是自身对自身的复仇。这个时代的伦理表现出一种"不可能"的时代间的对抗性，用一个时代整体的力量对抗这个时代之外的所有历史，甚至对抗尚未到来的"人类将来史"。这是一个特殊的时代，它对所有的人类时代完成根本性的复仇。文艺复兴貌似遵从古代典籍与希腊精神，然而，这不过是一个彻头彻尾的幻象补丁。表面上看，文艺复兴是一个真正的人的时代，然而，这一时期的一个显著的事实是，此时的人们最不想生活在象征界的符号秩序之中，这一时期出现最多的词语是"新"（nuova）以及"革新"（rinnnovare），[①] 这里的"新"并非借指新的符号秩序或者更合理的现实结构，而是那个"生锈的故乡"。

（一）"原质"诱惑

1. 蒙娜丽莎与"对象 a"

据可靠的传记记载，中年后的达芬奇经常站在需要作画的地方，静静思考，却一天下来一笔未动，一年下来也涂不上几笔。达芬奇从不说："ora，ho finito。"（现在，我已完成）[②] 受人委托而作的诸多画作也被他私人收藏，随处携带，终生涂改，这其中最著名的要数我们熟知的《蒙娜丽莎》了。有人将其解释为达芬奇因对自己的艺术创作有着较高的要求，每一笔都要经过若干时间的沉思之后方可完成。然而，通过常

① Cfr. Eugenio Garin, *Storia della filosofia italiana*, Einaudi 1966, p. 500.

② Gentile, *Storia della filosofia italiana*, a cura di Eugenio Garin, Sansoni Editore 1969, p. 266.

识看来，他“过长”的拖延时间便足以反驳这种解释。足够的构思时间对成功的艺术作品往往是必要的，然而，如有神助的快速创作形成的伟大作品在艺术史上也不占少数。达芬奇“过长”的创作时间让我们对他的精神世界有必要进行另一种分析。弗洛伊德曾专门书写专著对伟大的达芬奇进行过细致的精神分析，通过秃鹰、摇篮与尾巴等隐喻说明达芬奇顽固的恋母情结。达芬奇流传至今的二十来幅油画中竟有 15 幅画都是在画女性，弗洛伊德认为这些女性都是其母亲的化身。事实上，让达芬奇一生痴迷的不仅是微笑，而且还有尸体。据记载，至 1519 年达芬奇逝世，他总共解剖和观察了三十多具人类尸体。在此我们无意于评价弗洛伊德的分析结论，也不想只是针对达芬奇的某些情节实施精神分析，我们想结合文艺复兴在整个人类历史上的坐标位置并通过拉康的一些理论来分析那个时代的整体精神特征，并试图说明这些“奇怪的微笑”代表什么或者直接“是什么”。

从拉康的理论中我们可以推出：在象征话语过剩的时代，人们在集体文化的能指中遭遇“阉割”，其要求减去需要之后的残余内核以“物”的形式隐在于实在域，实在界的残余以创伤性内核的面貌不断向主体回归，主体亦时刻想要返回到这种“原乐”。“原乐”没有确定的边际，如果强行规定，原乐的区域将近似于克里斯蒂娃的“贱斥”位置。被那个“位置”围拢的“区域”充盈着“诱人的污物”，那些“语言的无能之物”让人极度恐惧，同时也极其诱人。“那里”有着伤痕和“需要的残片”，承载着强迫反刍式的非语言记忆，并以语言敌人的形式随时返回，对貌似坚固的象征体系进行清算式的复仇。实在界逃离符号能指的控制，它是一种存在的虚无，巨大的实在界的空洞剩余给人们本在的驱力以不竭的能量。实在界作为人的“原乐”之地，对每个人都有一种无可阻挡的诱惑。人及其群体终其一生都在努力返回这种本有的匮乏，此外，他还注意到，人关于匮乏的欲望恰恰起因于这个已经“不在”的“对象 a”。

如第一部分象征界的“侵凌”所说明的，从中世纪中期到文艺复兴，人类集体被置于象征语言的秩序内，大量的能指利器对那些散逸的“原始思维”一一进行“阉割”，大量的作为“需要”而非“必须”的剩余物被抛掷于历史的深处，随时“诱惑”象征思维不稳定的人们。

那些“众多的”“在”是“不在的”、滑动的，语言之外的客体才能对其实现接触。然而到了人文主义时代，象征秩序已经异常严谨与强大，能指成了上帝，人们过于依赖能指上帝，并意欲将散落的能指编织成巨大的象征之网，去捕获那些“诱人的残余”。不幸的是，任何能指的精巧体系在诱捕残余物时都是无效的，在能指诱捕残余物之前，“剩余物”已经实现了对能指的诱惑和“震慑”。能指在“剩余物”面前是贪婪的，同时也是恐惧的，能指抓不住剩余不是因为能指的无能，反而是由能指与实在界残余的结构关系决定的，在拓扑的构成关系中，能指的边际构成了“实在”的范围，“实在”仿佛就在能指的“背面”，作为一种“无的有”，它是拒斥任何象征的。蒙娜丽莎的“微笑”就是这种残余，它是一个“不可能之物”，达芬奇想捕获的也是这个“不在之物”。他长时间站在画布前等待，并企图将其一举抓获，然而他捕获的工具是作为象征的思想，尽管这思想中的部分也具有实在的散乱性，并在潜意识的区域内游动，然而利用这些不太“上手”的工具去抓取几乎不可能之物，其结果只能是失败的，且是“注定的失败”，因此，达芬奇永不满足（insoddisfatto），永不快乐（incontentabile），《大西洋密码》（*Codice Atlantico*）曾向画家发问：达芬奇，Perché tanto pesante?（为何如此遭罪?）[①] 不止是达芬奇，文艺复兴时期流行的人文主义思潮也以象征话语作为工具并捕捉它们的“反对物”，这注定只会重蹈达芬奇的“覆辙”。

然而这种“厌恶的诱惑”还是巨大的，人们如果喜欢一个普通的存在物，满足完毕就溶解掉了这种一般欲望，那个超过一般存在的存在却是不轻易将人满足的。达芬奇的一些绘画并非为了表现某个 donna-viva（活着的女人），他的理想是要“唤醒”某种“物”[②]。文艺复兴人集体趋向这个“物”、那些“微笑”，然而它们都不在能指的效力范围，能指制造了它们，又遗落了它们。这些剩余物还是在某个黑暗的角落不

① Gentile, *Storia della filosofia italiana*, a cura di Eugenio Garin, Sansoni Editore 1969, p. 266.

② Ibid., p. 265.

断显露自己的“虚边”，以巨大的力量向人靠近[①]，文艺复兴人也快速向其靠近，然而二者永远不能正常“见面”，那只是一个“不可能的声音”。

2. 米开朗基罗与凝视“灭点”

米开朗基罗三十三岁那年开始画著名的西斯廷教堂天顶，至三十七岁那年完成，历经四年。作画过程中刻板的姿势和艰苦的劳作严重地损害了他的健康。他的视力严重弱化，只有举到头顶上才能将东西看清楚，其身形也因长期劳动变得扭曲和丑陋。米开朗基罗在创作时拒绝任何人靠近，这其中包括了当时的最高权威——教皇尤利乌斯二世。有人将其解析为米开朗基罗坚持自我的专注，为了更好地完成作品，不畏权威，坚持自我。我们更倾向于认为，米开朗基罗不愿被打扰更多的是出于一种焦虑的原因，然而这种焦虑并非源于简单的性格上的自我苛刻。

拉康关于“凝视就是被凝视”的说法可以用来解释米开朗基罗的“幕布遮蔽”，我们的分析不仅仅是针对米开朗基罗一个人的，而是建基于整个文艺复兴时代群体精神特征的定位坐标之上。如果没有这种时代的互相勘验作为研究基础，对米开朗基罗的精神分析将是强加的。米开朗基罗的幕布表面上是针对教皇和现实之人的，然而这可能只是表象。

米开朗基罗在哪？按照经典的精神分析原理，我们首先需要定位他的“位置”。文艺复兴时期的艺术高度在整个人类历史上几乎可以雄踞于巅峰的位置，那些顶级的艺术家又处于这些位置的顶点。这个顶点以符号架构拼接而起，最终凝缩成一个庞大的象征系统，而象征也是艺术作品最常使用的表达方式。那个实际的作画地点——天顶，正好呼应了象征的顶端，那些天梯和脚手架隐喻着符号的连接形式。未曾和达芬奇以及其他众多艺术家一样，米开朗基罗选择了“顶端”。在这里有必要向不熟悉精神分析的人们作出一个解释，笔者上面说的意思并非说米开朗基罗的实际位置真的在西斯廷教堂的天顶，而是在隐喻精神分析中的

① 文艺复兴人断言“伊壁鸠鲁肯定至善寓于快乐这一点是确定无疑的，而斯多亚学派、经院哲学在该方面的观点则是错误的”。（Cfr. Eugenio Garin, *Storia della filosofia italiana*, Einaudi 1966, p. 306）这类断言所提及的快乐不是一般意义上的日常快乐，而是类似于“原乐”的至乐。这种向往甚至带有原乐的破坏性，类似于一种“创伤的完满”。

“存在位置”。我们说米开朗基罗的位置是在“顶端的”，熟悉这位艺术家的人们都知道，米开朗基罗几乎所有的作品都在描写“顶点”，这顶点不只是包括西斯廷天顶一样的高度，还包括最远方（《末日审判》）和原初的“顶点”（《创世纪》），甚至包含了象征与神力的品格顶点（《大卫》），米开朗基罗很少像达芬奇一样画熟悉的妇女，也绝少和同时代短命的竞争对手拉斐尔一样勾画人间圣母，也不像提香一样刻画人间的维纳斯，他自始至终拒绝这些象征的“中间位置”。

文艺复兴时期的艺术雄踞于象征的顶端，而米开朗基罗又在顶端的“尖点”位置。象征体系虽然是由符号按照一定形式搭接而成的，然而那些符号是“不洁的”，其中充斥着异质。艺术象征的符号也不是原始的，它生成于实在界的“疏忽点”，并以切分的形式从实在界他者那里构建了自身，它的每一次拓宽和拼接都要撕裂实在界的天然秩序。不仅如此，那些被撕开的实在界孔洞还被象征的“补丁”反复遮盖，那些不纯粹的语言幻象堵塞了全部“原质”的喷出洞口，导致“原质”以最强的污度和能量力度在符号的四周盘桓或撞击。文艺复兴时期的象征和当时的教堂建筑一样，在构建起高台的同时也预备了“跌落”，其构建的过程始终伴随着过分的“阉割”与屠戮。

那些以艺术作品为代表的象征大厦不仅要经受最强的“原质”冲击，还要经受住一种非眼睛发出的“目光诱惑”，那便是“不存在”的“凝视”。米开朗基罗和众多与他一样处于象征“顶点”位置的文艺复兴艺术家们高居“顶部”，被那道“遥远的目光”反复“打量”。那道“不在”的目光因疼痛而哀伤，因污秽而诱人。越是像米开朗基罗一样处在象征“顶点”位置的人，越是逃不过这目光的引诱与谋杀。一道“哀伤的目光”从地底最深处袭来，向着最高处的人们“复仇”，这“复仇的目光”又是含糊的、不忍的，当然最主要的是“肮脏的”和“迷人的”。那作为曾经被杀死的“父亲”的“菲勒斯”顽固地返回，并紧盯着象征最顶端的人们。文艺复兴时期处于最顶端的艺术家面临的最重要的任务就是承担来自实在界的凝视和质询，越是顶级的艺术家，就越能感受这种凝视与问讯的严厉，终生都在试图“回答”一些“不可能”的问题。他们仿佛带着某种必须完成又不可能完成的使命，因而他们可以对现实权力置若罔闻。即使面对最有权势的赞助人，米开朗基罗照旧违背其意愿，这种违背甚至带上了刻意的色彩。教皇作为象征界的代表，其位置处于凝视线的尾端，比米开朗基罗的位置更高。当教皇要看那些正在刻画的作品时，他的视线和实在界的视线分立于米开朗基罗的两端，被米开朗基罗从中间截断。一方面是最强的、代表实际权力的象征的试看，另一方面是实在界诱人的“遥远目光”，米开朗基罗不得不去承受双重压迫，因而我们屡屡看到他和教皇的多年冲突。熟悉精神分析的人们都知道，当实在界的目光过于“严苛”时，最诱人的符号目光也会从反向被溶解。从中我们只能哀叹这位伟大艺术家的必然的命运，这也代表了那个时代的凝视图景。

（二）“原质”反扑

1. 归来的“祖先”

“祖先”是过去，又是未来的“剩余物”，这些剩余物是碎片，又是整体的黏液。对于经典精神分析来说，“祖先”首先不是人，也不是所有人的集合，而是象征的沉默，并伴随着强迫返回。“祖先”是正在散落的聚合，是物化的人性，也是一道“厌恶的目光”。“祖先”在每个时代那里都会朝着每个人回归，大多数时候它沉默、它陪伴，但它也从不忘记那些“复仇”的使命。

文艺复兴时期承担了人类历史创伤的集中回归，这源于当时的意识形态幻象系统的真正无效。到了15世纪，符号意识形态的一元力量被消解，各种能指形态相互攻伐，没有一个“主人能指”能将其他的力量整合起来加以固定和捆绑。① 一个历史时期，一旦其意识形态丧失了制造幻象的能力，那些深处的创伤便难以再被掩盖，作为剩余物的“活死人”们就会一同向脆弱的象征界进攻，并反复显现于人们的意识之中，每个人都感受到莫名其妙的不安，仿佛自己不属于这个世界。文艺复兴时期“主人能指”的丧失致使能指链发生滑动，“形式与质料，

---

① 库萨的尼古拉称“上帝在诸事物中，诸事物在上帝中”，在绝望地肯定上帝的同时，此时的人们不得不将此理解为“诸物平等”，宇宙中每种事物都处在与其他物的关系中，然而没有一个事物是“主人事物”。（Nicola Abbagnano，*Storia della filosofia：la filosofia moderna：dal Rinascimento all' illuminismo*，Utet 1993，p. 133）

潜能与现实难以区分"[①]，一切能指只是指向其他能指，并且造成相互间的不断划伤。文艺复兴时期正是因为每种符号都各自强悍，互相结成的象征体系才因力量的相互消解而随时倾塌。置人于死地的不只是人，也不只是眼下的自然，还有正在"大规模"回归的"祖先"。文艺复兴人"虽在时间上距离古代遥远，但在记忆上却异常切近"[②]，这一时期的人们承载了最大规模的祖先"报复"。

象征是暴力的，象征的暴力首先是结构性的。象征要想成为象征本身，它就必须首先用暴力划出自己的空间，必须将一些为其摒弃之物掩埋于伤口之下。象征在逻辑上并不比实在早或晚，在实际空间中却晚于实在，其存在必须依靠"割刀"，并只能于实在的地界中存在。象征具有的这种接近中性的结构存在方式必然会引发大量创伤。此外，象征还是"偏见的"、伦理的和权力的，其主要的呈现方式就是意识形态的权力高位。人类从诞生之日起便伴随着屠杀、阴谋与权威设计，此外还有诸多的意识形态压缩灌注其中。存在于象征界的具有否定性的事物中不乏"绝对的否定者"（如大屠杀），这些绝对的否定事件直接让人遭遇"莫名其妙"[③] 的创伤。这种语言之外的"莫名其妙"便以"幽灵"的形式不断回归，寻求"解释"。齐泽克借用拉康的学说指出，大屠杀一类的事件、冤案等引起的死亡，当死亡者没有被符号性安葬时，这些肉身死亡者便不会真正死去，而是作为另一种"活死人"的形式永远存在。当然，我们在接受这种思想时不能认为这里的"活死人"具有真正的实体形式，而是以语言之外的形式存在于实在界中，并反复地，一代代地向人类的集体无意识发起攻击。那些被莫名冤杀的人们不会真正死亡，而是活在实在界与符号界的边缘处，一有机会就会向我们发动攻击。他们秉持着重复原则，符号界因受到反复攻击而面临随时垮塌的危

---

① 布鲁诺语，Cfr. Nicola Abbagnano, *Storia della filosofia*: *la filosofia moderna*: *dal Rinascimento all' illuminismo*, Utet 1993, p. 148。

② Nicola Abbagnano, *Storia della filosofia*: *la filosofia moderna*: *dal Rinascimento all' illuminismo*, Utet 1993, p. 124.

③ 这种"莫名其妙"超越了命名的一般能力，并在潜意识中截断回忆与言说的意识。阿甘本在《奥斯维辛的幸存者》一书中曾注意到那些 sopravvissuti（幸存者）们"更愿意沉默"，"我的一些朋友，从不谈奥斯维辛"。（Cfr. Giorgio Agamben, *Quel che resta di Auschwitz*: *L' archivio e il testimone*, Bollati Boringhieri 2012, p. 13）

险。因为实在界阉割体的存在，符号界千疮百孔。在这种情势下，符号界的人们必须创造出意识形态及其他方面的幻象来填补和缝合这些裂口与漏洞。这便是意识形态存在的原因与价值，同时也是我们注定要受制于意识形态的原因。正是由于这些缝合的作用，幻象让我们“找到”存在的意义。因为有幻象，我们才感觉到我们的存在不是无意义的，我们才感觉到社会是存在而且完整的，并且是有希望实现未来乌托邦的。

人类意识形态的幻想钩织效果显著，尤其是到了封建制时期，在西方的宗教图景中达到了顶峰。在上帝幻象面前，那诸多的被极大的不公平力量毁灭而无处安放的“祖先”表面上被给予来世的安慰，实际上丝毫没有任何安慰。创伤在中世纪加强，又在中世纪被“安慰”，中世纪没有爆发祖先的集体返回，却在极大程度上加强了这种返回的欲望和力量。

事实上，原质的召唤在从有人类以来一直到今天都没有停歇过，然而，符号秩序与原质的对抗程度确有时代性的差异，可以说，在文艺复兴之外的所有时代，实在界面对象征界一直处于弱势的位置，或者说象征界已经通过意识形态的作用，完全将实在界从人们的记忆中压抑、隐藏住。人们有时能感觉到某种原乐的召唤，实在界的剩余物也偶尔以创伤的形式回归，然而，这种回归比起文艺复兴时代却数量甚少，也从来没有哪个时代如文艺复兴人一样有着如此明晰的对“祖先”回归的感知。“祖先”的反结构力量在文艺复兴社会引发巨大的恐慌，导致那些沿着中世界“遗传”而来的传统结构瞬间坏死，于是社会上出现了大量的歇斯底里症候。

2. 黑死病反噬

1347 年黑死病的暴发是一个绝对意义上的“事件”，不只是对当时的欧洲人，其性质和毁灭程度足以纳入整个人类发展史少数“事件”系统之中。直到今天它也仍然是个“事件”。当被问及更深一层的原因时，那种病毒和跳蚤的科学实证主义通常无力回答如此重大的灾难为何恰在此时发生，东西方商业贸易造成了病毒传播的说法也未曾解释病毒后面的原因。黑死病病毒是什么？或者我们绕开科学去质询：那些导致人口大量死亡的病毒背后的发生机制是什么？精神分析就是要穿越政治经济等客观幻象，来分析导致大规模战争和重大创伤事件的隐秘原因。

但经典精神分析的理论在解释1347年杀死欧洲1/3人口的黑死病时还是注定要“失败的”，语言自一开始就难以抵达实在的深渊，然而它还是要在沉默中“成功”地言说。

黑死病的特征异常近乎“原质”，其共有的第一特征都是“沉默”而“创伤”的。尤其是在当时的欧洲，黑死病的“沉默”已达到缄默不言的程度，它只是存在，从不会显示自身。这倒不是说它是“冷静的”、毫无破绽的，病毒在到处传播的过程中“漏洞”百出，经常将类似于自性信息的形式遗留在多处，供人追踪。它是沉默的，但它也在到处“言说”，向每个人最大程度地坦露自身。它在那些患病者的带有黑斑的身体之内反复“言说”，其自身活动的无数轨迹以发热和疼痛等症候随时反馈给患病者，它从不“隐瞒”，但却始终“沉默”。被黑死病袭击的家庭除了被绝望围绕外，还隐含着某种不宜向外人所道的复杂情绪，然而这情绪绝非类似于苏珊·桑塔格所说的由疾病的道德隐喻所造成的明确的“羞耻感”，任何健康的人也不会将黑死病当作“修辞手法”而用于对患病者的嘲弄目的中，黑死病不再是简单的报应和对个别人的嘲弄，疾病本身业已成为幽灵和象征①。1347年的黑死病造成复杂的诸多情绪，可却无法命名其中任何一种情绪。今天的科学将其命名为病毒，并给出其结构和传播方式的清晰描述，似乎病毒不再具有任何秘密，只是一次“偶然的巧遇”。然而“原质”并不能被轻易描述为“恰好在那里”，如果一种原质造成了“过大的”超出人类限度的创伤，“原质”一类的事物被简单命名为政治经济、科学技术和社会文化等方面的简单显现是敷衍了事的，正如今天仍在流行的纳粹实证主义的做法一样。我们需要时刻记住“原质”仍在积累，并在不久即将回归。黑死病对当时的欧洲散发着绝对的沉默，它就在那，尸体重叠掩埋，人们却始终抓不住它。

由此，黑死病类似于“原质”的第二个特性也随之绽出，它是“诱人的”。并非只有诱人的欲望对象才更诱人，那些创伤的死亡对象凭借其肮脏可怖的轮廓仍然吸引着人们的“凝视”。拉康说：最“肮

① 请参阅苏珊·桑塔格《疾病的隐喻》，程巍译，上海译文出版社2003年版，第123页。

脏”的是更“诱人”的。一个随时在场并造成大量死亡之“物”一次次逃脱命名和分析，让自恃万能的象征秩序的追捕系统彻底瘫痪。它仿佛从不在，甚至逃离“将在”。它不在更远处，就在象征的中央，在思维的深处。对于1347年的欧洲人来说，病毒并非仅仅是个“他者”，一方面这个未知物始终伴随每个主体的存在，患病者经过它到达死亡，尚且健康的人们无一不对其关注，反复凝视这个“不可能”之物，这个“物”粘缠了所有人的存在。然而这个“物”同样以力量拒绝了让自身成为“他者”的命运，在它巨大的创伤作用力面前，人似乎成了他者，并随时接受其任性的“询唤”。这个“物”不能被命名为“客体”，它却获得了对任何人的命名权力。这种命名的背后机制可能是客观的，然而其“询唤”的方式却是极其主观“任性”的。它似乎在凭借自己的喜好对任何人进行“询唤”，随时让任何无辜的人们成为病者，并让另外一些人始终存在于症候的外部。如果说现当代的列维纳斯是在用“无脸的他者”来筹划新的伦理原则，那么1347年的黑死病如果被当作“无脸的主体”也是恰当不过的。这个“打叉”的主体将一切存在（包括一些动物）都归入它的客体系统，稳坐在那里指挥各种人物的命运，而他自己却是“不在的”，那些紧紧凝视的研究追踪不到它的实体，只能看到遗漏的“记号”。病毒不是单单将某个人或一些人作为客体，而是用一根无形之线将所有的欧洲人贯穿在了一起，将他们共同变为了唯一的客体。它依赖这唯一的客体让自己存在，并在存在中展示自身。它不仅在活人中存在，还在肉体的死亡中继续存在，并以更活跃的方式支配更多的“将来的”客体。作为“原质”的黑死病从一开始就不是惰性的，它一直承载着自身被隐去的某种“历史”，并对各种象征体系进行反复质问和摧毁。布鲁诺在《论英雄的激情》中曾提出“撕咬”的理论，这可以看作疾病原质借助对身体的撕咬而反噬象征的较好描述。“撕咬”重新配置一种平衡，通过对过度符号化的身体的粉碎，“我们将变为我们的思想……以死亡的方式回归人群，告别感官的束缚，抛越大地之墙，眼睛看到所有”[①]。

① Giovanni Reale/Dario Antiseri, *La filosofia nel suo sviluppo storico*, Vol. 2, Editrice la Sguola, p. 93.

三　想象界退行

弗洛伊德在其文本中曾不只一次地向我们描述个体的退行，认为这是个体在遇到一些极端的难以承受的困境时表现出的一些幼稚的、儿时的行为情形。这种对当下的不适以一种强大的力量推动个体逃离理性的目光，回归到毫无责任与痛苦可言的人生时段。弗洛伊德的说法给我们的另一种推断提供了一个假设的理论基础。我们认为，不仅个体有着退行的行为，群体在时间中也会有退行的实际表现，人类的第一次集体退行便发生在14世纪的欧洲。文艺复兴人的集体退行并不顺利，因为漫长的符号历史已在人们的身上刻下了“象征依赖”。不只如此，实在界的“对象”也横亘在返乡的路上，拦腰阻断回归的企图。当然，实在界的原质也在“诱惑”主体回到源头，并与想象一起合击象征系统，这便构成了文艺复兴时期复杂的退行情境。

（一）镜像自我

1. 伊甸

在象征的顶点，也正是在实在界的深处，那里大批的文艺复兴人开始“逃逸”，退行回实在界与象征界刚要交汇的位置，那里对应着“伊甸”。伊甸是一个“不可能”的位置，是梦与污秽的结界。伊甸是西方精神的一个“飞地”，承载着符号世界的原初乡愁。伊甸是想象界，文艺复兴人也在构建想象界梦境。梦是“不存在”的现实，梦境中符号自由游动，形式脱离内容，实在呈现“另一种”可能性。

如上文所述，文艺复兴社会的象征文化完成了对之前所有历史的快速“一跃”，经济、政治、技术和文艺各个方面都到达了新的顶点。文艺复兴人本来可以安享这片繁荣，在象征编织的幻象中安驻。然而文艺复兴人又面临着实在界残余物最强势的执着追击，“祖先”与“目光”将人从象征的穹顶击落，最幸运的人们并未过上幸运的生活。此刻，象征作为“割刀”的力量集中显现，宗教裁判所的裁判更加严苛，更多的“异端”被酷刑惩罚，由火烧死。上帝从自由的位置被拉回符号的词条中，信仰成了刻板且必须之事。中世纪晚期，城邦几乎丧失了该有的一切人文气质，在黑死病“原质”最后的重击之下，整个社会落入了实在界的原始中。“原质”侵入了现实，“实在”替代了“真实”，社会被“实在界”放飞在“空中”，一切价值、原则与物本身都处于很高的破碎位置。在原质的反噬中，人身上同时有着过分的谵妄和悲凉，那是一种可怕的“畏”，一场繁华的举目无亲。象征的过分是割伤的，实在界的充盈是腐蚀的，文艺复兴人既被割碎，又同时遭遇污物的窒息，他们越是成熟和卓越，就越是受困于两种几近联合的反对“物”的围攻之中。

因此，处于重围中的文艺复兴人不得不被迫重建想象界，恢复那片“不可能的”伊甸园。宗教是他们首先要改造的部分，因为后续西方世界精神的总源头便是《圣经》。不仅如此，西方人刚刚度过漫长的中世纪，那些神学的氛围还在天空上阴霾笼罩，彼德的声音还在震颤。站在神学话语末端的人们还在恐惧它的权力，脱离它不啻为致命的忤逆。这还连带产生了另一个方面的宗教亲近，文艺复兴人毕竟最熟悉的还是宗教。那些教义组成了他们的全部回忆，也是其重要的现实指导。虽在一般的判断中人们认为文艺复兴人是完全反上帝和宗教的，然而这在很大程度上是一种误解，从文艺复兴的文本中我们可以看到大量的对基督教上帝的赞美之词，例如“需要在每个场合信仰《圣经》与上帝的意志，不问其他”[①]。“谦虚是最高的科学，需要信奉最能体现上帝意志的《圣经》。”[②]因此，文艺复兴人的想象界的构建首先是从宗教开始，确切来说是从改造信仰开始的。众所周知的宗教改革便是这一尝试的集中显现，亚平宁半岛之外的路德和加尔文正是想将信仰领域中的“不适合”整体清除，提倡绕过堕落腐败的神职人员，直接去面对上帝，即所谓“因信称义”。事实上，在意大利本土还有更早的宗教想象界的构建人士，他就是生于费拉拉的道明我会会士吉洛拉谟·萨伏那罗拉（Girolamo Savonarola，1452—1498），他在讲道时抨击教皇和教会的腐败，揭露佛罗伦萨美第奇家族的残暴统治，

---

① Nicola Abbagnano，*Storia della filosofia：la filosofia moderna：dal Rinascimento all' illuminismo*，Utet 1993，p. 130.

② Ibid.

反对富人的骄奢淫逸，主张重整社会道德，提倡虔诚的修行生活。他向往在佛罗伦萨建成一个神权统治的、倡导虔敬俭朴生活的社会。1497 年，他领导宗教改革，在广场焚毁珠宝、奢侈品、华丽衣物和所谓伤风败俗的书籍等，禁止世俗音乐，推行圣歌，并改革城市行政管理与税收制度。他谴责教皇亚历山大六世是“撒旦的代表”。同年，教皇革除萨伏那洛拉的教籍。1498 年 4 月，教皇和美第奇家族利用饥荒，煽动群众攻打圣马可修道院。共和国失败，萨伏那洛拉被加以裂教及异端狂想分子的罪名，在佛罗伦萨闹市中被火刑处死。萨伏那洛拉正是在完成但丁未竟的事业，构建《神曲》中现实的人间天堂。但丁虽未能像萨伏那洛拉一样去完成理想现实的建造，然而他的宗教之路和萨伏那洛拉的现实之路却有着明显的一致性。萨伏那洛拉要做的首先就是清除掉个人的和宗教的恶，继而通过每个人的苦行与忏悔实现真正的想象界。但丁在《神曲》中也同样在使用递升模式，首先清除掉地狱中不可原谅的恶，将恶贯满盈的人永远囚禁在地下。“炼狱”中人们的任务则是净化与修行，最终走向理想的天堂乐境。但丁的天堂不在高处，只是向伊甸的想象界重新返乡。

文艺复兴人除了用心构建宗教想象界，还在现实中注重实际的理想城邦的构建。人文主义者的众多文本都在讨论如何将其实现，一些开明的政治家也在希望通过行之有效的方案真正建成“不可能的”想象界。当他们意识到自己的意愿不可能在现实中实现时，很多人便将目光转向异域，新航路的开辟也正是为了满足对东方想象界的幻想欲望。众多的文艺复兴艺术家也在通过文学、诗歌以及绘画雕塑等艺术形式来构建“不可能的”想象界，艺术本来就是“不可能的”，以艺术的“不可能”来构建现实的“不可能”反倒是现实的。当时的康帕内拉便以一部《太阳城》将这种对于“想象”的理想发挥到极致，康帕内拉的其他哲学著作也有着浓重的“想象现实”的色彩。在他的判断中，“物和物之间以直接的方式对话和交流……金属和石头互相滋养，有些树的果实会变为鸟”，“群星借着发射的光线彼此交流”。[①] 我们生活的地方是

① Giovanni Reale/Dario Antiseri, *La filosofia nel suo sviluppo storico*, Vol. 2, Editrice la Sguola, p. 99.

一个魔幻世界，最大的魔幻领域不在物，而是在“人为人们的立法处”①。在《太阳城》中，康帕内拉将自己对于理想社会的想象发挥到极限之处，其理想不仅在向遥远时光中的柏拉图致意，也在后世所有具有理想意志的人的内心永驻，却都没有人比文艺复兴人更将其当作努力构建的未来现实。

2. 恢复理想自我

在尽一切力量奔赴象征界自我理想的过程中，文艺复兴人意欲的终点却是想象界的理想自我。拉康认为个体在镜像阶段第一次错认了“我”，将那个虚构的自我影像当作真我，并将身边“小他者”的面容引入并融合进了非语言的自我意识。“第一次的我”虽然来自虚妄的幻想，然而这个最初的自我印象却如风筝引线一样拉拽着每个主体一生的欲望方式。“小他者”在欲望之前却是欲望最大的能量推力，个体一生向前的“实现”实质上是个体对镜像阶段理想自我的执着“还原”。文艺复兴人在集体感受对理想自我的还原冲动，这源于他们对象征活跃和实在临近的双重敏感。文艺复兴世界的象征体系极其发达，象征一方面带来了个体意识的觉醒，同时也容易造成象征割伤，两方面都为个体构建、恢复理想自我提供强大的动力。此外如本章第二部分曾论证过的，文艺复兴时期的“剩余原质”也以浓重的方式包围了象征体系。“剩余物”不仅在诱惑那些由符号搭建的丰富的欲望，同时它也以冷漠的残忍撞击、冲刷象征大厦，用“脏污”泼向那些华丽的象征外衣。总之，象征与实在的双重挺拔与撞击造成了文艺复兴人没有“现实”场域可以容身的局面，他们必须返回那个已经遗失的伊甸园，并去重构“不可能的”理想自我。在“半意识”的“火的词句”的助力下，个体重新返回想象中的“剩余童年”，那是久违的处于时间之外空间之中的“孤独童年”②。然而想象界是拒绝回归的，在象征界生存的人如何返回语言之前梦一样的“现实”中？想象界是整体合一与四散分离的混沌结合，语言尚未刺穿其坚硬的外壳，意识浮在“现实”世界的表面。

---

① Giovanni Reale/Dario Antiseri, *La filosofia nel suo sviluppo storico*, Vol. 2, Editrice la Sguola, p. 99.

② ［法］巴什拉：《梦想的诗学》，刘自强译，生活·读书·新知三联书店1996年版，第125页。

在那里，镜像自我是无能的，却又感到是全能的，他是部分，又是整体。他“不是单一的，而是复杂的，不是确定的，而是游弋的”[①]。

文艺复兴人必须处理好一个语言的悖论然后才有望回到想象界，他们必须学会让语言之前的想象界重新以语言的方式被充满。在必然的“失败”面前，他们选择了“神化”的方式。这种“神化”的重构镜像的自我方式首先表现在艺术方面，尤其是在绘画和雕塑中。以往对文艺复兴时期作品的解析普遍认为，文艺复兴时期的作家热衷于经典世俗化，比如拉斐尔所画的圣母浸染着慈祥的民间母亲的气质，神圣的维纳斯也和世俗的维纳斯被放在了同一绘画环境里。通常的解析认为伴随着文艺复兴而来的世俗化风潮，人们不太想表达死板的神圣，而是欲将神进行“人化”处理，使之拥有普通人的喜怒哀乐。事实上，这一时期的艺术家们正在以逆反的方式进行创作，他们不是将神人化，而是将人神化。不是要神化无关的人，而是首先要神化自己，通过神化，继而永恒化。[②] 众多的作品表面上是在颂扬神的某些功绩，事实上不过是人借着神的那些功绩来颂扬万能的自己，人自此从神的工具变为了自身的目的。完美与万能是“镜像我”的直接感受，文艺复兴人如果绕过万能的上帝便不能找到完美的实现路径。尽管神的时代表面上已经逝去，文艺复兴人内心中也不再相信神的无所不在，但一千多年的宗教象征语言已经构成了其整体思考的基础范式，神毕竟还是最伟大的，于是文艺复兴人便总是以神迹作为创作主题借以构建自我镜像。那些卓越的神迹不再是神的，而是人自己的。文艺复兴人广泛涉猎各种事物，他们不满足于一两件技能和平凡的生活，而是要像神一样掌握世界中的一切，文艺复兴时期众多伟大的艺术家们都是全才人物，达芬奇和阿尔贝蒂就是其中的卓越代表。他们甚至不想“费力”就能支配世界万物，那些“费力”的事情都使其痛苦。因为“镜像我”就曾“认为”自己天生完备，并与世界一体，世界万物都在自己的掌控下。而米开朗基罗和达芬奇等

① 关于彭波那齐的这一说法，cfr. Eugenio Garin, *Storia della filosofia italiana*, Einaudi 1966, p. 517。

② 当时的人不仅重视对古希腊与古罗马著作的研读，还尤其热衷于对《圣经》的阅读（Cfr. Nicola Abbagnano, *Storia della filosofia*: *la filosofia moderna*: *dal Rinascimento all' illuminismo*, Utet 1993, p. 142），《圣经》成为了将世俗之人神化的工具。

人虽然掌握高超技艺，然而他们毕竟还是要通过“费力”的方式才能完成理想中的完美画作，因此他们极其苦恼，因为“费力”即代表不完美，甚至是符号技能低劣的表现。“费力”便让他们从意图构建的艺术想象界中被驱逐，重新打回到象征的刻意和不完善中。

当然，文艺复兴人对理想自我的构建还包含与上述“神化”过程直接相反的方式，那便是直接将神驱逐。主体性已经高度觉醒的文艺复兴人认为神占据了本该属于他们的理想位置，人的始祖被从伊甸园中驱逐之后，上帝独占了伊甸园，并垄断了宇宙中最好的位置、智慧与权力。人的镜像时期只有短暂的一瞬，之后就被象征分割和挤压，最终“忘记”了原始的能力，不再能行使少数的自由权利。当文艺复兴人回望黑暗的中世纪时，他们更多感受到的是神与人的对立。① 在严酷的神学象征界，神挤占了人的主体地位，神高高在上，人卑微无助。不仅如此，教会还经常以神的名义向人发出束缚与惩罚的辞令，人最基本的权利因神及其神的人间代表严酷的压制而得不到维护和满足。新航路的开辟既是为东方实在界的“对象 a”所召唤，还作为逃离西方神属世界的“诺亚方舟”，人们要逃走，去往新的可能的想象界，那里便是美洲、印度和更远的东方。在文艺复兴人的观念世界里，那些东方的原始之地神秘而安宁，可以作为理想自我栖居的完美地界，于是“我”去往“别处”。

（二）前象征“道德”

1. 道德的补色

“失败地”回到镜像阶段的文艺复兴社会的伦理风貌呈现悖谬性的特点，这源于最新建构的镜像自我的矛盾追求。一方面，镜像自我渴求平静无扰。镜像阶段虽周围充盈着几乎和俄狄浦斯化之后一样多的符号品种，然而处于前象征阶段的自我对此却几乎毫无感知。当然这也并不能说镜像阶段以及此前毫无痛苦，严格说来，这个阶段存在痛苦，然而

---

① 这种对立为黑死病带来的危机彻底加大，因基督教会没有就为何黑死病在给那些信奉者施加致命考验时没有提供保护作出令人满意的答复，教会的道德和世俗权威问题开始被讨论。（Tommaso Limonta, *Raccontare le pandemie: il caso del* 1348, Fondazioneistud）

却极少有苦恼感，因为他们对痛苦尚且缺乏痛苦意识，那里积攒了大量的“贫乏”和纷乱，却不太能激起意识的波澜。故而镜像的世界被反馈出禅悦的宁静。文艺复兴人在经历了象征的割伤和实在剩余物的浸泡之后，对绝对宁静表现出极度的渴求。这在文艺复兴时期的绘画和艺术作品中有着清晰的显示，尤其是拉斐尔那些恬适的圣母画卷。拉斐尔极少在绘画的临近部分使用补色，罩染部分也会避掉粗糙的遮盖，而是注重使用协调的安宁颜色，将圣母照护下的人间描摹得诗意宜居。拉斐尔多用舒缓优美的曲线，构图平衡协调，圣母总是以爱怜平静的目光，观望着“幼儿”的嬉闹。但丁在《神曲》中也极尽笔墨来描写天堂的宁静与永恒，地狱的残酷仿佛只是作为天堂的反衬而被描摹。那时的艺术家们将天空、大地、人与神和谐共存的场面描写得逼真亲切，神不再高高在上地颁布律法，神的存在是为了庇佑人的安宁与幸运。中世纪冷淡而模糊的创世色调被文艺复兴时期颜色的温暖和鲜艳替代，威尼斯画派激活了颜色的“深度”，并将跨越的色阶灌注到人物的情感表现中，在艺术史上实现了颜色的飞跃。文艺复兴人对安宁有着刻意的追求，这反映在日常生活与艺术实践的各个方面。为了实现这种终极的宁静，文艺复兴时期众多思想者还极力推崇斯多葛主义关于“理性生活”的相关思想。我们经常能在文艺复兴人的文章中发现以下类似的观点：“我们应该远离幸运的陷阱，要尽量追寻我们能力范围之内的不因存灭而增减的事物。”①

然而这不过是文艺复兴时期生活图景的一个侧脸。想象界毕竟只能是过去的曾在，当文艺复兴人穿越了符号和实在的双重围困而“返回”到想象界时，符号残余开始渗透进这片“净土”，继而泛滥为致命的灾难。理想自我不仅在追逐上述的宁静与和悦，它们还要求世界以他们为中心轴并受其完全支配，这个支配过程不允许出现任何瑕疵。当每个“前主体”都以自我为中心且追求绝对的事物支配时，大量的冲突便由此产生，文艺复兴的世界况味也由上述的宁静和悦变为实际的剑拔弩张。重返想象界的“自我”们以自大狂的样貌施展着施虐狂的行为，自我不再具备隐忍和宽容的美德期望，相反，控制和在他人身上实现要

① Cfr. Eugenio Garin, *Storia della filosofia italiana*, Einaudi 1966, p. 305.

求成为大多数文艺复兴人基本的日常追求。文艺复兴人刚刚“脱离”“符号大他者”的控制，又重新走回到想象界“大他者”的支配地界中，并以控制他人和放纵自我的形式完成想象界“大他者”指派的使命。人从一些符号中逃逸出来，却被一个统一的“声音”强迫，那个声音貌似是自己内心的，实则是自身之外的。如同每个人在同一时刻被一个声音要求径直前行、不许转弯一样，每个人势必都要撞到他人。台伯河每日能够打捞起数具尸体，大量的冲突情景被文艺复兴史学家记载和证实。当暴力的情境被到处建构起来之后，恐慌进攻便紧随其后，人们集体跌入暴力的深渊。①

道德原则在那一时期彻底失守，每一种存在方式都取决于个人的喜好，没有一个原则能成为一些人奉行的公共原则，除了相对主义道德原则本身作为例外。当然这并不代表文艺复兴社会退回到了史前时期的丛林模式，毕竟人类在过去的几千年中积累了大量的文明和经验成就，道德传统已经在人类心灵扎根。然而这还是扭转不了文艺复兴社会因镜像自我的“重建”而造成的大量的相互冲突，包括道德方面的广泛冲突。在想象界重建之前，尽管象征体系缺少作为符号的“主人能指”，法律、政治以及一些道德干预尚且能够对人的道德生活构成部分调控，然而当文艺复兴人“退居”于想象界时，那些曾经阉割他们的符号被其反向阉割，符号律法的力量被从根本上“否定”，人们不再有任何符号性的认同，相互间只能凭借“直觉”彼此对待。这种直觉常常只是夸大了的自我意识的外在显现，直觉由此丧失了基本的“客观性”，转而成为直接厌恶他人的感觉。当他人闯入自己的世界时，文艺复兴人常常会夸大这种闯入的侵犯性，不仅将闯入造成的对生活的对应破坏作为愤怒的对象，整个想象界气氛也常常由闯入者造成的完全干扰被考虑在内，这让闯入者一个微小的恶意或者偶然的无意被强迫夸大为“根本恶”和“绝对的恶”，每个冒犯就是在冒犯整个存在的世界，这导致文艺复兴社会反击事件的连续不断，文艺复兴时期家族的时代仇恨便是这一连续性的直接反映。据布克哈特记载，文艺复兴时期一代人引起的偶

① 请参阅兰德尔·柯林斯《暴力：一种微观社会学理论》，北京大学出版社 2016 年版，第 122 页。

然仇恨经常延续至以后的几代人，将仇人赶尽杀绝成了每代人最重要的生存任务。

2. 禁忌、超我与诱惑

文艺复兴人“返回”的想象界空间是“平滑的”，丧失禁忌的。文艺复兴人“在新的精神驱力的推动下，产生了各种新鲜的、冒险的和原创的观念”[①]，每种新生观念都带有“单独性”，具备自己的“逃逸线”，可以自由地“摆脱”条纹空间的所有辖域和编码。自由意志被文艺复兴人“滥用”，在当时的语境下，自由仿佛就等于自由意志。当时的人甚至声称“上帝就不是善的，如果他剥夺了我们的自由意志”[②]。

文艺复兴人开始逃离弗洛伊德意义上的“超我”，而进入拉康对超我的理解域之中。齐泽克认为拉康的超我不再是道德的，而是“邪恶的律令”，超我不断催促人们去“享乐”[③]。文艺复兴人总是在激情中渴望一种更高的激情，更准确的表达是：他们总是在试图达到一种“不可能”的激情结界。恰好那个时代的人们又具备了违反禁忌的能力，新时代中艺术、科学、生产与理性能力都达到了新的巅峰水平，人作为人的主体优势开始觉醒，这些优势使其具备了触犯禁忌的条件。文艺复兴时代的人们确实在理智与技能上高出以往太多，他们因此开始选择改变祖先们的存在模式，有意识地去追求一种“不可能”的生活体验。这和其他时代的人们，包括当下人们的存在方式有着显著区别。今天的大多数人回避对可能性的追求，转而倾向于理性与计划，热衷于通过努力去实现未来的“幸福”。文艺复兴人更热衷于危险，而其他时代的人们则更多地去追求“保险”，尼采曾在多处高度赞扬文艺复兴人的极限精神，认为文艺复兴人才更多的“是人”，至少是人类历史上最贴近“人”的“人”。

文艺复兴人除了在日常生活中直接破坏禁忌外，还表现在通过艺术作品等形式嘲笑与反抗禁忌。流传甚广的以《十日谈》为代表的流行小说中充斥的大量讽刺便是其中的典型形式，对曾经最“纯洁”的人

① Nicola Abbagnano, *Storia della filosofia: la filosofia moderna: dal Rinascimento all' illuminismo*, Utet 1993, p. 141.

② Ibid., p. 130.

③ Slavoj Žižek, *How to Read Lacan*, New York: W. W. Norton & Company 2007, pp. 79 – 90.

们（如神父）施加最强力的讽刺（如神父对修女的性丑闻）是那个时代作家最钟爱的主题。在那个宗教气息尚未从根本上减退，甚至宗教裁判所的火炬灼烧人们最严重的时刻，对宗教的冒犯还是极其危险的事情。然而，文艺复兴人禁不住去冒犯宗教，想方设法以最严重的形式侮辱宗教，在一种对权威的冒犯中寻找不寻常的乐趣。对于最是禁忌的禁忌的冒犯反映了文艺复兴人对精神分析中“原乐”的不舍追求。按经典精神分析的说法，“原乐”是一种包含痛苦的乐，因为极度对抗而产生乐趣。弗洛伊德在《图腾与禁忌》中也曾假设说，“原乐”来自人类祖先的“杀父”之乐，“杀父”产生强烈的痛苦与恐惧，然而，这种罪疚与恐惧难以与所得之乐相抗衡，一种最危险的冒犯能够带来绝对性的乐趣。[①] 重新退行回到想象界的文艺复兴人当然不能背对这一乐趣，尤其是当他们开始冒犯最不能冒犯的神职人员的时候，这种对“原乐”的追求被给予了最有力的论证。与此同时，神职人员本身的堕落也是文艺复兴时期人们向“原乐”回归的最佳例证。按照初始教义，神职人员在任何情况下都应该是最能够抵挡诱惑的，正如他们的前辈圣徒亚伯拉罕甘心向上帝奉献一切而自己一无保留那样，然而文艺复兴的情形却正好与此相反。恰恰是这些最应该回避“原乐”的人却在此时一同向原乐奔近。对于基督教神职人员来说，爱欲和财富是最不应该去触碰的禁果，然而，恰恰是这个最强的禁令，使得女性与财富变成了“对象a”，让众多神职人员欲罢不能。这些人仿佛给蒙住了眼睛，明知不当却依然顺从前行，他们难以反抗“绝对之物”，面对“绝对的诱惑”，只能接受唯一的被诱惑的命运，因为实在界已经积攒了数千年的力量，最终一定要先击倒这些号称最寡欲的人们。绘画等作品同样也在承担“攻击”禁忌的任务，一种公开的反抗为我们所熟知，比如对禁忌事物以及裸体的细节刻画。另一种反抗更加隐蔽却数量惊人，一些画作表面上是在表达神的圣洁以及救赎的伟大，暗地里却是在肯定与此相反的人间情欲。

退行不能是完全有意识的，有控制的退行不仅难以挣脱象征力量的控制，反而会被更多的符号割伤。此外，符号与象征搏斗的紧要阶段是

---

① 详见弗洛伊德著《图腾与禁忌》的相关部分。

实在界剩余返回攻击的最佳时机，此时，象征界、想象界和实在界将处于三者互相对抗的严重时刻。然而对抗的结果并未让三方的力量同时减弱，反而让实在界一方的力量空前增强。实在界具有绝对的否定性，它不同于象征界和想象界的“肯定”性质，在彼此的消耗过程中，肯定的会被变为否定的，否定的却极少被变为肯定的，否定的实在界更加具有否定性。实在界本来就是残破的、模糊的受伤“物”，经过搏斗，对象“物”更加受伤，然而伤痕却反向肯定、加固了自身。

第三章　自由及其自否定

自由即“迷思”，自由问题如“一条街上的忧郁和神秘”①，先在的具有形而上学的模糊性，这也就意味着自由既不能被定量，也不能用来定性。因此，在通常的意义上，我们对自由只能进行现象学的讨论，而不能进行实在性的定断。因为，如“幸福”以及诸多的其他心理感受一样，自由不具有实体性。我们不能说我们这个时代比以前时代的人享有更多的自由，同样，那种认为我们比别人的自由多或者少的结论也不过是等同于“呓语”，以往的哲学家将其称为“意见”。然而，我们需要这些“意见”，在针对自由的问题上，“意见”本身即构成实在，尽管这种意见不来源于实在，也不决定实在。在自由的讨论中，本体论和认识论被强迫着搅扰在了一起，结构出一种背离现实的“现实”。

对自由问题的讨论，有多艰难就有多简易，言其简易，是因为无论哪种断言都无法被轻易判处为“荒诞”，同样，信誓旦旦的真理也从不超出荒诞，而这正诠释了自由实在论的艰难。对文艺复兴时期自由问题的讨论似乎只显示出了“艰难”，处处昭示出本体对认识的绝对拒斥。文艺复兴这段历史具有完整的“殊相性”，一切其他时期、其他社会类型的诸多定论一旦被投放到这一“历史黑洞”中，都会瞬间失效。在自由实在本身的“藏匿性”与文艺复兴这段“藏匿性”的历史交叠之际，艰险与诱惑便交叠共在，因着这种艰险与诱惑，我们被动着向其主

---

① 《一条街上的忧郁和神秘》为20世纪意大利超现实主义代表人物契里柯（Giorgio de Chirico，1888—1978）的作品，在纯洁完美的理想空间内，拥挤出一种神秘、抑郁而抒情的梦幻现实。

动靠拢。

通过三个部分，本章将展开对文艺复兴时期自由状况及其自由理论的探讨。需要说明的是：这三个部分不是三个问题，同时也不是一个问题的三个方面，实际上，我们探讨的只是一个问题，只是为了表达清晰的需要，我们将一个问题横剖为三个维度，借以突出文艺复兴时期自由现实的复杂特点。同时，我们将调用“越狱者”“游戏者”与“举烛人”三种身份贯穿全章，将那一历史时期的自由样貌完整地对外呈现。

一　越狱者及其绝对自由

（一）被离场的限制

在对意大利文艺复兴时期伦理自由的考察方面，我们首先需要引入“越狱者”这一身份概念，来表述这一时期关乎自由的全新样貌。在考察文艺复兴历史时期的相关文本时，我们发现，自由的否定性语汇，诸如“地狱”“牢房”①“监禁”等类似的隐喻性能指总是以极高的频度现于其中。在当时的语境下，“越狱者”这一概念断绝了在当下的文学、电影或者游戏作品中呈现出来的单纯的“娱乐”意味，而是面向一段漫长而严酷的历史现实，即中世纪的自由监禁。之所以引入“越狱者”这一身份概念，是为了要呈现文艺复兴时期的自由与之前和之后时代的自由状况的显著区分。文艺复兴是人类历史上最具特色的时代，文艺复兴时期的自由从一开始就携带了“不可能”的可能性。

文艺复兴时期的自由的第一显著的特征就是：这种自由自在场之初就具备了“非限制”的“绝对性”。即文艺复兴人具备了享受绝对自由的充分条件。需要澄清的是，这并不意味着文艺复兴人在完全现实的意义上真正实现了绝对自由，阅读本章的时候请充分记住上面关于“一个问题”而非“三个问题”的预先说明。然而，反过来的那种认为文

---

① “迈出阴暗、促狭的牢房”“进入敞亮殿堂”“插上翅膀”“砸烂枷锁和牢狱之门”。（Cfr. Giordano Bruno, *Dell' infinito*, *Universo e Mondi*, a cura di Patrizio Sanasi, citato dal libro elettronico di bibliomania. it, p. 12.）

艺复兴人只是具备实现绝对自由的可能性而非现实性的观点也是莽撞的。因为，在接下来的第一部分的论述中，我们会发现这种“可能性”在文艺复兴的历史背景下，由于充分可能，甚至没有什么力量能阻止其最终的现实化，致使其现实性无法不被实现。因为在谈到“自由”问题时，我们必然要谈到限制，如果限制丧失了，或者即使“限制”在场，然而“限制”的“限制力量”不在场，限制对自由也无法实现现实意义上的限制。

到此，我们不禁要问：文艺复兴人到底受到了何种有实际限制力的限制。如果没有，那么我们是否可以暂时认为那时的人们是存在于绝对自由之中的？因为，如果要是找不到“真正的限制”[1]，那么，我们有什么理由认为文艺复兴人不能享用绝对自由？如果没有一种或者几种“必然性”的力量真正让文艺复兴人感受到实际的生活阻力，那么，说文艺复兴人不可能享受绝对自由是因为自由不能逃离普遍的辩证法[2]，这种论断是否也是一种武断？

就此来看，由于文艺复兴这一历史时期极其特殊，在涉及自由的问题上，似乎具备了逃离辩证法制约的不可能的可能性。因为我们确实很难找到对文艺复兴人的自由具有真正限制力的束缚形式。

我们可以将对自由的限制称为界限，或者直接叫作必然性。这种限制通常可以划分为“权威限制[3]”“观念限制[4]”以及“法律、制度限制”。这些限制的必然性都具有某种意识形态上的规范色彩。哲学史上每一位哲学家对自由的探讨都是联系着必然性的。因为在形式逻辑上，自由必然是以不自由，即以限制的否定形式来肯定自身的。这种限制通常即“稳定的规范性”，而文艺复兴时期的越狱者们却自开始便先验地逃脱了一切统一的规范结构。之所以是先验的，是因为文艺复兴不再需要坚持一种传统的从自由的努力到自由的获

---

① 确切说叫作“具有实际力量”的限制，经验事实告诉我们，诸多的限制形同虚设，毫无实际影响力量。有些限制是有实际力量的，如现代的法律、古代的道德以及中世纪的神学信条，这些观念意识及其产物对当时的大部分人具有实际的约束力。

② 这种辩证法的套用模式是：无“限制”，便无“自由”。

③ 由不平等的力量衍生出来的。

④ 来自价值观念主要是道德意识的限制。

得的传统路径，而是只要存在，他们便生活在了这种绝对自由之中，确切来说，他们以未经意志选择的方式被硬生生地“抛入”了绝对自由之中。这种先验的“抛入”否定了经验性的自由意志。这意味着并非是先有了诸多的关于自由的人文主义理论，而后在这种理论的指导下才开始了自由的实践。经过查阅资料笔者发现，实际上，在人文主义出现之前，甚至在更早的中世纪的晚期，在介于骑士时代与文艺复兴之间，意大利人就已经开始了对自由的实践，就生活在了我们可以暂称为“绝对自由”的现实之中。这与其他历史时期的自由现实有着本质的不同。在中世纪晚期之前，人是以赎罪者的身份在上帝监狱的监禁下等待救赎的。在基督教的体系中，人是罪人，现世是监狱，来世可能是地狱，也可能是天堂，即使是来世入住天堂，也要受到上帝的管控。总之，人永远摆脱不了出自上帝的限制。文艺复兴之后的近现代社会，随着祛魅思潮的广布和工具理性时代的到来，政治、经济、法律以及其他一切具体的社会存在都以稳定性的形式被固定化，尽管随着后现代思潮的冲击，这种固定性曾被短暂动摇过，然而在总体上，现代社会还是以固态的外壳形式存在着的。在这种固态化的相对稳定的格局中，社会制度和人的意识结构都附着上了明显的“规范性”。这种规范性向人们呈示的是明晰的界限，界限的一侧是限制，另一侧是自由。在现代性的语境中，尽管我们不否定有人心浮动的事实，然而人心的浮动还是以相对稳定的现代规范信念为依托的，正是现代社会的固态化的外壳支撑着其内部液态的多元模式。人是在一种基本尊严越来越被重视的情境下自由地追逐各自的理想生活的，然而，坚硬的社会存在外壳总是认真坚守限制的使命，在限制内部被规定好的自由空间中，个体可以为所欲为，然而当个体的行为触角越过坚固的法律、伦理、制度以及基本意识形态外壳时，社会就会立即对个体实施惩罚的职能。除了与文艺复兴时期相邻的社会外，我们自然还会毫不费力地往前想到古代社会对个体实施的各种限制，这些限制从人身到思想随着时间的回溯依次加深，从封建社会的道德依附关系，到奴隶社会直接的人身依附关系，这些限制最终让我们看到了人类残害同胞的野蛮天赋。在更往前的原始氏族之前的社会，即使人尚未受到规范的社会组织形式的限制，物质匮乏的日常现状却让人们频繁地活在动物的纯粹觅食状态中，不大可能凸显出人的高级类特性，这种日常的不自主状态带给人们的限制一点也不少于奴隶社会之后的人身依附。

而到了文艺复兴时期，一切稳定的内外束缚结构似乎在瞬间便遭遇到了彻底的解构。先说权威限制。这种权威限制最明显的特征是限制身体和生活方式。如同在中世纪，庄园农民似乎生下来只有一种命运，即服从于庄园主。他们一生绝少出现实际可能的身份及其地位的变易。尤其是到了成年之后，“一个人现在是什么基本上已经注定了他以后是谁”，“翻身的奇迹”绝少出现。[①] 而到了文艺复兴时期，这种固定化的权威结构被流动性的身份现实彻底取代了。随着资本主义生产方式的萌芽，工商业取代了封建的庄园制，大量依附封建庄园主的农民走向城市，变为不稳定的工人。城市史无前例地涌入大量的陌生人，原有的规定性格局被打破，很多原本的私人空间变为公共空间，陌生的外来者、曾经的局外人有了堂而皇之的参观、入住、评价权。曾经的教堂挤满异教徒，原本的异教休闲场所出现很多的红衣主教以及数不清的普通神职人员。曾经的妓女们不愿再封闭于旧街的小片区域，她们扯下标志其身份的黄丝巾，堂而皇之地混入良家女子的队伍。良家女子打扮得妖艳倒是经常与那些摘下黄丝巾的人的清纯形成强烈的反衬。农民变为工人，技师成为艺术家，教士成为人文主义者，诗人成为流亡者，无赖化身为商人。所有的身份转化不仅成为意识中的可能，还经常将可能性浇铸为现实。“权威的限制”除了造成身份的压抑外，通常还与物质的限制有关。物质的匮乏与依赖常常造成对他人或者权威的依从，比如在古代社会，物质依赖让人不得不遵从来自主体之外的权威规约。权威者永远掌握物质资源，借此将他人纳入自己的限制体系之中。为了钱，没钱的人必须为主人服务，否则无法过活，这是权威社会中的一种典型的现实不公正。然而到了14世纪的意大利社会，中世纪“重精神轻财富”的《新约》精神被彻

① 这和中国古代人成年之后的生活命运极其相似。之前如果不通过读书改变命运，而立之后命运将无法更改。

底摒弃[①]，物质已经不再如以往般匮乏，甚至很多人已经过上了奢华的生活，普通人也不再因基本物质资料的稀缺而辛劳不停，在这种现实面前，“一个人能自获衣食就不需要再求人，因为他已经不再一无所有”[②]。当然，这并不意味着每个人都已衣食无忧，而是说他们较之以往更容易衣食无忧了。牧羊童可以最终取得主教职位[③]，以前的服务者有了享受别人服务的权力，当然这人也极有可能从被服务者变为服务者。总之，文艺复兴时期来自权威的不平等限制被一种新型的流动关系解构了。这并不意味着文艺复兴时期没有了权威，而是说权威的主体脱离了固化关系，人人皆可成为权威，如同人人都可能最终化身为权威的附庸。

至于成文化的法律和制度，文艺复兴时期更是不具备约束力。政治上，意大利在外部长期忍受西班牙和法国的侵略，内部错落散乱的分裂结构更是使得颁布统一的成文法或者政治条令成为臆想。即使人们的头脑中还记得祖先的罗马法，即使文艺复兴时期出现过短暂的罗马法复兴的浪潮，然而，真正的成文法以及制度条令没有被颁布，即使偶有出台，也形同虚设。[④] 文艺复兴人感受到的来自社会制度、法律方面的限制也极少。“每个人都由着性子去攻击或是保护自己，把自己的野心，恶毒，仇恨，贯穿到底，既不害怕政府干涉，也不怕法律制裁。”[⑤] 布克哈特认为，（文艺复兴时期的）“人们所感觉到的限制是很少的，甚

---

① 萨卢塔蒂认为，现实的人不应该仅仅活在对上帝的沉思中，还应该注重生活与财富的积累，他认为中世纪的教父们一味地认为精神高于物质的提法是有违《圣经·旧约》基本精神的，这种基本精神在雅各以及他的两个妻子的故事中显露无遗。根据规定，雅各要想娶到代表精神崇拜的拉结（Rachele），必须先娶热衷物质的拉结的姐姐利亚（Lia），可见物质比精神追求更加优先。婚后，拉结先死，姐姐利亚却一直活了很久，且从生到死都与快乐相伴。这似乎完全可以证实《旧约》对那种将精神完全置于物质享受之上的观点是持否定态度的，“因为比起隐士保罗，上帝似乎更加器重牛羊成群的亚伯拉罕和多子多孙家藏万贯的雅各”。（Cfr. *Ipistolario di Salutati*，Ⅲ a c. di Francesco Novati，istituto storico italiano，Roma，1893，p. 454. Ricitato da Eugenio Garin，*Il Rinascimento Italiano*，Cappelli editore，1980，p. 145）

② Leon Battista Alberti，*De Familia*，a cura di Emilio Piccolo，Claccici Italiani，Napoli，2009，p. 121.

③ ［英］彼得·伯克：《意大利文艺复兴时期的文化与社会》，刘君译，东方出版社2007年版，第243页。

④ 详情请见“人权”一章。

⑤ ［法］丹纳：《文艺复兴时期的绘画》，傅雷译，上海书画出版社，第109页。

至在最下层人民中间的每一个人都从心里认为他自己从国家及其警察力量的控制下解放了出来”①。

法律以及政治限制的无力，除了明显强大的政治力量的不在，还来自道德、信仰以及其他整体观念体系的缺失这一文艺复兴时期最显著的社会现实。这也是在接下来我们要重点讨论的，即“观念限制”的缺场。这个统一的观念限制的缺场是导致文艺复兴人可能真正享有绝对自由的富有力量的说服因素。因为，统一的价值信条一旦不在，一切束缚形态都将堕为空中楼阁。

文艺复兴社会最典型的特征便是整体价值认同体系的垮塌。② 在其他社会时期，整体性都是作为个体的完整的参考系而发生作用的，即使在现代社会，貌似碎片化的生活结构实际上也并未从根本上否定掉整体对个体的统摄功能的发挥，只是貌似分离的碎片价值并非彼此是隔膜的，相反却以一种统一的模式被粘连在了一起，构成了照片墙一样完整的价值幕布。结构现代体系的最重要的两种黏合剂即自由与理性精神，这两种基础的观念价值因为在诸多地方是相悖的，因此让人感觉由之粘连起来的社会价值整体是失败的，然而不可否认的是，自由与理性作为幕景还是构成了统一性，并对个体的思维与行为构成强力的参照作用。个体虽然知道自己可以选择自由，然而理性让现代人更多地选择了束缚。现代社会给人的幻觉却是保障自由的，在自由的幻觉下，人们不再服从常规，共同进行着一场“从众逆反”，并通过共同的“从众逆反”反向钩织出新型的从众格局。“从众”变成了每个人都厌恶的字眼，因此，每个个体都希望从这里脱离出来，逃往相反一端，最终，这相反的一端都挤满了“逃回”的人群，个体以一种弗洛姆所说的社会无意识的方式再次从众，不愿从众的个体继续向着相反的方向逃跑，途中会撞见更多的人朝自己跑来，虽然彼此并不总是构成冲撞，然而，看见与自己方向相反的个体的选择，这本身就是对个体当下选择的质疑，因此现

① ［瑞士］雅各布·布克哈特：《意大利文艺复兴时期的文化》，何新译，商务印书馆2010年版，第485页。

② 布鲁诺声称：我不拒绝区分，却拒绝任何安排与统一秩序。（Cfr. Giordano Bruno, *Dell' infinito, Universo e Mondi*, a cura di Patrizio Sanasi, citato dal libro elettronico di bibliomania. it, p. 41）

代抑郁症患者的数量远超过我们的想象。

古代的社会模式更不必说，在那些社会进度之内，个体对整体文化以一种“力量悬殊”的方式从开始就落败，“从众”或者“从一”成为人们行动的唯一模式，或者说，在那样的社会结构中，“个体”只是作为一种幻想或者语言的虚构，个体就是被迫的“一”，尤其是到了中世纪，个体与“一”完全等同，个体成为丧失意义的符号。中国古代的社会，在以儒家为基础导引的价值观之下，个体貌似存在，实际上是在以存在的方式表达整体。

而到了文艺复兴时期，不再如其他社会形态一样，个体不再以服从的方式面对“整一”，这并非意味着个体自动排斥“众一”，而是“众”与“一”从一开始就不在场①。我们可以说“众”与“一”的缺场与个体对其有意识的排斥有关，然而，却不能反过来说个体对众一有意识地排斥导致后者完全得不在场。这种整一价值体系的缺场，除了一部分是由于个体对中世纪长期的神学教条的厌烦而导致的全意识的反抗，更多是由于任何一个事物经过漫长的存在时间，发展到极点就会自动实现自身对自身的解构，直到最终被其他的样式所取代。中世纪的神学话语体系在人类历史上存在的时间实在是过于漫长，加之束缚又过于紧密，如一个最坚硬的极不容易摔碎的固体，一旦被摔碎，将碎到极细，甚至虚无。整一更多的是自动碎成了个体，而不是被个体有意识地掰碎。在整体碎裂的现实下，个体即使想去模仿，即使权威想让个体模仿整体，以便实现压制，一旦整一失去了在场性，个体也无从模仿。在这种情况下，个体只能去模仿个体。然而，在丧失了整一性的原则参照下，个体之间的相互模仿只是单子式的盲目，“所有的一切无非是见解（Opinion）而已”②，从根本上说是丧失意义的。

文艺复兴之外的社会，意识形态以及观念价值的稳定性是造成人的不自由感的主要原因。感性的、不稳定的人似乎只能接受一种或者几种

---

① 布鲁诺否定了“一”，“中心”以及“基础论”，认为：“在宇宙中无所谓谁轻谁重，谁上谁下，没有一个东西是中心，并决定其它事物。”（cfr. Giordano Bruno, *Dell' infinito*, *Universo e Mondi*, a cura di Patrizio Sanasi, citato dal libro elettronico di bibliomania. it, pp. 26 – 28）

② 布鲁诺借用其作品主人公塞巴斯特之口表达了一下自己的观点。（Cfr. *Cabala del cavallo pegaseo con l' aggiunta dell' Asino cillenico*, citato dall' e-book di liberliber. it, p. 28）

有限的价值观念，灵与肉的不断分离造成了主体经常生活在一种愧疚感与不适感之中。在这些社会形态中，稳定的、总体的社会价值形态始终在场，并时刻对个体构成精神上的无期徒刑，活泼泼的个体只能往回收缩，否定自己本来合理的基本欲望，并将最自然的本能行为直接等同于最堕落之事，继而用道德之剑将其肆意伐杀。

在这种稳定性规定变动性的社会总体观念形态中，如果个体的意念发生了偏离，诸如道德的或者信仰的，个体便首先会如同尼采所说的，以“内疚”的形式时刻不离地对自己进行自动讨伐。在非常积极且自由的内外条件下，依照生物本能，个体自然会以最佳的方式存在，即使在被动的受到非我力量的控制下，自我异常痛苦，他也还是会以最善的方式存在，即使是选择自杀，那对自杀者特定的选择路径也是最佳的自由道路。可是，在传统或者当今的文化社会中，即使是最懵懂的个体，都会在心目中有一个关于“自我应该是怎么样”的观念定型。如果自我的行为或者观念偏离了主体关于自我的印象，即使他获得了相对于坚持自我来说更多的东西，这种对自我的偏离通常也不会让主体获得真正的自我满意。他觉得，只要他没有按照“自我定型”的方式思考或者行动，那么他损失的就永远会比获得的多。即使他表面感受着虚幻的得意，这种仿佛是通过“劣质的自我”或者他者的手获得的东西也最终会让他存在于“虚无”中，仿佛自己看着自己的手抓取了客体，然而那手却受控于自身的意识之外。这种顽固的自我观念从人类的诞生之日起，一直绵延到当下的今天，然而，这绵延期中存有一大段空白，那个空白属于文艺复兴时期。

文艺复兴人将主体性与流变性同一化是其超越困境的特定方式。“自我”与“自我的非我”在其他的时代所构成的二元区隔状态在文艺复兴时期被以一种奇特的方式同一了起来。

在通常的情形下，“自我的曲爱”来自一种“稳定的价值话语”。“我认为我好”，这首先关涉价值判断，在通常的社会中，德性意识、自由的向往、自身能力的证明以及完美的超我设定是影响价值判断的通常性因素。在这些关系中，道德意识通常是统领性的。我勇敢，我乐于助人，我有帮助别人的能力，我向着最好的自我跃进，我要自由，这些都是自我德性意识的表达形式。然而，在传统的社会，这些因素间常常以一种“敌意的方式”被“并置”在一起。比如，一个人为了让自己发挥更大的作用，他常常需要背叛社会道德规范。或者为了德性的完善，他不得不拱手让掉自由。在正常的社会语境下，道德常常构成了压制的力量。即使一个人凭借自己的手拿到了很多东西，然而，只要他背叛了心中的自我，成为另一个不像自身的他者，他也并不会因为获得了利益而感到真正的骄傲，甚至会自暴自弃，因为他亲手否定了自我。

文艺复兴人则“被给予了”摆脱限制的特殊条件，在其价值王国中，德性意识、自由的向往、自身能力的证明以及完美的超我设定等影响主体情绪的因素被以“和谐”的方式揉成一体，彼此仿佛是一个事物，然而却互相并不覆盖。道德不再是坚硬的固体，与同样坚硬的自由与能力展示的固体相互碰撞，而是液态的，仿佛是自身向自身的自由转换，且这些大的要素之一的内部要素之间也是相互和谐的。就拿道德的子项来说，诸种道德感及其影响道德意识的所有道德原则，在文艺复兴人那里可以不构成任何相互间的干扰或者阻止。这与其之前以及之后的时代是有着根本区别的。在正常的排除特殊压力的条件下，其他时代的人们通常以某种或者少数几个道德原则支配自己的大部分行动，然而文艺复兴人却被每个道德或者其他价值原则支配着，或者说他们是所有的道德原则的支配者，一个利己的道德原则变成一个利他的原则在随便一个文艺复兴时期的个体那里都不需要跨越任何“比较困难的界限”，道德的诸种形式都仿佛变成了随意选取的质料，在其他时代，道德原则之间明确的形式区分在文艺复兴人那里失去了制约作用。然而，这并不代表文艺复兴人没有明确的道德区分意识，只不过其将区分的形式收缩到质料间自由的跳跃之中。不但如此，德性意识、自由的向往、自身能力的证明以及超我的构想等包含的内在要素在自身之内都是和谐一体的[①]，其本质总是同样之“一”（Uno）[②]。任何一种道德原则与任何一种自由的子项极少相互排斥，这在其他时代是根本不可能的。

---

① 这并非代表着冲突的不存在，而是冲突特别容易被“掠过”。

② Cfr. Eugenio Garin, *L' umanesimo italiano: Filosofia e vita civile nel Rinascimento*, Editori Laterza, 1993, p. 239.

（二）Chamaeleonta（变体）

文艺复兴人具备的高度的自信精神使其从一个主体演变为另一个主体仿佛不需要经过任何“艰难的界限”，“我”可以随时或者说每时都在“非我”的前提下实现着“我”关于自由的特定欲求。不只是在主体间的身份演变上，即使在一个主体的意识内部，各种价值原则都看似毫无稳定性，我们不再能够特别容易区分他是一个什么人，甚至可以说这种区分根本就不能做到。

文艺复兴人真正诠释了皮科一度高扬的关于人的“变色龙”[①] 身份的流变。每个文艺复兴人显明的是“他自己”，然而又明显地不是“他自己”。他有着“自我”与“非我”相统一的“穿越化”人格。文艺复兴人提前践履了20世纪法国哲学家柏格森关于“绵延”理念下的存在方式，并且将被柏格森排斥掉的以往历史的“机械时间”与绵延的时间之流以不可能的方式并合在一处。在文艺复兴人那里，“空间中的时间”对人的自由丧失了约束力，一维的“时间之绳”不再能够让此刻的人作为一颗“珍珠”被捆绑在前后固定的历史中。历史被绵延替掉，过去、现在与未来不再被分置和排序。时间与主体生命的存在理想被捆绑在了一起，每个文艺复兴人仿佛兼有古代身份、现代作为与后现代道德，甚至拥有原始的“野蛮人”特性。他们最能代表人的“类”特性的丰富，[②] 将人的野蛮、仁慈、狡诈、诚实、孤独、怜悯、冷漠、冲动、绝望、短视、理性、焦虑、自由、勇敢、尊严、优美与丑陋联合性地在一体之中表征出来，他是绝对的穿越者、综合的穿越者。作为综合的穿越者，他们的身上表现出了最大的矛盾特征。在向中世纪反向穿越的过程中，他们必须禁欲、服从、信仰、友爱、自卑、等待（来

① 即*Chamaeleonta*，皮科及其他文艺复兴时期的思想家常常热衷于使用诸如此类的概念，借以表达对“变形”的热慕。（Cfr. Giovanni Pico della Mirandola, *De Hominis Dignitate* , Testo, Traduzione e Note a cura di Bruno Cicognani, Le Monnier, Firenze 1943, p. 11）

② 文艺复兴时代的布鲁诺否定了黄金时代的单纯，拒绝将其看作人的高贵特性的表征时期，转而肯定人的丰富性。“无豪迈气概，无恶棍品性，这样的男人皆够不上成熟”。（Cfr. *Cabala del cavallo pegaseo con l' aggiunta dell' Asino cillenico*, citato dall' e-book di liber-liber. it, p. 11）

世)；作为“原始人”，他们却热衷于粗暴、勇猛、探索、纯朴和简单；作为古典人，他们追求唯美、知识、智慧、中庸和德性；作为现代人，他们追求理性、民主、统一、自由、尊严和权利；作为后现代的穿越人，他们生活在解构、差异、模糊、感性、孤独与陌生中。他们还提前演绎了“实用主义的自由观”，在退出物理时间而皈依绵延并且随意变形的同时，如果需要，他们还将背叛绵延而隐遁到机械时间的某个“褶子”中，甘心做某个时间节点上的某个永恒静止的点，安享适合于自身的固定的自由。总之，在自由的幕景下，身份对文艺复兴人已经构不成拖累，身份反而推动了自由，甚至可以说身份本身即自由。在以往或者以后的历史时期，文艺复兴之外的人总是被物理的身体与人格的身份同时监禁，知识作为一种权力，不仅如福柯所说，成为在社会中监禁他人的工具，知识，尤其是关于身体的知识，同时也成了监禁自身的工具。身份的转化或者保持，对文艺复兴之外的人都是最艰难的事情：要么只是孤立的石头，无法风化且无从实现位移，一个人终生只是他原来的样子；要么是难以穿越的沙漠的两端，从一种身份演变为另一种身份需要毅力、机遇、知识、心境以及所有幸运的助力，即便如此，“客死途中”也比顺利抵达远为常见。然而在文艺复兴人那里，身份却如云朵，轻易变形，在空中跟随自由之风可以瞬间抵达对立一端，甚至可以说，两种或者多种身份之间毫无间隙，也不需要艰难的意识挣扎或者力量储备，与其说身份间的空间、时间以及范畴的区隔在一开始就被摘除，不如说时间、空间以及范畴被反向种植于其中。

实际上，“穿越体”是一个比“穿越者”更具有精确性的对文艺复兴时期身份选择的概括性词语。他们不只是在人类社会历史中穿越，甚至可能像皮科和布鲁诺所说的向兽以及神的领域穿越。[①] 向下堕落为兽，却并不一定会产生自责和自觉可耻。向着神位耸近，同样并非一定会引以为荣。

他们不仅在实在中获得穿越的自由，还在知识中获得了自由。之前

---

① “灵魂根据命运或天意，一会儿附着在一种有机体上，一会儿到另一个上面。”(Cfr. *Cabala del cavallo pegaseo con l' aggiunta dell' Asino cillenico*, citato dall' e-book di liber-liber. it, p. 22)

的中世纪，在高扬神性的同时，感性和理性都被贬斥，尊敬神性成为唯一的必须被践行的德性。在之后的近现代祛魅的浪潮中，理性化身为唯一具有价值的工具，神性和感性遭到蔑视。在原始时期，理性尚且不充足，感性化的神性敬畏被作为唯一合法的事物被人奉行。在后现代的解构中，感性、理性、神性以及德性都被解构，在被给予的所有选择中人们没有了选择。而文艺复兴时期则与这些时代都不尽相同，其中，感性、理性、神性、德性，无一不合法，人们可以综合并用，也可以选择其一，或者随机合用。

在道德的领域，穿越者的越狱者身份让他们具有了更加无限的自由选择。不像在中世纪，他们只能推崇神性道德，而必须蔑视世俗道德；也不同于近现代，人们只提倡世俗道德，而蔑视神性道德；不同于一些道德败坏的时代，他们只能选择恶的作为；也不同于一些文化意识形态严重的时代，人们只能选择被要求的“遵从之善”。文艺复兴人可以选择善，也可以选择恶或者不善不恶。他们可以有着清晰的道德意识，也可以没有清晰的道德意识。可以奉行某些道德原则，也可以奉行之前或者之后时代的道德原则。他们可以有着较高的道德觉悟，然而这与较低的道德觉悟从不龃龉。在细节化的道德判断中，他们可以选择遵行评价判断，或者规范判断，或者命令判断，或者全部忽略其中的任何一种。他们可以只承担责任，而不看重权利；也可以只为权利，而忽视道德义务。他们可以只选择个人道德，而忽视社会公德，反过来也同样适用。除此，道德相对主义者、绝对主义者、功利主义者、情感主义者、利己主义者、义务论主义者、个人主义者、道德实在论者、伦理自然主义者、非伦理者，一切身份都可能在任意人身上随时适用。

在谈及文艺复兴时期的宗教压制这一问题时，我们要绝对谨慎，特别是当我们试图说明文艺复兴时期的绝对自由这一问题时。因为具备一定相关背景知识的人们必定会反问：文艺复兴时期的宗教压制比起以往有增无减，异端人士动辄被捆绑于火刑柱上焚烧，既然如此，怎么能够说文艺复兴人享有绝对自由呢？我们在这里要做出一点澄清，首先我们要说，在此处我们言及的绝对自由重在指出的是绝对自由的条件，而非绝对自由的完整现实。这还不够，因为对于这种解释我们还需要进一步做出解释。第一，不能将这种绝对自由理解为只是单纯的可能性而没有现实性，因为这不是一种纯粹的如霍布斯或者罗尔斯的思想实验，也就是说这并非一种纯粹的假设或者猜想，文艺复兴时期的绝对自由是有着现实性的，这种绝对自由在诸多领域被诸多人实践了，这是有着史料支撑的。然而我们又不能说文艺复兴人真正享受了这种现实性的绝对自由，因为宗教压制等阻碍因素确实存在，而且压制力量极大。然而，在文艺复兴时期，关于描述宗教恐怖的书籍为数并非很多，即使在那些描述宗教恐怖的书籍以及绘画中，描绘者也总是以一种平淡的手法进行呈现，其中不乏“零度情感”的表述方式。甚至很多作品会用一种诙谐甚至快乐的方式来呈现这种宗教对人的惩戒，就连但丁也将 Commedia Divina 以“喜剧”的方式来命名，这种命名除了有传统所强调的“结局圆满”的意味外，甚至还有一种关涉“轻佻与反讽”的暗示。这一时期的绘画作品尽管数量众多，品类齐全，然而，我们还是极少能够找出如中世纪反复描绘的像《索多玛》一样的描述对异端和堕落者进行惨烈的宗教惩罚的作品。总之，我们要表达的意思是，在文艺复兴时期，宗教惩罚虽在，并且严苛，然而，这种“严苛”却同时表达着“宽缓”的所指意蕴。宗教惩戒的效果和其他众多观念的惩戒一样，总是与惩罚的对象结合才能完整地表达一种后果意义。宗教首先与信徒的信仰连接在一起，信仰动摇，宗教作为一种观念的产物就丧失了根基。并且，这种信仰不需要完全的解除，只需要稍许动摇便会被从根本上解构。在中世纪，基督教表达的是一种严肃的教理意味，与此相通，信仰是严肃的，惩罚也是严肃的，只有这些多重的严肃叠加在一起，宗教事宜才具有威信力，而威信力是宗教以及教会存在的基础。而在文艺复兴时期，宗教的严肃性被喜剧一般的“戏谑性”所替代，越严肃，就显得越可笑，严肃成为反对自身、解构自身的“严肃”力量。这种解构的力量不仅被薄伽丘、瓦拉、布鲁诺以及当时其他众多的思想家在文字作品中清晰地表现了出来，还被威尼斯画派以及其他画派在绘画作品中反复表现。于此，宗教恐怖不再表达一种恐怖的现实，而是在表达滑稽的愚昧。就如同一个疯子骂了正常人一声，被骂者绝少怒气冲冲去进行理论一样，因为理智认为那不值得。中世纪曾经的、与违背上帝链接在一起的耻感被暗中抽空，正如布鲁诺所认识到的：“要是信仰不再了，就没有了无知、科学与德性的周折之事了。”[①]我们甚至看到，即使是面对死亡的火刑，布鲁诺等人还是以充满了蔑视的语气对刽子手说：你比我还要害怕。事实上，事情还有另外一个维度，即教会内部也早已不再如人们想象的还可作为一种整体形式对异端进行统一的惩戒，中世纪那种教会内部铁板一块的稳定局面在文艺复兴时期的价值瓦解面前四分五裂。不仅在异端以及普通信众那里价值的相对主义盛行，在神职人员内部，该种特征也表现得甚为明显。“为教会殉守一生最为荣耀”这种中世纪几乎唯一的价值最大化指标被分割为若干个部分，每个部分都彼此不相统摄，尤其是对神的信仰不再能统摄其他的价值定向。神职人员不仅向下堕落，而且还堕落在普通人的更下面。先前最浓重的宗教训诫和神学良知被抛弃殆尽，在中世纪最受禁止的“性自由”被神职人员随意实施。[②] Proveditore Sopra Monasteri 档案中就存有 20 巨册关于僧侣与修女同居的审判记录；[③]修女变成了修士的专有财产，在世人面前毫不避讳，甚至可以结为夫妻；修女们经常在修道院生下小孩；[④]在 14 世纪和 15 世纪，有 33 座修女院卷入一起或更多修女通奸诉讼，其中 9 座修女院发生 10—52 起类似案件；自 1401 年到 1487 年，Contorta 的圣天使修道院遭到 52 起性犯罪起诉，不仅涉及普通修女，还涉及两位修女院院长，修女院被指责为“公共妓院”[⑤]。当教皇庇护二世在公元 1459 年到费拉拉时，来欢迎他的七个王子都是私生子。

总之，文艺复兴时期有关宗教压制的现实问题是：不仅大量的普通人告别了虔诚，压制的实施主体——神职人员更是告别了虔诚。当一些不虔诚的人被另一些自称为虔诚却更不虔诚的人以不虔诚的名义实施镇压时，实施者的刚毅外表下总是暗藏着怯懦的内心，被罚者也不再如以往一样在耻辱的伴随下归向残毁。当一些更有力量和支撑力的事物被一

① Cfr. *Cabala del cavallo pegaseo con l' aggiunta dell' Asino* cillenico, citato dall' e-book di liberliber. it, p. 25.

② Cfr. http: //www. neurolinguistic. com/proxima/articoli/art – 33. htm.

③ ［美］威尔·杜兰特：《世界文明史·文艺复兴卷》，幼狮文化公司译，东方出版社 1998 年版，第 407 页。

④ 陈日华：《人性的回归：文艺复兴》，长春出版社 2010 年版，第 16 页。

⑤ ［美］马格丽特·金：《文艺复兴时期的妇女》，刘耀春、杨美艳译，东方出版社 2008 年版，第 107 页。

些非常软弱而毫无根基的事物惩罚时，恐怖的现场与滑稽剧情被同时上演。总之，在信仰与忏悔的意识总体缺失的现实面前，宗教惩罚对文艺复兴人已经毫无实质约束力。

至于说特定的道德对人们意识行为的限制，这在文艺复兴人听来更是一种荒诞不经的传闻。① 纵观世界历史，我们发现文艺复兴作为一个重要的时代分水岭，将前面的道德论与后面的自由主义彻底分断。在此之前，道德主义一直作为主导，从古希腊的美德论，途经斯多亚学派的理智德性论，直到中世纪末期的神学德性论，道德主义从总体上一直控制着人们的主流意识。作为德性主义的目的论，这段漫长的人类观念史要求一切都要以德性的终极提升为最终指向，尽管这些来自世俗的观念与宗教的要求从表面上看十分对立，然而实质上都是在指称德性。文艺复兴之后，自由被作为最重要的价值原则替代了以往的德性论，之前那种将自由与德性粘连的观念形态被自由与道德相对立的新型现实所取代。如同中国儒家的传统一样，说什么要先看是否符合德性，文艺复兴之后，说什么却要看是否符合自由。文艺复兴之前的那种德性既作为出发点又作为皈依点的传统路径被自由既作为出发点又作为皈依点的新型轨迹所置换。有些道德，尤其是自律性道德有助于自由的实现，然而，当道德到处干涉生活，并将一切捆绑，且经过漫长的千年之后，道德与自由成为真正的敌对关系。文艺复兴人初尝自由的甜果，又反思了他们自己以及祖先经受过的残酷的道德鞭笞的事实，激烈地反抗道德便成为潮流中的主线。如陀思妥耶夫斯基《地下室手记》中的“病态”主人公一样，不按传统的道德以及理性规定而自由行动便成为文艺复兴人日常的思想以及行为的范型。什么不符合道德，他们就违反什么。公元1500年，威尼斯总人口约为10万人，妓女人数就高达1.2万人；如米开朗基罗和教皇尤里乌斯二世以及克莱门特七世一样的同性恋者也充斥在那不勒斯及其他意大利各大城市中。为了用一个小的罪恶消除一个更大的罪恶，1348年之后的佛罗伦萨政府甚至招募妓女来帮助男人摆脱

① 关于对禁欲的反对，请参阅 Eugenio Garin, *Il Rinascimento Italiano*, Cappelli editore 1980, p. 217。

不健康的同性性行为;[①]变童现象也为数不少，从阿雷蒂诺的描写中我们看到这种荒唐的事情在罗马非常普遍，他自己除了拥有众多情妇可供天天换用之外，还要求曼图亚的公爵送给他一个漂亮男童；另外还有许多人甚至在做着乱伦的勾当。[②] 这些行为在今天的价值评价中很多是被以辩论的方式搁置结果的，然而，在当时简直是在公开撕毁道德主义者的面皮。

总之，文艺复兴时期的人，在自由的实践方面仿佛以“诡异”的不可能方式告别了“必然的限制”，人一下子生活在了不可能的表面上完全自由的社会。来自物质的、意识形态的、法律以及其他制度方面的所有限制瞬间虚无，文艺复兴人不用再如其他时代的人们一样辛苦地去追寻自由，而是从存在之时就被自由的浓雾紧密包裹，甚至无法逃脱。此刻的自由具有某些类似于先验的注定特征。文艺复兴时期的越狱者并非在单纯的意义上通过自由的、反对传统的方式来要求自由，他们的要求不明显地体现在给予之前。明显有别于之前的其他时代，人们经常要求了自由但并未被给予自由，文艺复兴时期，给予在要求之前，但又不意味着要求在给予之后。先验的给予自由让他们自愿选择，同时又似乎被迫接受。一种人类社会不可能获得理据支持的绝对自由形态在文艺复兴社会的现实中被真实地固定了下来。

二　游戏者及其界限的人工生成

（一）逃回限制

在其他社会形态之中，想要实现自由的人们必先打破界限。然而在文艺复兴社会，追求自由的人们首先要为自己制造界限。

在上面的第一部分，我们用大量篇幅阐述了外在的限制如何在文艺复兴的世界中完全缺场。尽管我们找不到一种有效的具有力量的限制对文艺复兴人的绝对自由构成真正的威胁，然而，这并不意味着文艺复兴

① 请参阅刘明翰主编，王挺之、刘耀春著《欧洲文艺复兴史·城市与社会生活卷》，人民出版社2008年版，第340页。

② ［美］威尔·杜兰特：《世界文明史·文艺复兴卷》，幼狮文化公司译，东方出版社1998年版，第410页。

人真正生活在了绝对自由之中。

因为，自由，尤其是被创造的自由必须以界限为前提，没有了界限，也就无所谓自由，被主体创造的具有价值的自由形态更不会被认同。当文艺复兴人先验地生活在了无界限的现实中时，他们的第一反应就是对这种无限制进行破坏，将无限制破坏成限制。因为这种无限制的状态让人更加无所适从，一旦人们存在于其中，所带来的不自由感远胜于真正的被外部限制所限制住的不自由状态。人具有自由的天性，同样具有被限制的天性，因为后者通常都是作为前者的前提而不能不被注视。存在即限制。存在不可能在实在的意义上真正离开限制，因为存在的自由以及自由的存在都具有广延性，即使这种广延性不能被实际裁量，大体的界限范围也是实存于人们的观念之中的。文艺复兴时期即使再特别，即使貌似在现实可能性上提供给了人们享用无限自由的充分条件，这种可能性最终也不过是一种“理念的遥望”。

总之，在上一部分我们说文艺复兴社会提供了一种毫无限制的自由可能，接下来我们却要推出另一个同样重要的现实，即文艺复兴人在现实上遭遇到了前所未有的对自由的限制，然而这种限制却并不来自外部，或者说并不来自主体之外的力量，甚至不来源于自身的内部，[①] 而是源于构建的“过程之中”。

非常明确的是，这种界限是文艺复兴人以有意或无意的方式主动构建的。他们之所以主动构建这一限制，是因为身份与人格的随意变换这一文艺复兴人的生活特征同时遭遇了另一种更强的只属于那一时期的特征事物的威胁，后者便是主体性与尊严意识的觉醒。当身份（人格）的高度流变性遭遇了固执自恋的主体性时，前者至少将遭遇潜在的威胁，甚至向后者被动地皈依。常识告诉我们，在强主体意识的支配下，激烈的人格或者身份的变化带给人的情绪体验与其说是“舒心的”或者“漠然的”，不如说是“疼痛的”与“丧失的”。主动的或者被动的人格转化要么来自超我对于完善性的“呼唤”，要么发端于外在自然与社会力量的压迫，不论是这些因素中的哪一种，眼看着“我”变为

① 这种限制的实现并不先在于主体自身之内，因为在文艺复兴人的意识形式中不具备任何先在的质料。

“非我”都是一场“徒刑”，这种“撕碎自我”的感觉在更富主体意识的存在者那里被强烈体验，尤其是在文艺复兴人那里，因为文艺复兴时期恰恰是西方世界主体性发轫的“庄严”时刻。

（二）最初之“我”

在众多的哲学伦理学概念中，很少有比“主体”或者“自我”再更加引人注目的了。现时代之下，我们通常都接受一个关于东西方人格与思维差异的基础事实，这个事实的最简易表达是：西方人注重个性，东方人注重集体。西方人的个性观念与东方人的关系系统差别显著。然而我们的历史学以及哲学研究始终忘记了一个问题，即在西方文化的发源处，“集体性”或者“关系特征”一直都是根深蒂固的，并且与东方文化没有什么实质差别。西方传统的哲学家也推崇“集体性质”的道德，从苏格拉底开始，直到中世纪的宗教道德，在漫长的历史时期，西方人并没有明确地倡导过个性，即使有也只是“断想”。只有到了文艺复兴时期，西方关于个性或者“主体”的言说体系才开始被正式建构，且以一种坚固的不可变更的方式被完成，自此以后，西方的个性思维再也没有发生过根本的变更，即使是近现代的某些强力的、复古的或者集体的思潮也未能将其扳入“歧路”。“我”被“我”的手亲自大写，“我”将“他”从“我”的领域中彻底排除。道德、信仰、集体与道路这些昔日最严肃的词汇被文艺复兴人以严肃的“自我”一一取代。

在这样的现实面前，“自尊”首次成为实在。这种实在的自尊产生于与其相关的叫作“骄傲”的概念。

在一般的意义上，越狱者必然要承担“卑下”或者至少是不安的被动情绪，因为相对于监管者，他至少在主要力量对比上是处于下风的。否则，监管与被监管者的地位身份就会被直接调转过来。文艺复兴的“越狱者”们却从不承担这一“卑下”的属性，不仅如此，与之相反的“骄傲”态度还在越向自由的过程中被凸显出来。曾经的被监管者仿佛一下子成了道德上强势的监管者，监管者与被监管者的身份和人格定位被“诡异”地倒置了过来。

事实上，在一般的历史时期，我们的伦理学研究不过多涉及对“骄傲”的严肃讨论，虽然它隶属于古典伦理学的讨论范畴。然而，在对文艺复兴时期的自由问题的讨论过程中，“骄傲”这个概念是不能够绕开的，甚至应当成为伦理讨论的第一概念。因为自由确实与骄傲有着原初的联系，而且这种联系在宗教解脱的语境下经常是被反向论及的。

事实上，自《圣经·旧约》面世直至中世纪结束，尽管神学家以及普通天主教信徒一代又一代地不断探讨着“人的骄傲”这一话题，[①]但事实却是：文艺复兴出现以前，在人神关系中，人从未有过真正意义上的对神的傲慢表现。[②]在西方整个中世纪，“人”作为一个群体的地界符号，在“原罪”教条的笼罩下，将自己完全跪置于尘埃中，仰望着天界的“上帝”。而“上帝是精神的、精神的在上面、自由的是精神的、精神的是至善的”这一中世纪道德逻辑如影随形地控制着当时人的思维与行动，且最终演化为“自由永不属于现世之人”这一神学咒语，这一咒语的别名即“禁欲”。在《圣经》的逻辑体系中，人界是肮脏的，尽管人界同出于上帝的“话语”，但人类无所不在的“他者”——他们自己的祖先破坏了同上帝的契约（尽管这一契约的原始构成是被动的、是宿命的），因此，束缚与不自由便成为人类的宿命，西方人伴随着这一宿命的诅咒度过了中世纪的千余年。人们将上帝看作“善”的绝对源泉和至高领地，人的一举一动都必须表现出对上帝的绝

---

① “神学家以及《圣经》的研究者们总是不忘把原罪作为诸罪之首，这是再恰切不过的了，因为不论从哪个角度讲，骄傲都是重罪，且一直是人类其他罪恶之母（la madre di tutti gli altri peccatti）。”（si vede Andrea Bruno Mazzocato, *I vizi capitali—Superbia e Avarizia*, Editrice San Liberale, Treviso 2008., p. 19）

② 上帝造世完工后面对的第一个问题便是如何与人——这一在智慧和完美程度上最接近他的造物相处，恰逢此时，在最原始的神人伦理关系中，骄傲就已经开始了角色的在场。但如细加分析，便会发现此时的骄傲有被后世神学家夸大的嫌疑，人类初始的骄傲实际上只是一种名不副实的“伪骄傲”。表面上，人类的始祖受到了因骄傲而堕落成蛇的天使的怂恿从而犯下了骄傲的原罪（Cfr. Alessandro Peroni, *Superbia*: *Caduta e infelicità di Lucifero e dell' Uomo*, in *I sette vizi Capitali*, Gruppo di ricerca filosofica chora, Biblioteca Civica di Tortona, 2006, pp. 8-9），但事实上，夏娃并未怀有“与上帝相似”以及“拥有区分善恶的能力”的骄傲野心，她只是在一种单纯的好奇心的驱使下，“见那棵树的果子好作食物，也悦人耳目，且是可喜爱的，能使人有智慧，就摘下果子来吃了”。她的丈夫更显得无辜，在一种完全无意识的情况下食用了妻子递过来的果子。从严格的意义来说，此刻的“骄傲”尚难以构成真正意义上的神学伦理学话题。鉴于这种无辜的“骄傲”，上帝最终选择原谅了人，只是将其逐出乐园，并未履行他曾经发出的“你们必须死”的诫命。（请参考尤金·毕德生编《信息本圣经》，圣经资源中心2005年版，第21页）

对谦卑。在黑暗时代，上帝的自负曾毫无保留地四处彰显，我们甚至可以将这段漫长的时间周期定义为“上帝的傲慢”期。与此相对，基督徒则是在一种机械的状态下延续了一代又一代人的自卑。

只有到了文艺复兴时期，骄傲的自觉意识才第一次在“人”的头脑中真正生成，且在实际举动与社会生活中毫无顾忌地被凸显出来。可以这样说，人类凭借自我价值的觉醒以及自觉的骄傲缔造了文艺复兴时期政治、经济以及文化等诸领域前所未有的辉煌，反过来这些绽放着人类伟大智慧的成就让人第一次获得了作为人的独特的价值感和从未体验过的高度自信。“人”终于发现了从未发现的魅力十足的自我，并为“人”的主体性的重新获得感到由衷地骄傲。

尊严与主体意识的觉醒成为文艺复兴人制造界限的原初动力。自信之人厌倦自由，因为只有限制严苛，其自身的主体力量才能获得显示。

（三）“游戏者”隐喻与“越回”人群

继越狱者以及自由的获得之后，我们接下来将使用“游戏者”这一身份隐喻来说明文艺复兴时期自由的消解图景。以康德、席勒和伽达默尔为代表的以往的哲学家总是大篇幅地讨论游戏，事实上我们看到，作为动物与人的基本的生活方面之一，游戏的表现方式确实能够帮助我们了解其中诸多隐藏的存在本质。因此，对游戏的讨论绝不仅仅是一种文学意义上的单纯描述，具体境遇下的游戏反应总是对应着特定的人的存在状态。

而临时游戏者不仅可以作为文艺复兴时期意大利人的比较贴切的身份隐喻，更是一种关乎实践理性方面的适恰隐喻。上面我们用越狱者的隐喻来说明文艺复兴人的自由追求，在该层意义上我们倾向于说明他们的独立或者叫孤独状态，因为这些传统监禁下的越狱者从“监禁”中越出之后，必然要独立存在，独自面对外面世界的现实。但与此同时，这个时代又不同于以往，他们需要合作，要求互动。这种对合作的热衷在较为不重要的意义上来自当时物质生活方式的需要。文艺复兴的突出特点是城市和商业的勃兴，大量的乡下人走入城市，赚钱而不是如原来一样赚取食物成为了新的入城任务，大范围的生活必需品交换成为必须。从封建庄园里走出的人们必须寻找新的合作伙伴来维持新的生活方式。另外，更重要的一种对荣誉和自我的突出意识（主体意识）助长了文艺复兴人的临时合作意识。没有了必然，自由毫无根据。没有了他人，自己无所适从。[①] 作为越狱者的主体在“丧失限定”的真空中无法定位、确定自己的主体性，他们从监禁中刚刚越出，却马上越入了更大的“监禁”。他越入“绝对自由”的场域，然而，这些已经觉醒起来的主体却发现自己无所适从，他不知道自己是谁，也不知道哪些自由是被施舍的，哪些是自己通过自己的创造性的独特力量而争取到的。已经“骄傲”起来的“他”不知道自己在何处优于众人。他必须到人群中，通过创造性的劳动或者技能展示，在他人那里重新定位自身。[②] 他必须从绝对自由中二次越狱而出，越入自己制造的“麻烦”世界，他们认为，在这个麻烦的世界里才可以逃开自由的假象，并真正拥有属于自己的自由。

在这个越回人群的过程中，“他”开始了与“他人”的临时合作。在合作过程中“他”像极了游戏的参与者，将“走神”与“入神”紧密有致地揉杂在一起。在合作中他看似是表演的，然而却是无比认真的，因为他要通过与他者的合作来确定自己的优势与独特价值。然而，在认真的表象下，他又是粗心大意的，正如布鲁诺的评价：这些平凡人“除了自己以外，他什么都观看不到”[③]，而且总是想从人群中脱离出来，因为他知道他的表演活动的意义并非在表演本身，表演只是为主体性制造一种“烘托”的框架。游戏一样的合作由此成为了文艺复兴人的生活必须，然而，同时也构成了一种不情愿的无聊与“烦”。通过游戏般的合作，他主动依据自身的需要建构他者和界限，与此同时，通过他者与界限反向建构自我，为的总是最终的、在人群中的“脱颖而出”。这种主体建构的合作模式恰似群体游戏的性质，在游戏中，每个人都是主体，因为游戏中没有真正意义上的配角。正如文艺复兴人，他

---

① 文艺复兴时期的人们对独处有诸多责难。（Cfr. Eugenio Garin, *Il Rinascimento Italiano*, Cappelli editore 1980, p. 219）

② 阿尔贝蒂在《论家庭》中曾对人在他人面前的虚伪表现做出了集中的描述。（Leon Battista Alberti, *De Familia*, a cura di Emilio Piccolo, Claccici Italiani, Napoli 2009, pp. 146 – 149）

③ Nulla vedendo tranne se stesso. （Cfr. Eugenio Garin, *L' umanesimo italiano*: *Filosofia e vita civile nel Rinascimento*, Editori Laterza 1993, p. 244）

们每个人都认为自己是主体，至少是将被建构的主体。[①] 在这种主体意识的支配下，主体之外的游戏的合作者（队友和对手）都被当成了手段，而自我的突出是最终的目的。与以往神学话语统治下的臣服方式不同，文艺复兴人要努力发出属于自己的声音，并且阻止别人的声音高过自己。因此，他们不仅有了个人创造奇迹的野心，而且还有了要让自己的辉煌到达别人的耳鼓并从那些人的嘴中传出赞叹的野心。因此，一个个本该在独立空间中隐匿的越狱者毫无按捺地冲入人群，在人群中展示自己的独特。不同于中世纪的个体自祷或者盲目跟从，文艺复兴时期的一种对象化的伦理局面真正被架设起来，他者开始了无可避免的在场状态，[②] 与此相对，坚固的主体意识位立中央，主体要求的不只是一个他者，而且是一群在才智和力量上都比自己低下的“他们”的随时在场。每个主体给“他们”强加了一种使其不停注视和美赞自己的道德义务，并且在与他人的交互性中拼接自己的形象。

（四）走向他者的“我”：绝对自由的一重消解

事实上，我们毫不费力地就可以看到文艺复兴人在“主动为自己设定界限”的举动中所遭遇到的彻底失败。在其他社会类型中，“摆脱界限”不是一件容易的事情，在文艺复兴时代，主动“让界限限制”的企图更是不易实现。因为，合作者之间规则的制定通常是需要相对稳定的价值观念和道德原则作为前提的。

然而，旧有的神学体系在根本上被摧毁，近代的契约主义或者功利主义的原则体系尚未生成，美德论、义务论在文艺复兴社会又被鄙弃，在这种现实面前，共同的理性的合作规则几乎无法建构。在这种困境面前，如果一些人主动退回到“次要位置”，让另一部分人作为突出者为自己“代议规则”，则文艺复兴人越回自由的企图可能将会得以实现。

---

① 在文艺复兴时期，“singolare”（个体）、“gloria”（荣誉）以及“onore”（光荣）等诸如此类的词汇出现的频率极高。

② 文艺复兴人关于自己通过他人才能获得存在的思想部分来源于众多哲学家的强调，布鲁诺就在《论驱逐趾高气扬的野兽》中认为事物只有通过对立性才能获得自身的存在。（cfr. Nuccio Ordine，*La Cabala dell' asino. Asinità e conoscenza in Giordano Bruno*，Liguori Editore 1996，p. 36）

然而，文艺复兴时代所遭遇到的更大的困难却是主体性的最强烈的觉醒，“我”绝对厌恶来自“我”之外的任何规则。这种厌恶来自“他人在制定任何规则时确实不会想到我”这个事实，同时也来自“我与他人之间的根本隔膜”。与熟人社会的旧有规则不同，这是一种他人的、与主体自己毫无关系的规则。旧式规则虽不一定经过主体的参与来生成，也很有可能是前辈人物的制定。然而，由于信仰以及道德意识的基本一致，后代虽然未亲自参与规则的制定，但由于他们认同且恪守这种规则，因此，这些规则的遵行者仿佛早已是规则的制定者，他从未在规则的制定中缺场。他的意志遵承了规则，同时，规则也遵承了他的意志，规则与意志同时生成、同时获得了合法性。此外，由于共同的信仰责任，在熟人体系中，在场者在制定规则时必然难以忽略不在场者的内心愿望，如此，规则对每个人都是亲近的，因为规则的制定、推行以及承担主体是“有关系的人们”，他们凭借着彼此的爱迎来相互信任。[①]而在文艺复兴的临时合作者那里，没有人是“次要者”，每个个体总是通过排斥“他者”来参与新的规则的制定，而摆脱了依附关系的大部分人的力量又是不相上下的，所以经过“主体间”的“同等排除”，新的互利化的规则在诸多情境中总是难以达成。然而，不能构建规则，就不能有效地进行合作，就不能体现主体自由以及“高人一等的价值”，这在有着高度荣耀意识的文艺复兴人那里是绝不能被接受的。在这种让人煎熬的困境下，他们不得不后退，企图用古代的或者中世纪的道德原则来建构新的合作规则。“文艺复兴”这个概念就其本意来说即是该层意思。文艺复兴有着鲜明的退回历史的倾向，因为他们在现实荒原之前充满迷茫，前进无路，退回历史，在历史中寻找给养成为被迫的选择。我们看到这个时代一大群新柏拉图主义者、亚里士多德主义者、后斯多亚主义者到处宣扬道德和理性，当然也不乏以瓦拉为代表的更“过分”的伊壁鸠鲁主义者们为这个时代极力提供的新的道德信条。中世纪的基督教神学体系虽然遭到削弱，然而要说是彻底被瓦解也是绝对违背历史事实的，与之相反的事实是，中世纪的基督信条一度重返并活跃于人们的观念世界。

---

① Cfr. http：//people. unica. it/vittoriopelligra/files/2008/09/Bozze_ 14_ PELLIGRA. pdf.

走投无路的人们不得不进入这些原则来建构合作规则，因为“让他者看自己”是再迫切不过的事情。然而，也正是因为这些规则的被迫接受来自“走投无路”的困境，所以在绝对自由环境下成长起来的人们在本能世界中极度厌弃任何规则，当然更加厌弃根据这些过时的道德原则而建构的规则。由于文艺复兴人高度的自我意识，在一般情境下只具有微弱的约束效用的规则在文艺复兴人那里其压制力量却成倍增长，因为与其前后的中世纪以及现代规则不同，后两种规则虽然对进入其中的人们具有一定的困束作用，也会让人感到部分的不适应，然而，这两个时期的人们都明白规则的积极方面，他们面对的规则是一种“中性规则”，这种规则对相应人群构成制约，也同样构成保护。因为规则不仅制约主体，也制约他者；规则不仅有利于他者，同时也必有利于主体。由此，这种中性规则本身具有“疏远的亲和力”，现代规则是一种让参与者认同的东西，它可能部分地偏向于一些人，然而在总体上他面对的是所有自愿参与其中的人。中世纪的规则更具有“普适”的特征，基督教的规则似乎对一切“人”都冷淡，然而同时也对一切人都热情。中世纪的神学规则本身就高度抽象，它面对的不是一些人，而是所有人。犯戒者，必受罚，爱神者，必有福。然而，文艺复兴时期的规则却与其前后的一切时期都完全不同，对所有参与其中的人来说，那是一种“敌意的规则”，因为文艺复兴人首先就拒斥一切规则，更加拒斥不知出于谁的陌生他者的规则，所以他们会感受到难以忍受的压制感。当然，这么说并不意味着文艺复兴时期的合作双方不愿坐下来商讨合作规则，而是说在主体意识高度增长以及公共道德普遍缺失的语境下，双方在制定规则时彼此都是缺乏根本的诚意的，互相直接冲撞的价值观首先让他们很难达成协议，他们往往只是敷衍性地从周围人那里借鉴现成的方案来签署协议，只能默认已经存在的不知出自谁的规则形式。这些新规则仿佛突然砸过来，突然生成，突然制定于陌生的他者。每个人都不知道这最初的规则出自谁手，除了明晰这些规则绝不来自其自身。这种“敌意的异化规则”严重制约了文艺复兴人的自由。尽管这些规则似乎是随时可以被忽略的“无”，从根本上不具备真正的约束力，但是这种“弱规则”非但不意味着文艺复兴人随意处置规则并且毫无压力，相反，他们需要调动紧张的神经来全神贯注于随时变化的规则。因为自主性的完全实现意味着只要他自愿进入一种合作，那么这种合作就必然对其自身有着较大的利益，因此，他必定会时刻警惕“流动的敌意规则”，警惕对方的背信弃义和随时生变的合作前景。[①] 同时，文艺复兴人还必须面对另一个关于主体“道德坚持”的困境局面。签订契约，然后按照契约精神履行责任，最终享受合作的互惠成果，这在文艺复兴之外的历史时期本是不成问题的。比如在今天的契约社会，既然契约对每个人大都是公平的，那么人们必定自愿地从始至终地抛掉不合规则要求的行为方式，否则必定会受到法律的惩处，至少是道德谴责。中世纪的人们更不会有这个问题，因为他们首先与神签订了契约，成为神的子民，子民间合作互动时必然按照宗教训诫来签约，而且自始至终热爱这份契约，直至契约在个体间被最终完成。然而，文艺复兴人不仅要承受着防范别人首先变更契约的压力，与此同时，还要随时压制自己变更契约以便取得私利的欲念，后者的压力更大。因为，文艺复兴人要在道德的真空中重建道德，而且这种重建没有任何固定的可参照框架，可参照的倒是周围诸多的“肢解道德”的伦理体系。特别是依仗已经相对发达的交通系统和可以随处生存的信心，他们不再如先前一样只是固定的生活在一个地区来承受那些故人的道德评判。时至文艺复兴，他们可以随意逃遁到另一个城市，拿着背叛得来的钱财轻易地开始在另一个城市的美好生活。

然而，由这种轻易的逃遁以及道德责任的经常性剪除并不能得出结论说文艺复兴人在背叛了对手之后没有任何心痛的感觉。这最多只是事情的一个方面，另一个似乎是更重要的方面揭示出文艺复兴人更深的痛楚。这种痛楚是由尊严意识引发的，这种对尊严的重视反向引发了他们的道德感。文艺复兴时期作为最重要的主体意识的觉醒阶段，他们首次认识到有一个“我”，这个我是绝对有别于他人的，是在一切意义上都完美的，包括智慧、德性、财力、地位、才华等各个方面。在个体的意识中，自己不能在任何一方面传递出明显的缺失。因此，主体必定不甘心于在自己身上发生明显的道德沦丧，如果背叛别人，自己必定会清晰

---

① Per la relazione tra fiducie e comportamenti si veda anche il sito: http: //people. unica. it/vittoriopelligra/files/2008/09/Bozze_ 14_ PELLIGRA. pdf.

地感受到自己的瑕疵甚至丑恶，而这对完美的关于自我的意识追求是一种最重大的威胁，因此，他如此显著地需要道德的自我重构。然而，他所谓的完美“智慧”又不断地让他看穿道德只不过是虚伪的束缚之物，而且他还意识到，在整体道德体系塌崩的废墟面前，再一味坚守道德便极容易丧失掉自身的利益，如果自身的利益在别人的算计下最终丧失，那只能证明自己的智慧不够，或者不具备一种明显可以压制住别人算计自己的财富或者地位的实力，而这又反向证明自己不再是完美的自己，而是残缺的濒临破碎的自我。要是在之前的时代，被人算计而无动于衷反倒被人们认为是高尚的，是一种崇高的德性，是高度的古典之善的实现者或者神学目的论的遵从者，会因感受到自己身在最高的善中而安然愉悦。然而文艺复兴人则将自己从统一的世俗或者神学“目的善”中硬生生地拉了出来，在这样的现实面前，如果自己被人击败，不论在任何方面，不仅感受不到道德坚持的自尊感，反而认为那是一种侮辱。而被侮辱就意味着丧失掉了他们所强调的最重要的尊严与自我。本来，对他人的尊重在文艺复兴人那里就不是一种自愿的道德责任，而是自我对自我的尊严责任。他人同样没有道德责任，有的也只不过是对自我的尊严责任，如此，当一些人不得不彼此面对时，四面受敌，朝不保夕，悲惨无法躲避的日常状态就被反复构筑了。

总之，在“沉重”规则以及尊严意识的反向压制下，文艺复兴人的自由被迫获得了第一重的严重消解，越狱者的绝对自由经过游戏者所领受的游戏规则的压制后已经残落过半。因为无道德使之痛苦，而有道德更让他们痛苦。

（五）走向“我”的他者：应激伦理对自由的二重否定

文艺复兴社会的主体不仅通过走向他者的形式建构了“关系的世界”，而不再是“一个人”①，与此同时，他者还在不断走入“我”的世界，“我”看到陌生的他进入“我”的空间，然而“我”不知道“他”以何种方式进行下一个动作。正如在游戏中，“我”清晰地看到

① 文艺复兴时期尤其强调人的交互性价值，并流行一种将人定义为“社会身份和关系”的看法。（Cfr. Eugenio Garin, *Storia della filosofia italiana*, Einaudi 1966, p. 319）

游戏中的他者，然而，“我”从来不能准确地预测他者的下一个动作。文艺复兴的意大利是人类历史上第一个标准的半陌生人社会。随着资本主义生产方式萌芽的兴起，工商业取代了封建的庄园制，大量的依附封建庄园主的农民走向城市，变为不稳定的工人。城市史无前例地涌入大量的陌生人，原有的规定性格局被打破，很多原本的私人空间变为公共空间，这和之前中世纪的生活模式如此不同：中世纪生活在一个区域内的大都是熟人，借助经验和长期的接触，人们了解周围人的品行和思维方式，清楚地知道他们下一个表情和动作是什么。他们了解周围的一切，一切要发生的事与之前的预期总是基本相符。除了教士外，他们就只是与田地、主人和亲人打交道。安静休息时，他们只与他们的上帝对话。他们不仅熟知自己、熟知周围人，甚至熟知域外的未知之人，虽交通阻隔，难得相遇，但他们彼此信仰上帝的心是一致的。而到了文艺复兴时期，稳定的社会格局突然被完全化的陌生所取代。不仅陌生的他者对“我”陌生，身边的旧时熟人也对“我”陌生，“我”陌生于我的工作、生活环境，甚至陌生于“我自己”。

由此，一种新型的“应激伦理”原则开始了对文艺复兴人的支配作用。“应激伦理”这一概念我们取自生物学意义上的“应激反应”概念。应激反应也称为狩猎式反应，是 H. Selye 在 1936 年根据机体在寒冷条件下的反应而提出的概念。而后用来特指机体突然受到强烈有害刺激（如创伤、手术、失血、感染、中毒、缺氧、饥渴、社会、心理因素）时所出现的全身性非特异性适应反应。应激反应是在出乎意料的紧迫与危险情况下引起的高度紧张的情绪状态。如今，应激已经从病理学的领域向外拓展，成为包括生物学、免疫学、人类学、心理学、社会学在内的多学科关注的主题。从应激反应的描述中我们可以发现这一概念包含几个必要的构成因素：应急源、不适应、紧张状态、反应、消耗。这和一般的作用与反应有着显著的区别。我们这里所说的应激伦理是指某一个体在面对突然的陌生他者时支配这一个体的伦理原则。与“应激”的元概念相同，应激伦理同样有其类似的构成要素：突然而陌生的刺激源、紧张、反应、非理性、消耗。

这些向我而来的陌生他者构成了、满足了应激反应的第一个要素，即“应激源”。之所以构成绝对的应激源，不仅由于其陌生的特性，还由于他们具有突然的对人的作用力。文艺复兴的意大利，“陌生人”从农村侵入城市，堂而皇之地出没于旧时的幽闭空间，随心所欲地变换自己的身份，然而他们不是普通“观光者”，只遵守“无目的的目的性”的美学规则，而是“攫取者”，带着很强的“攫取”目的，通过调动一切“伪善的诡计”来掠夺他人的物品或者荣耀。他们彼此事先通常生活在完全隔绝的区域，没有感情，更不会有移情，他们对被伤害者的哀泣经常无动于衷，甚至在对方的悲剧中构筑自己的喜剧。① 他不仅嘲笑对方因单纯而带来的毫无防备的失去，还反而庆幸自己轻而易举的占有。他不需要为此付出良心的自我谴责，反而将自己在掠夺过程中隐蔽的阴谋当作自身的道德智慧，将自己的粗暴当作勇敢。之所以这样想，是因为这个应激源，这位侵略者之前已经无数次作为其他应激源的受害者而存在，他的应激反应不过是出于一种简单的模仿。② 因为当传统失效时，对现实的他者的伦理模仿便成为了最主要的伦理智慧的来源，现实的即唯一合理和实用的，这成为他们反复的经验心得。他们深知，要想从受害人身份向应激源身份转变，自己必须放弃旧时宗教伦理的谦虚、善良、隐忍、虔诚与单纯，转而用粗暴、冷酷、邪恶、狡猾的方式将可能的应激源变为自己的侵略对象，并且用一种突然而陌生的方式进行袭击，让对方没有反抗的时间，不知道以何种方式进行抵抗，甚至让对方去怀疑反抗的合理性。为此，他必然调动一切力量，首先形成对方的紧张感，让对方的认知系统完全紊乱，让可能的、勇敢的反抗变为在强烈压力下的求饶和毁灭。由此我们看到，非正义取代了正义、冷酷取代了热情、善良取代了阴险。总之，强硬，尤其是掺杂了诡计的强硬成为了这一时期最典型的对待模式。

为了抵御这种来自陌生他者可能的突然侵袭，文艺复兴时代生活着历史上最劳累的人们。他们必须调动全部官能，来迎接一切可能的意外。就官能的运用来说，文艺复兴有着与其后的近现代完全不同的社会

① 关于文艺复兴人“良心的麻木”，请参阅［瑞士］布克哈特《意大利文艺复兴时期的文化》，生活·读书·新知三联书店2010年版，第494页。

② “看到别人利己主义的胜利，驱使他利用自己的手来保护自己的权利。”更多的事关文艺复兴人模仿与复仇的情节描绘，请参阅［瑞士］布克哈特《意大利文艺复兴时期的文化》，生活·读书·新知三联书店2010年版，第494页。

特征。我们生活的工具理性时代是以眼睛的扫视为基础方式的，这是更大规模的完全的陌生人社会里人们之间彼此主要的对待模式。相对于熟人社会里的亲密的“耳朵倾听”，现代完全的陌生人社会更多使用的是眼睛的扫视，在人群中，相对于彼此的耐心交谈以及用耳朵倾听熟人的信息，现代社会更常见的是冷眼的旁观。当然由此并不能得出“人际冷漠”的结论，而只是用来表述最突出的互动现实。在文艺复兴的不完全的陌生人社会，“嘴巴”首先获得了前所未有的伦理价值，这也是那一时期古典西塞罗主义“修辞学”得以复兴的首要原因。① 与熟人社会的耳朵倾听不同，文艺复兴人更强调主动的语言的说服力，他要影响、说服他者，让他者为主体的自我意愿的最终达成而服务。游戏者必须调动箴言、谎言、流言等一切语言形式来避免他者的缺场。就这一点来说，他者成为主体，主体却成了他人，而不一定是他者。在对他者的依赖性上，主体的先前的绝对自由被迫减损。文艺复兴社会不像当代社会的信息如此公开，人们了解一个人可以有多重途径，由此，我们听来的一个人关于另一个人的评价对我们的评价并不一定构成绝对的意义，最多只是参考，在这个广泛的互动社会中，我们还可以有很多其他途径了解一个人，因为在现代社会中一个人常具有多种身份，出没于各种场域，因此，我们了解一个人的可能性途径相对就多。在文艺复兴之前的熟人社会，人们大体熟知邻人的道德样貌或者生存状态，同样，一个人不需要主动述说，他也自然能被邻人了解。在中古社会形态下，没有比了解一个同域人更简单的事情了，每个个体几乎都是“透明人”。然而在文艺复兴这个不完全的陌生人社会，人们之间的信息互动途径相对最为缺少，相互间似乎永远是陌生的。因此，他必须通过语言的表达，让合作者知道他是谁、有着怎样的不同于他人的个体特征。同时，由于信息渠道的缺损，误会最容易产生，为了澄清误会，他更加需要巧舌如簧。这种嘴巴的突出重要性并不减损眼睛和耳朵相对于文艺复兴人的重要性，为了弄清他者，正如游戏者为了选择和谁游戏以及何时进入游戏一样，文艺复兴人必须最大限度地调动耳朵和眼睛去视听，去了解他人的历

① 关于修辞学的复兴，请参阅 Eugenio Garin, *L' umanesimo italiano: Filosofia e vita civile nel Rinascimento*, Editori Laterza 1993, p. 183。

史。由于文艺复兴时期隐秘的社会特征，他者的历史仿佛被完全隐去，因此，主体必须耗费更大的视听能量前去探知。同时，他还必须用嘴巴巧妙地去彰显或者隐藏自己对他者的态度。他不仅要面对他者，还要面对他者的他者，因为他者必须通过第三个人来了解自己。总之，他必须调动全部的视听言感官去预防他者的威胁并且进入合作之中。

总之，相互应激的伦理模式给文艺复兴人带来了更大的道德缺失、更紧张的对峙局面、更凶狠的复仇以及更大的躯体精神损耗。在应激伦理原则的支配下，文艺复兴时期的“绝对自由”遭受了第二次严格意义上的自否定。

三　举烛人的自反身份与自由的复魅

（一）举烛人：作为越狱者与游戏者的身份自反

经过上面的分析，我们看到了文艺复兴时期关于自由的一种近乎矛盾的现实，作为越狱者，文艺复兴人比其前或者其后的人都拥有更多的自由，这种自由不仅数量多，而且从质上讲几乎接近绝对，文艺复兴人几乎拥有了绝对的自由。同时我们亦看到，作为游戏者，他不能再继续自己绝对孤独者的独立身份，由于“自我”观念的盲目扩张，他身不由己地将自己拖进人群，最终在他者的约制下逐步地消解掉自己作为越狱者的绝对自由。然而，我们却不能就此得出结论说：文艺复兴人是历史上最不自由的人，因为他亲手毁掉了自己最豪华的自由。因为这种结论显然将越狱者和游戏者的身份并置于时间或者逻辑的前后中，事实远非时间的绵延与逻辑的因果可以解答。因为这里牵涉越狱者与游戏者身份的自反问题。我们可以说越狱者与游戏者是一对自反的身份，越狱者是游戏者的自反身份，正如反过来也成立一样。因此，这里的情况远非人们所预料的那样：文艺复兴人将自己的越狱者身份过渡为游戏者，由此，自由的全部变为了自由的虚空。事实上，游戏者与越狱者是一种相互的身份自反，在每一个时间和逻辑的节点上，游戏者与越狱者同时是其自身又同时是其对立身份，即同时又不是其自身。由此，我们看到了文艺复兴时期关于自由的一种最震撼的现象：自由最自由，最自由的又最不自由；自由被建构了多少就被拆卸了多少，被拆卸的同时又在被等量建构。这种二维的身份使得我们对这一时期的自由状况难以轻易定义。

布鲁诺看到了这种身份与自由的言说困境，他用“举烛人”[①] 这一身份来表述文艺复兴人对自由的占有状态，并作为越狱者与游戏者公共的自反身份。也就是说，举烛人的身份不仅不能与越狱者与游戏者分离存在，反而是它们自身，同时又是对二者的否定。举烛人同时是越狱者，又是游戏者，同时又不是二者之一。举烛人、越狱者、游戏者，构成了三重自反。其中之一是其他两者的合同自反，同时也作为其他两者的单独自反。

下面让我们对此进行一些解释。如果分立来看，似乎可以说越狱者是感性的，他有着酒神的精神面貌，在无拘无束中占有自由；游戏者是理性的，有着日神的理性，在人群中却被他者耗尽了自由；举烛人则是模糊的，正如手中的蜡烛照出光的同时亦照出暗影一样，暗影与光同时存在，又有所区分。在布鲁诺的体系中，举烛人在积极的意义上是理性的化身，他要驱散感性的暗夜。然而他同时又是一个自以为是的理性人，体内流淌着感性消极的血液。[②]

（二）受伤的“举烛人”与自由的理性重建

有人将文艺复兴定义为近代理性精神的开启阶段是很有道理的。而举烛人最显著的特征即是其对理性的自觉追慕。我们首先必须说——举烛人是理性人，内在拥有“理性之灯”[③]，因此在意识的表层他们厌恶凌乱的感性，痛恨一切对自由的否定形式。而举烛人最不能视而不见的是自己以往的伤口，对未来伤口的防止更不能在任何一刻退出其紧张的理性筹划。

文艺复兴时期有着最佳的关于“伤害”的客观条件与主观意识。他们最会伤人，同时也最容易被最会伤人的人伤害。伤害与复仇是文

---

① 《举烛人》是布鲁诺最重要的剧本之一，在其中作者针对文艺复兴时期人们追求理性同时又深受感性与脆弱拖累的现实进行了生动的描绘。

② Cfr. Giordano Bruno, *Candelaio*, Einaudi, Torino 1964, p. 15.

③ Cfr. Eugenio Garin, L' umanesimo italiano: Filosofia e vita civile nel Rinascimento, Editori Laterza 1993, p. 243.

艺复兴时期意大利的两种最常态的社会现象。出轨的女人们为了偷情的方便，轻而易举地便毒死她的丈夫，以为做一个寡妇就可以为所欲为……虽然做父兄和丈夫的都起来以毒药、刀剑和一切其他的手段来消灭这种耻辱，但是妇女们却仍然继续听任她们的情欲的支配而不顾她们的荣誉和生命。[①] 一个男人因为怀疑他的妻子的不贞就可以随意将她杀害；父亲因为女儿背着自己秘密结婚而把她杀死；甚至兄弟也在试图控制姐妹们的自由，如果他的姊妹不肯按照他的意旨结婚就会遭到杀害……这些父兄们的口号是：只要她们做出任何我们不喜欢的事情，我们就立刻以绳子、刀子和毒药来对待。[②] 在这个每个个性都达到高度发展的国家里，我们看到了那种标准的绝对不道德的例子，喜欢为犯罪而犯罪，而不是把犯罪作为达到一个目的的手段，或者无论如何把它作为达到我们所想不到的那些目的的手段。[③] 在大人们的影响下，耳濡目染的孩子们常常成为这种做法的诠释者。据记载，在阿夸本登特地区，为了得到视觉的快感，两个放牛的孩子直接用绳子绞死一个他们的同伴。被绞死的孩子的父亲为了报复，杀死了其中一个孩子，并邀请其父亲来家中吃饭，席间用孩子的肝脏做菜，饭毕，他才告诉他那是谁的肝脏，于是两个家族开始仇杀，在一个月内就死了三十六个人，有男人也有女人[④]。当一方泛滥自由而伤害到他人时，这种复仇每日都在上演。“在意大利，血的复仇是一种责任，他们把受侮辱记得一清二楚。”[⑤]“人只能想法自己自卫，自己动手报仇”[⑥]。更有甚者，在路上遇到债务人，直接将其杀死。[⑦] “社会上没有法律没有警察，到处是杀人放火的暴行，残酷的报复，为了求自己生存而不能不令人害怕，时时刻刻需要行凶动武”[⑧]。从而肉体的受伤乃至死亡

① 引自［瑞士］雅各布·布克哈特《意大利文艺复兴时期的文化》，何新译，商务印书馆 2010 年版，第 481 页。

② 同上书，第 482 页。

③ 同上书，第 476 页。

④ 同上书，第 474 页。

⑤ 同上。

⑥ ［法］丹纳：《文艺复兴时期的绘画》，傅雷译，上海书画出版社，第 102 页。

⑦ 同上。

⑧ 同上书，第 113 页。

便成为了经常的结局。在这种争取自由的过程中，每个人最终都堕入了自己亲手挖掘的“自由之狱”，时刻没有安全感，死神成为家门的常客。如庞达诺所说：在这里没有比人命更不值钱的了。人总是在极大的危险中过生活，充满惊慌和激昂的情绪，他在心中泛滥的情绪是强烈的、简单的、受威胁的。[①] 据丹纳记载：文艺复兴时期的意大利人“白天出门，短褂之内多半穿着锁子甲，街头巷尾很可能有刀剑刺到他身上，非提防不可。即便是在自己府上，他也并不安全；石砌的墙角，装着粗大铁栅的窗子，整个军事式的坚固的建筑，说明屋子应当像盔甲一般保护主人不受暗算”[②]。布克哈特在其专著《意大利文艺复兴时期的文化》中曾经以几页的篇幅来描写用于暗杀的毒药的效力。甚至在教皇加冕的宴会中，每个枢机主教都要随身带着自己的侍者和自家的酒，以防被人投毒，这种风气在罗马很普遍，客人这样做并不伤害主人的面子。[③] 即使在家里，亲人之间的伤害也经常上演，里米尼的暴君西吉斯蒙多·马拉泰斯达企图杀害自己的儿子，但因为儿子拔刀反抗而遭到挫败。[④]

（三）被迫的道德责任

这种因为自由的泛滥带来的伤害使得当时的意大利人被迫在其自身的意识中制造出理性以及实用主义性质的道德责任。他们由此将自身设置成高举理性之光的“举烛人”，由此来消除因追求自由而带来的伤害，一种实用功利主义的理性计算让他们被迫变成了“极好的人”，并且以这种比一般的良善水平还要良善的样子来对待他人。面对外来的陌生人或者身边亲人因应激伦理而引发的反抗举动，在无数次的受伤后，当他再次作为游戏者与他者打交道时，他就被迫将游戏者与理性的举烛人身份合二为一，并从先前的阴谋控制中转变成善意的合作模式。因为他清楚地明白全部他者的伦理反应都是应激的，是倾向于提防和不合作的，

---

① ［法］丹纳：《文艺复兴时期的绘画》，傅雷译，上海书画出版社，第 113 页。

② 同上书，第 125 页。

③ ［瑞士］雅各布·布克哈特：《意大利文艺复兴时期的文化》，何新译，商务印书馆 2010 年版，第 491 页。

④ 同上书，第 494 页。

而且其反抗很可能在了解之前。当自己想以一个游戏者的身份接近他者时，其心底最真实的善良也完全不能抵制来自对方的应激性的敌意。因此，他会首先特别注意自己的举止。坦诚则是第一步，他必须拿出比平时更多的坦诚，更富有诚意，并尽量避免形成一种攻击性的可能假象，且努力让自己在对方的心目中具备更良好的形象。他在合作过程中尽量尊重他人，以便赢得对方“艰难的信任”。正因为陌生人之间原本是冷淡的，是不熟悉且无旧有关系的，合作或者交往的双方才因此必须极力地将这种冷淡变为热情，通过自己的实际作为，而不是通过什么原在的感情来争取对方的信任。举烛人意识到，“我”无可利用其他，只能利用“我”自己，通过为对方尽可能多地付出，才能争取到对方的信任。此刻，“我”有了一种类似于道德责任的东西。“我”化身为“我”自愿的工具，来面对“我”的对象，与此同时，“我”也自愿作为对象之人的审查对象。“我”自愿将我的完整性，包括善意与利益意图，完整地任他的眼睛反复扫射。

另外，由于交换活动已然成为文艺复兴时期商品社会的必须行为，因此交往活动是频繁的。任何一个人在经历数次交换、数次伤害与数次反抗之后，他心中对真诚的善意交往便有了一种特别强烈的期许。道德渴望由此生成。[1] 在一个社会中，如果道德得以推行，必须以一种民众普遍的渴求为先决条件。如果民众自觉受到了道德信条的牵制、欺骗，对存在的伦理规则心存厌烦，那么可想而知，这个社会必然是专制的，反动的。因此，即使在一个专制社会，统治者都要力图将自己装扮为一个有德者，将其政治活动以及个人目的都披上道德的外衣，即使其本质是野蛮的、无德的。不只如此，自发的道德认同是人类进步的重要标志。只有当人在摆脱外在强制的情况下，还依然热爱被普遍认同的道德，并且由于热爱[2]，自己处处自觉地践行道德，这才能说明人类文明

---

① Eugenio Garin 指出，当时一种流行的思潮是：尽管在政治上意大利遭遇到了打击，然而文艺复兴人还是希望看到道德复兴的曙光。（Cfr. Eugenio Garin, *L' umanesimo italiano: Filosofia e vita civile nel Rinascimento*, Editori Laterza 1993, p. 207）

② 在当时的佛罗伦萨，很多人对道德和爱持有强烈的信念。Benedetti Varchi 在其讲义中认为：“爱，而非别的事物，产生灵魂、肉体以及善的命运。”（Cfr. Eugenio Garin, *L' umanesimo italiano: Filosofia e vita civile nel Rinascimento*, Editori Laterza 1993, p. 134）

真正取得了进步。否则，无道德感以及强制道德都是人类处于低级文明阶段的标志。人类在强制道德的历史中已经度过了漫长的时间，他们被强行告知“什么是道德的，不如此做就是不道德的”。这对人的善良本质是一种极大的伤害。我们通过比较就会发现，尽管文艺复兴的社会道德现实是混乱的，但它是有着极大的正向作用的，这与奴隶以及封建社会的因强制道德形成的道德认同状况有着本质区别。文艺复兴的道德混乱是人们自愿造成的，这里没有强制，因此必然会带来一种自动的反思。

当一个主体因为道德缺失或者对方之恶而反复受到伤害时，他便容易意识到道德对自己以及他人是多么得重要，他不仅看到自己的损失，还经常看到其他人因为别人的道德之恶造成的无辜的损失，而后便能知道道德多么能保护“我们”，因此，他便意识到自己应该做一个有道德的人，以善良意志引领自身。经过长期的道德形式的积淀以及道德感的增强，人们在理性中便会认为：我之所以不选择不善良，不仅因为不善良会造成损失，更主要的原因在于，与善良的德性相比，不善良本身就是恶的。这便是一种由真正的道德积淀造成的文明进步的真实情况。真正的道德的形成首先是在交叠的伤口后的被动反思，而后对道德有了一种自发的认同，最终，德性生活变为一种无意识的选择，社会进步由此逐渐造成。何为进步，道德进步不是借由外在呼吁，而是因为道德生活让人觉得更有意义。

（四）“弃约”之后的“契约”

背弃承诺与约定是作为游戏者的最常见之事，因为游戏者最多只是在游戏中信守承诺，游戏结束之后便不再背负责任。文艺复兴的游戏者们在经历了数次背叛以及背叛他人的事件之后，便自动产生了建构正式契约的冲动。

“契约”一词在拉丁文中的原意为“交易”。所谓契约精神是指存在于商品经济社会，而由此派生的契约关系与内在原则，是一种自由、平等、守信的精神。在文艺复兴的商业化社会与由应激伦理带来的强烈而持续的负面效应的背景下，契约精神具备了得以产生和维持的各种条件。契约精神的产生则带来了极大的对社会发展有利的正面效应，因为该精神涉及自由、平等、权利与义务等各种近代理性精神的要素。

契约是以双方当事人互相对立合致的意思表示构成的。契约行为以双方当事人之意思表示为基础。通常一个契约行为包括两个基本的意思表示：邀约和承诺。由邀约与承诺构成的契约必须坚持契约自由原则，契约责任是以自由同意为基础的。契约得以订立的根本前提，是人可以作为独立的经济主体和权利主体，契约活动乃是一种自主自愿的活动。契约主体有选择与谁订立契约、何时订立契约、签订何种类型契约的权利和能力。此外，缔结契约的主体的地位是平等的，缔约双方平等地享有权利、履行义务，无人有超出契约的特权。这便是契约平等精神。为了达到契约平等精神，违背契约者要受到制裁。许诺、信赖、约束、义务是组成契约的核心要素。由此可见，自由与责任是契约得以订立的伦理基础。反过来，通过能够订立具有法律约束力的协议，一个人获得自由的可能性便得以增加。

应激伦理带来的伤害反向刺激了对邀约和承诺以及签订契约的需求。应激伦理最大的特点是缺少必要的给受作用人的反应时间，同时，当对方反击时，由于是一个应激的快速反应，他会在不通知甚至故意迷惑对方的情况下快速实施反击，这造成了施害者没有时间准备来迎接这一反击，因而这种事先不告知造成了双方的巨大损失。因此，理性的举烛人企图以契约精神的邀约和承诺来消解应激伦理的瞬时性。在契约的生成过程中，双方都有充足的时间来考虑利弊，邀约人首先要有充足的时间考虑是否向别人邀约，能够获得何种预期利益，向何人何时邀约。预备承诺人在接收到对方的邀约后，他同样有充足的时间来自主地考虑该邀约对自己的利弊，他可以自主决定最终对这一契约的接受与否。这样，经过充足的理性考量便使得双方不仅能减少损失，还为彼此反向带来了利益的最大化。

此外，因为应激伦理呈现的是施害者与受害者双方单纯的权利关系，没有义务关系，前者只想从后者那里攫取权利与利益，后者只想保护自己的权利与利益。这种应激模式中反映出了对权利的自私占有。不像在奴隶社会，奴隶主单纯占有权利，奴隶只单纯负有义务。文艺复兴时期的应激伦理本质是自由的、平等的作用关系，不允许无权利的义务与无义务的权利，双方都要求对方为自己付出义务。因此，游戏者那种自私的对权利的占有和对义务的忽略只能带来敌意。由于受害者的报复，最终双方都会受伤，因此，一种对自身也需要负有义务的意念便悄悄于举烛人头脑中形成了：自己负责一部分义务，对方也负责一部分，由此实现权利的最大化占有，这便成为了在应激损失后的一种最强烈的呼求。由此，构成契约精神的第三个特征，即权利与义务的相互负责便有了稳定而可靠的诞生基础。

在契约精神的具体实践方面，虽然契约行为不必非以书面化为其必要，但签订正式合同是其主要的表征形式之一。我们可以发现，文艺复兴时期首先在人类历史上出现了众多的规范合同，尤其是艺术家和顾主间签订的合同。此外，信贷制度也是在这一时期获得了长足的进步。①

（五）结语：举烛人的受伤与未竟的自由

举烛人因为频繁的“受伤”而采取的种种措施并没有从根本上阻止接下来加于其身的更深入的伤痕，因其理性的向往终于压制不住感性的迷乱。这一事实导致了近现代的自由对那时的人们还只是一个遥不可及的实现物。刚刚建立起来的契约精神被瞬间瓦解，合同契约被直接撕毁。已经决定更良善的人们也开始重新考虑变得更加恶毒。被动生成的道德责任经不起他者与自己的背叛，人际关系异常紧张。很多文艺复兴人在这种更加绝望的现实面前开始觉得无所适从。彼特拉克整日“靠着眼泪和痛苦过活，依赖一种黑色欢愉而拒绝得救”，他被疾病“纠缠着、折磨着，就像身处地狱黑暗的某人，似乎要经历最惨痛的死亡”②，命运仿佛用整支纵队将他包围，“并堆起重重的人类不幸、往日痛苦的回忆和对未来的恐惧”，以使他“遭受重击、四面楚歌”，“没有逃脱的可能，没有获得怜悯的希望，没有任何慰藉”，“在巨大的邪恶面前”，他“只有痛苦悲泣”，因为“一切都昭示着死亡”。③很多人开始重新将自己置身于修道院，彻底返还于中世纪的“束缚式的自由”。

这种在自由的建立过程中导致的自由的消解便是文艺复兴时期自反

---

① 详情请参阅［英］彼得·伯克《意大利文艺复兴时期的文化与社会》，刘君译，东方出版社2007年版，第251页。

② ［意］彼特拉克：《秘密》，方匡国译，广西师范大学出版社2008年版，第72页。

③ 同上书，第73页。

的社会动力根深蒂固的鲜活例证。任何社会都存在自反的动力，然而文艺复兴社会在总的历史进程中的自反特征最为明显。导致这种自反的因素便直接在于除了举烛人刚刚提到的理性精神之外的第二个面貌，即浑浊与感性。在一种貌似理性的外壳下，掩盖不住的尽是“空洞的念头，轻率的希望，难抑的情欲，虚假的前提，心不在焉的头脑，诗般的狂野，混沌的感触，骚乱的幻想，理性的散佚，疯狂的誓言，糊涂的担忧，毫不确定的研究……泪水，战栗，迷梦”①。

总之，举烛人同时具有两种面貌：理性与感性，坚定与软弱，仁慈与狠毒，至善与至恶。而且，后者通常占据了比前者更广大的心理空间。举烛人凭借着自身建立起来的一切，全部凭着自身而一一消灭。因为，他们既想是“一”，同时又想是“一切”，还想着是“一些”。穿越者并非单一地穿越，进驻某一时期某一特征，而后如镜头般拉回来再转向另一时期、另一风景、另一身份，而是欲在同一个焦点上交叠所有的历史和所有的身份。他们欲同时是古代的贵族、中世纪的僧侣、近代的商人，现代的政治家以及后现代的流浪人，这便造成无法克服的矛盾与现实焦虑。这些观念和身份经常是化学上的“互斥剂”，相互间相遇后会自动消解。如文艺复兴时期在对“善”的问题上，他们想将古代的、近代的、现代的、中世纪的善的观念全部集于一身，并为其带来福祉。然而不可忽略的显然事实是：古典美德与现代虚无主义、后现代碎片化以及中世纪宗教信仰主义之间存在永恒的相互解构性。在彼特拉克的《秘密》中我们看到了这种解构。首先是对于善的存在论方面。善是否存在？若存在，因何存在还是使何存在？代表彼特拉克自己的Francesco首先以一种现实的近代精神来定义善，他认为，在俗世中本该有善，现实之人应该过着一种享乐的骄傲的生活，极端的尊严和骄傲就是一种善。他说：“在这个急功近利的时代，谦逊又有什么用？我只能被人形容为散漫懒惰。”②他渴望攀登荣耀的山峰，时刻想象着“顶尖的状态”③，认为获得地位与别人的侍奉是一种最大的善。然而这种刚

① Giordano Bruno, *Candelaio*, Einaudi, Torino 1964, p. 15.

② ［意］彼特拉克：《秘密》，方匡国译，广西师范大学出版社 2008 年版，第 77 页。

③ 同上书，第 76 页。

刚建构起来的坚固的善观念瞬间便遭遇了挑战，古典、中世纪以及后现代的身份同时向他发话。古典的身份认为这种生活过于放纵，与中庸相反，放纵不是一种善。于是，Francesco 向古典道德穿越，借助贺拉斯的诗歌回答道：热爱安宁之人该受嘉奖，他厌弃极端而行中庸。豪宅伟大招嫉羡，寒窑可怜梁蠹生。① 同样向后穿越的宗教身份不仅认为顶尖状态不是善，中庸亦不是善，而认为谦逊，易于满足才是善："不是人人皆能第一，没有第二哪来的第一"，如果只想着辉煌，那么"当他的努力被挫败时，失落便增长了"②，"在最高之处，我从来找不到值得热切追求的心灵"，不仅如此，获得地位与别人的侍奉不仅不是善，而是一种束缚，"那些被认为是最幸运的人，被无数的人服侍着，他们整天为此劳神费心，而这恰好证明他们是为别人活……当他认为整个人类都为他一人活着的时候，难道他不是也在为其他人而活着?"③热衷于对财富的追求是一种恶，一生"饥渴地期待着黄金，垂死地盯着账本"④ 的人只不过是"更想死在华丽的裹尸布里，埋在大理石的墓碑下"⑤，忘记了"曾经自己曾漫游乡间，仰卧草地，聆听溪声的恬淡岁月"⑥。这种宗教身份认为最大的善便是心灵的宁静，是信仰绝对位格带来的快乐："沉思中有缪斯相伴，你便从不寂寞。"⑦在多重理想的夹击下，彼特拉克患上了无法治愈的抑郁症，终日不知道"该逃往哪里"⑧，不知道"在做什么""在想什么""在等待什么"⑨。

然而，我们不能就此武断地得出结论"文艺复兴人是不自由的"，我们同样不能很有信心地说"我们当代人在各种文明制度健全的情况下正在享受着比文艺复兴人更多的自由"。在文艺复兴的复杂的"自由"现实的逼迫下，我们只能被迫维持一种由自由的相对主义而导致

---

① ［意］彼特拉克：《秘密》，方匡国译，广西师范大学出版社 2008 年版，第 78 页。
② 同上书，第 76 页。
③ 同上书，第 80 页。
④ 同上书，第 58 页。
⑤ 同上书，第 57 页。
⑥ 同上。
⑦ 同上。
⑧ 同上书，第 79 页。
⑨ 同上书，第 11 页。

的“判断搁置”。我们最好说，这是一种“未竟的自由”，这种极其复杂同时又极为特殊的自由格局让我们只能对其进行描述，而无法进行一种规范的价值定位。然而，有一点毋庸置疑：文艺复兴社会已将一段丰富多彩且不可复制的最为特殊的人类自由图景永恒地呈献给了我们及其更后面的精神历史。

第四章　文艺复兴与尊严发轫的渐变谱系

继上一章完成了对“自由”问题的讨论后，我们“必须”“立即”开始讨论另一个伦理学研究的核心问题：尊严。自由与尊严具有的紧密连结性让我们不能回避其一，尽管对于二者的关系常常存在两种正好相反的“意见”：一个决定另一个而不是相反。自由与尊严都是当代人们最为重视的核心价值，一个人如果不被给予自由，正如其基本的尊严权利无法被有效尊重一样，都会带来奴役的命运。而文艺复兴正是人类尊严意识的发轫时期，本章将以六个部分对文艺复兴时期尊严发轫的谱系进行一番系统的梳理。

一　不安的尊严：对“尊严”范畴的一般性讨论

拉丁语“Dignitas”这个词从开始生成的那一刻就携带了诸多“不安”的内在特质。尊严这种不安首先来自一种丧失“自性”的定义冒险。即使在今天这个现代性几近终结的“理性”时代，对尊严怀疑的人数也不会少于尊严坚称者的数量。当然，这么说并不意味着对所有人尊严的尊重作为一项基本的人的权利仍然被弃之不顾，相反，尊严与自由作为人的两个基座权利基本上是被大多数人认同的。然而，这并不能否定掉人们对尊严的疑问与不安。究其原因，根本上还是来自对“尊严”如何定义的普遍分歧。一种在各执己见的基础上投放的定义必然会造成人们对被定义事物的不安感。相互间常常正面对立的定义几乎让尊严显得毫无自性，甚至会被认为，不过是“因缘而起”。然而，我们却不能由此得出结论，说这种普遍的不安会导致尊严意识的削弱与最终被摒弃，相反，一种更显乐观的尊严前景已经出现并将永不复失。人们对尊严的多元化讨论反复加固了尊严王国的防盗系统，正如患得患失的普遍心理机制一样，人们对尊严的不安恰恰来自一种惧怕失去的足够警惧。

对思想史的谨慎考察会带给我们一个确凿的结论：人们对尊严消失的惧怕是贯穿着人类学的严密根据的。因为尊严从被生成开始的那一刻就曾被立即拿走，并且在相当长的时间内不能寻回。人的尊严被上帝以素描自己的方式生成，紧接着就被摘取"苹果"的一个骄傲举动完全粉碎。眼望着本该属于自己的尊严被上帝窃走，因为力量的悬殊与理由的歉疚，被上帝窃走的人的尊严长期不能寻回。人一直在思考这样一个问题：当一物被某个所有者赐予，然后因为被赐予者的错误，导致这物被重新收回，此刻，重新去夺回这物是不是正当的？在宗教的语境下，答案显然是"不正当的"。然而，尊严从被赋予人的那一刻起，就已经被作为一种本能需要而内化到其心灵深处，失去尊严比失掉肢体令人更加不安和痛楚。因为，尊严是一种"越失去越在意的东西"，其拥有者在完全拥有时可能浑然无觉，然而一旦这个拥有物重新失去时人便开始意识到尊严是多么可贵之物。人失去尊严本身就是最没有尊严的事情，由此带来的侮辱与不安远大于失去其他所属物。

尊严的不安同时还来自同为尊严的所有者——人与人之间的相互消解。尊严自从被上帝收回之后，尽管人们并没有丧失掉对尊严感的重视，然而，一种我们可以称之为"尊严责任"的东西却根本消失了。人们只关心自己的尊严，从不关心自己对他人尊严保护的严肃责任。尊严的主体意识完全消解了尊严的义务身份，由于尊严的被冒犯会造成对自己活着的基础价值的怀疑，因此，人会奋起反抗，相互之间常常以最冒犯尊严的方式彼此攻击，这加剧了尊严的不安特质。在这种情况下，强大起来的人们为了维持自己的尊严同时消解一部分人的尊严和其他权利，制造出了现实等级和地位级差，让比自己地位低的人即使在其尊严被明显冒犯的情况下也不觉得被冒犯，反而可能被看成应尽的义务。如臣子对君王的下跪，奴隶对奴隶主的完全伺奉。在此，本来属于人的最平等的权利染上了不可褪去的阶层的特性，开始了种族、宗教、国别、出身、官位方面的差分对待。在此，"尊严"的概念被迷幻了，好似成了可有可无的、有人有、有人无的东西。

尊严本来是一种权利，人人共有，却在人类历史上被当作一种能力，或者品质的联结物。① 尊严本来与人的品德、能力、地位、所属空间等因素没有根本的关系，然而，从诞生之日起尊严就与这些人的所属方面染上了被迫的扭曲关系。并且由此生发出了繁多的问题，正如我们今天所看到的：尊严有相对性吗？尊严与尊严感是什么关系？尊严与高于周围人是不是一回事？尊严具有连带关系吗？（诸如一个人做了可耻的事情，其国家或者生活群组会连带失去尊严吗）尊严具有继承性吗？尊严是别人给予的还是自己给予的？美德与尊严以及尊严感有关系吗？有美德会不会加强尊严以及尊严感？美德会不会加强或者消弱他人的尊严或者尊严感？美德会为部分人带来尊严还是能为凡是与其交往的所有人都能带来尊严感？一个人的美德能为坏人带来尊严感吗？为坏人带来尊严是美德吗？财富、自由、正义与尊严有必然关系吗？尊严感是先验的还是预付的？

诸多的问题使我们直观地认识到对尊严的合理讨论的真正难度。我们需要重新返回西方思想史，对尊严发轫的谱系进行一次认真的梳理，希望由此找到一些启迪。

二 “窃回”的尊严：神性尊严与人性尊严的相互消解

如上所述，在《圣经》的语境中，尊严被上帝生成又被上帝收回，且收回了漫长的时间。这不只是一种有关信仰的假设，随着天主教会的壮大甚至政教合一体制的随后生成，上帝夺回人的尊严这一书面描述被教士真正从现实层面予以实施。宗教强大的心理攻势使得人们在中世纪的千年之中坚信自己就是罪人，一种对原罪信条的绝对相信使得人们给自己规定的任务只是赎罪，至于尊严，那不过是上帝的荣耀，而人只能听从于上帝

① 当尊严与人的“类品质”被连接在一起考虑时，人的尊严权力再一次被无限降低了，彭波那齐便质疑人类的天然高贵，并称“人类明显更接近于兽，同时距离纯粹精神更远，如果我们观察动物习性方面就不难发现这一事实”。（Cfr. Eugenio Garin, *Storia della filosofia italiana*, Einaudi 1966, p. 520）

的训诫，这样才可能在来世借着上帝的荣耀来蹭取一点尊严。信徒们的虔诚促使他们相信活着的人是不可能有尊严的，人如此渺小和鄙陋，不堪承受属于上帝的那份尊严与荣耀。在这种场景下，对尊严的向往被七宗罪之首的“骄傲”来替代，尊严成了一种人的罪，且罪不可赦。

然而，一种貌似于自然法的先天基因告诉人们，人是不能丢掉尊严的。丢掉尊严让人们无以过活，因为尊严感确实是人有别于其他物的显著的属性。除了上帝之外，人在宇宙中最高、最堪配尊严，这也是一个直觉的实在。这种让人比中性的物还卑微的宗教训诫让越来越强大起来的人们变得不再安分。

这种不安分的情绪直至积累到文艺复兴初期便不能再被有效抑制了，因为一个显著的事实是：人比前辈们强大了，人开始反思自己是否该继续继承前辈的罪，开始认真思考人被上帝重新取回已经赋予的尊严这件事是正当的吗？他们部分地已经给出了明确的答案：这是不正当的，人不能拱手相让自己的尊严。由此，人们开始了忤逆上帝的艰难历程。然而与此同时，人还没有强大到如此自信，在他们的潜意识中，人还是无力享有尊严的。这种矛盾的结局只能促使他们去上帝那里“窃回”尊严。尽管这种窃是战战兢兢的，然而已经足够过分，以至于分明是一种暗自的忤逆。

文艺复兴早期伟大的思想家们开始了向上帝窃取尊严的历程，其中以但丁和彼特拉克为主要代表。

被恩格斯评定为“中世纪最后一位诗人，同时也是新时代的第一位诗人”[①] 的但丁·阿利耶里（Dante Alighieri，1265—1321）不仅是一位伟大的叛逆者，而且还是一个心思细腻的叛逆者。言其伟大，是因为在他生活于其中的、宗教势力尚未完全式微的时代，如此早地承担起向上帝讨要尊严的人类事务。言其心思细腻，是因为靠着他富有影响力的作品以及暗藏其中的尊严呼吁话语向上帝正式讨要了人的尊严。这种方式隐匿但直接，在《新生》《神曲》等作品中都渗透着但丁这种独特的讨要模式。

在《神曲》中，但丁并没有直接表述他的意图，而是以一种对人

① 《马克思恩格斯选集》第一卷，人民出版社1972年版，第249页。

重新定义的方式，以及向传统神学话语对人的贬低的挑战的方式来讨要人类尊严的。

《神曲》中但丁首先对现实之人身上所具有的丰富性、具体性以及鲜活性给予了充分肯定，相应地，他也极力反对原有基督教神学体系强行施加给人的抽象的、片面的以及僵死的规定性。

在基督的伦理话语中，世界是二元的，是由神与人、现世与天堂、善与恶、信仰与异教这些二级结构构成的，其间泾渭分明，如不借助特定的神学沟通形式，这些二元元素会一直彼此分立、永无交集。在这种基督教神学世界观中，人都是被作为一个抽象的符号来对待的，人只是与神相对的、渺小的、堕落的、挣扎的以及等待被拯救的群像总称。在这种神学伦理观中，个别的人是从不被承认的，人的差异性自一开始就被视而不见。在这一过程中，人性、人的感性与理性一直遭遇着被鄙弃的不公命运。人的感性、欲望等被定性为肮脏的、沉重的、阻碍人通往天国的，因此人应该彻底遗弃感性、遗弃感情，服从信仰。不只是感性，人的理性在基督教的伦理认定中也常常被形容为“是不可靠的”，在相当长的时期内，人类的理性实际上被打入了感性的类别中，并最终与感性一起被划入低级范畴之内。总之，只有信仰，只有神的怜悯，只有悔罪才是人唯一的得救之途。

站在时代的转折点上，针对上述问题，但丁必须面对的第一个伦理学命题便是——人的尊严是否存在以及何以可能。

但丁这位原本虔诚的基督教徒第一次对基督教神学伦理观进行了忤逆的批判。他从原有的基督教世界中直接拿来“自由意志”这一武器，以便“以子之矛，攻子之盾”。

但丁反对将人进行抽象化的理解。他认为，“自由意志”由上帝亲手给了每一个人，拥有了自由意志，人便拥有了决定自己命运以及个性的自由，人从集体的、抽象的符号状态中分化出来，成了具有个性的、活生生的独立个体。[①] 自由意志是合法的，是为教父神学家以及经院哲

① 虽然但丁强调“沉思”的优先性，但他同样特别重视个体的现实实践性，并认为，人要想幸福，那么他既要沉思（神性），又要在现实中实际地生活，具有现实的个性特征。（Cfr. Italo Sciuto，*Etica e politica nel pensiero di Dante*，Università di Verona，2002，citato da http：//www2. units. it/etica/2002_ 2/indexsciuto. html）

学家所肯定的，那么，由自由意志推导出的人的个性、具体性，以及生命性的特征也是合法的。人依着自由意志决定自己的作为，正是这自由意志给了人“活着的尊严”，人的个性，感性与理性，包括背叛性都拥有合理合法的基础。他可以选择善，同样亦可以选择恶，[①] 他可以选择像他人一样生存，也同样有按照自己的特有方式活着的自由。他自己决定自己，虽然在名义上人的命运是由上帝决定的，但实际上人最终还是由自己决定自己。一个人如果不想让上帝惩罚，那么上帝即使想惩罚他都不具可能性，因为这个人可以虔诚、行善，按照上帝的戒律完成一生，如果这样，即使上帝当初想惩罚这人，在最后上帝依然会把他送入天国。因此，人所拥有的拜上帝所赐的自由意志的力量甚至大过它的赐予者本身的力量，人依凭这种力量完全可以获得人自身的尊严。

细读《神曲》，我们发现但丁对人所拥有的借着自由意志而来的个性的丰富性及具体性都给予了详细的论述，这么做的最终目的还是为个体的人的尊严寻求辩护。这种对人的个性以及尊严的辩护在《神曲》的以下细节中得到了集中的体现。

首先是但丁对世界的多级划分。但丁打破了原有的单一的二元世界结构，通过“炼狱”这一域界的加入，他将世界的基本结构最终设定为三级。经过缜密构思，他还将这三级结构各自细化为很多“子层”，每层又加设了诸多“断层”以及“囊”，这样便使得世界最终被分割为几十个“子结构”。在这几十层的结构中，住着罪性不同的、个性多样的不同灵魂。每个灵魂都具有独自的个性特征。通过这种方式，但丁把人以及人性的丰富多样直接呈现在了人们的面前。同时，笔者发现，《神曲》中对“我”游历地狱、“炼狱”以及天堂时采用的“对话”方式的描述是有着特定的隐喻意义的。“我”并非是以沉默的、心不在焉的以及毫无感情注入的方式游历三界的，“我”在每一层都会做停留，并且努力和该层的代表人物进行对话交流，倾听“他”的痛苦，了解“他”的过去与现在，而且被“我”所选出的对话人物大多都是历史以及神话中实存的，都是活生生的具有个性的人物。通过这种对话的方

① *Commedia di Dante Alighieri*, a cura di Giorgio Petrocchi, Mondadori, Milano 1966, ricitato-dall' edizione digitale della Letteratura italiana elinaudi, p. 222.

式，但丁希望将这些灵魂身上的个体性以及生命化的特征一一表现出来，这不啻为对传统的只关注全体、只注重抽象的人性的神学伦理观的直接忤逆。在这些描写中，我们看到即使是地狱中的人，他依然是有着鲜活个性以及复杂人性的个体，他们生前毕竟是凭借自己的自由意志走到了地狱的入口，我们进一步可以说，地狱中的人生前都是凭借着自己的自由意志，自己把自己判入了地狱，自己决定了自己。所以说，个体的不同的自由意志最终决定了个体的命运，人的尊严、人死后灵魂的尊严完全取决于人之自我对自我意志的使用方式。

在但丁的体系里，或者说在文艺复兴刚刚开始的历史时期中，人的尊严与上帝的尊严是不能协调共存的。其中一个的增强必然伴随着对另一个的否定。因此，但丁为了增强人的尊严，必须打击上帝的尊严。为了打击上帝的尊严，他必须在重要问题上推翻《圣经》以及修道院中“上帝的卫道士们”的定论，揭示出这些定论存在的问题。而这其中最能增强人的尊严的莫过于证明《圣经》对人的判罪方式的不合理，因为但丁明晰一个事实，那就是人类尊严的失去是因为人犯了上帝规定的不能犯的罪，为了重新要回尊严，他必须证明上帝对人的罪责的判定是不合理的。

由此，但丁开始了他的另一个反抗。按照原有的神学模式，人之所以渺小而没有尊严是因为人是“罪人”，这种罪包括原罪与本罪。也就是从祖先那里继承而来的七宗罪以及现实的人因为不良的自由意志的使用而犯下的独特的罪。正是由于自己犯下的罪，人才最终把自己置于没有尊严的尴尬处境。按照基督教神学的说法，现实的人之所以被惩罚是由于他们才犯下了不同的本罪，事实上，上帝已经给了他们自由意志，已经潜在地给了他们凭借自己的为善能力可以挣取属于他们的尊严的可能性，但正是由于不珍惜或者不当地使用了上帝给他们的自由意志，他们才犯下了各种罪，因此，犯罪的人们应该自食苦果，自己为自己的不当言行承担应有的责任。然而但丁似乎不同意这种神学伦理观的注定性，他敏感地发现了由其中的“自由意志”引出的问题。人类的祖先给了人自由意志，亚当和夏娃运用自由意志冒犯了上帝，从那时开始，人类不仅继承了祖先的原罪，还继承了已经刻有“罪性”的自由意志。

人只要活着，就必然运用这自由意志，就必然犯罪。[1]这便导出了以下结论：世人越珍视自己的尊严，就会越重视自身的自由意志，就越会尽量多地去使用自由意志，但使用越多，罪则越多。因为从一开始，他们使用的工具就是浸满毒液的。所以，结论是：越是过多地使用自己的自由意志，人便越没有自己的尊严。事实上，除了耶稣本人，所有现实的人都曾犯过罪。虽然都犯罪，但并不能由此推出人都是没有尊严的。另外，神学把神作为目的，人变为神的手段，在人那里本应该是符合人性的正常的东西（比如情欲）到了神学那里却拥有了罪性。人从一开始就预设了犯罪的悲剧性宿命。但丁显然不能完全同意这种给人定罪的方式。他甚至对身处地狱中的人都表示了同情。《神曲·地狱篇》第五首中，当诗人看到海伦（Elena）、狄多（Didone）、阿基里斯（Achille）这些因生前放纵情欲而死后被打入地狱的人挨受酷刑的场景时，怜悯之情顿时抓住诗人的心灵，令他伤心难忍，泪流如注，甚至昏倒在地不省人事。[2] 此外，但丁还对地狱 Limbo[3] 层的无辜受苦之人表示了极大的同情。

但丁反对传统神学按照“罪性”定罪的方式，依照这种标准，假如有人犯了“愤怒罪”而又不思悔改则必然被打入地狱。但丁转而用一种略显人性化的方式，即按照人犯罪的轻重，按照对他人的伤害程度给人定罪。在《神曲》中，同样是犯有“色”“食”“贪”“怒”之罪，有人被直接判入地狱遭受永刑，有人则可以通过“炼狱”的净化最终升入天国。在这里，但丁实际上以一种微妙的方式实现了神学伦理学向人学伦理学的转变。《神曲》的这种罪与罚的模式开始对人际间的伦理

---

① 依身份而论，《神曲》中地狱层及“炼狱”层的犯罪者上至政治领袖、宗教首脑，下至普通民众；从时空而论，既有过往的，又有当下仍在世的；有神话的，还有文学作品中的。罪种有几十种之多。总之，但丁要表达的意思是：世人，不论是谁，皆免不了堕落与犯罪。

② 详情请参考［意］但丁著《神曲·地狱篇》，黄文捷译，花城出版社 2000 年版，第 46 页。

③ “Limbo”这个词在意大利语中最初具有“边缘”“中间过渡地段”之意，在《神曲》中特指地狱的边缘，是基督降生前的好人以及未受洗的儿童的灵魂所居之所，这个词还有“焦躁不安的”“长吁短叹”等形容词词义，生活于此境的人们充满无辜的绝望和沉重的不堪。（Cfr. *Commedia di Dante Alighieri*, a cura di Giorgio Petrocchi, Mondadori, Milano 1966, ricitato dall' edizione digitale della Letteratura italiana elinaudi, p. 14）

关系给予充分的关注。最终决定一个人未来归宿的因素包含以下四点：人自身的品行（骄傲与谦虚等）、对他人的关系（伤害或有利、冷漠与热情等）、对他人的作用程度（如伤害或者爱惜程度）、信仰以及背叛上帝的程度。除了最后一点可完全归入神学范畴以外，其余三点皆与世俗伦理有关。通过这种方式，但丁忤逆了传统神学的定罪模式，[①] 并努力实现着向人学伦理学的迁移。但丁认为尘世之人必须互爱，因为他们同出于上帝的一体[②]。如果不爱他人或者爱得不恰当，就会招致罪孽。"炼狱"七层完全是以个体对他人的各种不恰当的"爱"为标准进行划分的：如爱别人不如爱自己是"骄"，爱别人不够是"懒"，爱把错误推给别人是"怒"，爱得太过是"贪"，爱人得到的却不爱别人为"妒"。"炼狱"篇中描写了普罗文扎诺曾经犯有触犯上帝的骄傲罪，而且不向上帝忏悔，按理应该被直接打入地狱，但他不顾自身安危，到暴君查理的牢狱中去解救其朋友的举动最终使得上帝赦免了他，为他打开了经过"炼狱"通向天堂的大门。[③] 可见，人际伦理，人间的友爱影响着上帝的判决。此外，还有一个细节也反映出但丁对人际伦理关系影响神人关系这方面的重视：一个人犯了罪，他的罪可以由朋友或者其他人代为祈祷并以此减轻或缩短来自地狱的惩罚。可见，人们之间的爱与关心也影响着神对人的最终判罚。[④] 即使一个人犯了《圣经》规定之罪，但如果他生前是有德的，对周围人的正当利益做出过贡献，那么他的惩罚便可减轻。同样，按照神学标准，很多神父本应直接升入天堂，但由于他们德性败坏，给民众带来了灾难与损失，但丁仍然将他们打入了地狱的底层部分。[⑤]

总之，但丁勇敢地反对了以往神学话语体系中对人的不公平定罪，

---

① 《路加福音》认为：凡有罪，皆受罚。《圣经》更关注的是你犯下了哪种上帝规定的罪，而不是你所犯之罪对周围人的伤害程度。根据这种教义，对邻人的爱是被提倡的，但如果邻人反叛上帝或者犯有罪行，就可以对其随意杀伤。十字军东征便是最好的说明。

② Cfr. Leonardo Sebastio, *Il contesto e la genesi del pensiero etico in Dante*, 2008.（Citato da http：//www. treccani. it/scuola/tesine/dante_ e_ la_ filosofia/sebastio. html）

③ ［意］但丁：《神曲·炼狱篇》，黄文捷译，花城出版社 2000 年版，第 131 页。

④ 同上书，第 134 页。

⑤ 如买卖圣职的教皇尼可洛三世和克莱门特五世。详见［意］但丁著《神曲·地狱篇》，黄文捷译，花城出版社 2000 年版，第 185 页。

认为人是鲜活的、个体的、伟大的，是应该获得救赎的，因此，人的尊严被上帝完全收回是一件让人从根本上感到“委屈”的事情，人应该重新享有尊严，因为人有享有尊严的理性资格。

然而，我们上面使用的一些“积极性”的语词并不能掩盖但丁作为尊严“盗窃者”的怯懦。或许在我们今天看来违背神意并不是一件大不了的事情，然而但丁生活的时代却完全不同，宗教裁判所的力量非但没有被削弱，反而正在加强。诸多教会的火炬时刻准备烧向忤逆上帝的尊严的讨要者。

勇敢的但丁身上由此承载了“偷盗者”的不安以及对自身行为的深切懊悔。不待上帝惩罚，自己已经对自己的“骄傲”行为进行了检讨。为了窃回人的尊严，他被迫降低了上帝的尊严。人的尊严增加一分，上帝的尊严就减少一分。人因抬高自己而侮辱了“伟大”的上帝，这在虔诚的但丁看来是多么的不明智。充满苦恼的但丁重新认定自己是一个肮脏的盗窃者，并在向上帝窃回人类尊严的同时立即证明上帝的尊严是人类不应该要回的。人的尊严可以被剥夺，因为在比较看来，人承受尊严的合法性远没有上帝配享尊严那样坚固。为此但丁在《神曲》中不惜笔墨重新证明了上帝是尊严的唯一配享者。

首先，尽管但丁一直强调应以人犯罪的轻重以及对他人的伤害程度作为重要依据对其进行定罪，但《神曲》大多数的篇章还是用《圣经》的道德规定来作为对人进行定罪的最终依据。从地狱到“炼狱”直至天堂，其罪与罚的模式依然是基督教神学的。基督教认为该从重处罚的，但丁一定会将之放入地狱的最下部分，反之，根据基督教伦理标准，虔诚信仰、专心行善的就会被但丁送入天堂。面对亚里士多德以及荷马这些他欣赏抑或同情的灵魂时，凭借自己的头脑与缜密构思以及那双握着羽毛笔的手，他仍然亲自将这些人打入了地狱。其实，从但丁的情感倾向上讲，被打入地狱的这些人，他们对人类智慧以及道德的提升贡献卓著，不仅不应该入住地狱，反而应该进到天堂去享受永乐。如果不从纯粹的人文角度，只是站在一个较为客观的其他角度讲，这些人也最多只是应该在“炼狱”中赎罪，哪怕是在“炼狱”最下面一层，哪怕遭受折磨的时间以及痛苦度再大再多。然而但丁并没有这样做，尽管非常痛苦，但他的情感倾向最终还是为宗教规范所压倒，亲自将这些人依着基督教神学[①]的标准判入永无翻身之日的地狱惨境。自此我们看到，但丁内心中刚刚燃起的微弱的忤逆之光最后完全妥协于神学的道德律。

另外，但丁即使想突出人的个性与独特生命的价值，在游历中尽量塑造与各层人物进行沟通的语境，以便彰显活生生的人的独特情感。但精读《神曲》我们就会发现一个细节，《神曲》中有诸多“催促”的描写，这些催促有的是由于时间紧迫，有的来自代表理性的维吉尔，还有的来自但丁自我迫切地向上攀登的个人化实现带来的急迫感。如《神曲·地狱篇》第五首中代表理性的维吉尔对“我”的责备：“为何你的心灵被如此纠缠，竟使你把步子放慢，他们在此絮絮叨叨，这与你又有什么相干?”[②]；第六首诗中“我”对老师说：“先生，让我们走得更快一些吧”，老师回答：“我们将趁着这个白昼往前行，竭尽我们现在之所能”[③]；第十二首，当“我”企图与负重的犯有骄傲罪的人进一步交流时，老师维吉尔再一次对我说：“离开他吧，走过去”[④]；第十三首：“由于心情急切，只用了很短的时间。一些精灵的谈话声阵阵传送到我们耳边，但是，我们对他们却视而不见”[⑤]；第二十一首，当斯塔提乌斯问询维吉尔的情况时，维吉尔“默不作声”，并递给我一个眼色，像在言道：“且不要说”[⑥]；面对维吉尔的告诫，“我”左右为难，因为“一方要我闭口不言，另一方则在恳求我启齿言谈，于是我发出一声慨叹”[⑦]。

我们无法准确估计《神曲》中大面积书写这些“催促”的真正目的，但是，或许这正好反映出但丁对单个人身上所拥有的个性价值的矛盾情结，虽然尽量创造个性化的对话场景，以此反映这些灵魂的鲜活个性，然而但丁最终仍然认定这些单个人不论如何独特，在神学的判定下

① 《帖撒罗尼迦后书1：8》：要报应那不认识神和那不听从我主耶稣福音的人。
② ［意］但丁：《神曲·地狱篇》，黄文捷译，花城出版社2000年版，第46页。
③ 同上书，第60页。
④ 同上书，第140页。
⑤ 同上书，第153页。
⑥ 同上书，第270页。
⑦ 同上书，第271页。

仍然只是犯了某种罪的符号，仍然只是这种罪人，专注于探讨其个性不是当务之急的最有价值之事。他同情这些人，但认为自我的净化，回到至高的尊严者——神的怀抱这件事更为重要，因此，“我”在游历三界的过程中总是行色匆匆。

实际上，不只是但丁，在另一位比他小几岁的同时代的比特拉克身上，我们同样看到了其“盗窃者”的身份属性。大量的资料清楚地表明彼特拉克是一个比但丁更加矛盾的人。其身上倾泻出的浓重的抑郁气息，被后人专称为“彼特拉克”式忧郁。而这种彼特拉克式的忧郁非常直接的导致因素便是他本人对人的尊严以及上帝尊严的“摇摆式推崇”。

作为一个伟大的诗人和思想家，彼特拉克从一开始就极其不甘心于“人在现世永无尊严”这一神学判定。我们看到，《秘密》[①] 一书和但丁的《神曲》的诸多情节一样，彼特拉克不停地抒发着人配享尊严这一厚重心声。彼特拉克的证明与但丁对人的尊严的证明理路既有相同之处又完全不同。但丁反复强调自由意志以及人的“无罪性”，而彼特拉克注重的则是人的丰富性以及人性的鲜活性，这是对但丁曾讨论过的“人的个性鲜活”方面的一种继承。彼特拉克认为，恰恰是人的丰富的鲜活性证明了人的伟大，人在宇宙中情感最丰富，其细腻的情绪是宇宙其他造物甚至是上帝都不具备的，丰富的人性恰恰是人配享尊严的最佳证据。

理性尚且不值得在上帝的神性面前炫耀，更何况是感性。这种感性具有悖论的先天特征，在证明人拥有与众不同的尊严的同时，仿佛已是一种“不值得为人道”的东西。[②] 而且，感性、人类的理性本身都对神性的沉思产生了强大的干扰，这导致人永久地远离了上帝，感性完全取代了继承的神性与理性，仅有的一点可怜的理性也因情欲的摇动而荡然无存。如此，不只是神性尊严与人性尊严相互消解的局面无从化解，甚至人自身的感性与理性也在相互对攻，由于最终不堪忍受的心灵冲突，

① 创作于 1343 年。

② 感性在当时被一些思想家理解为是“谨慎性”与“节制”原则的反面，而谨慎与善之间的等值关系也为其反复强调，“谨慎是有用性的一个精确性评价”，“一切都源于谨慎以及与节制相关的美德”。（Cfr. Eugenio Garin, *Storia della filosofia italiana*, Einaudi 1966, p. 293）

人类不得不重新面对上帝的惩罚，愤怒的上帝再一次消减了人的尊严，人的尊严经过两次消减之后已经荡然无存。

总之，在但丁与彼特拉克二人的体系中，尊严是被“窃回”的，神性尊严与人性尊严二者之间直接处于相互消解的地位，而且人性尊严往往在刚刚生长的阶段就被神性尊严扼杀殆尽，企图高扬人性尊严的举动最终皆以一种“神性尊严高扬人性尊严惨落”的结局遗憾收尾。

三　敷衍的尊严：人性尊严对神性尊严的单向回避

如上所述，处于文艺复兴开创期的但丁和彼特拉克，其作品始终摆脱不掉摇摆的特性，在神性尊严和人性尊严之间，在理想的层面他们只欲选择其一，却在现实面前又想二者并获。然而不利的局面却是：人性尊严和神性尊严在其体系中恰好是互为抵触的，尽管费尽心思，但两种尊严之间互相消解的悖局在文艺复兴初期却不能获得根本的解决。由此导致了一种统一性的结局，就是二人晚年的作品都具有了悲戚的“忏悔录”的样貌。这反映出当时的社会发展尚未达到一种能有效缓解两种尊严直接对立的程度和水平。

实际上，这种对人性尊严的肯定的不利局面直到 1404 年出生的意大利全才人物阿尔贝蒂·莱昂纳·巴蒂斯塔（Leone Battista Alberti）那里仍然没有得到根本的改善，人性尊严在这个历史时期仍然明显弱势于神性尊严，二者的力量仍不具有直接抗衡的可能性。人性尊严在遇到神性尊严那一刻立即会陷入土崩瓦解的悲剧性结局。

然而，在阿尔贝蒂那里，我们仍然可以看到时代前移的明显痕迹。这种前移的标志是：阿尔贝蒂以一种径直忽略掉神性尊严的方式直接进入到人性尊严的探讨层面。也就是说，阿尔贝蒂开辟了一条越过上帝而直接探讨人性的道路。[①] 他虽然也强调命运的先验性以及神学目的论，

① 阿尔贝蒂在论述“命运”的文章中曾宣称人应该绕过对上帝秘密（i segreti del Dio）的探索，要去关注当前之事（sotto i occhi）。（Cfr. Eugenio Garin, *L' umanesimo italiano: Filosofia e vita civile nel Rinascimento*, Editori Laterza 1993, p. 75）

然而他对此尽可能花费极少的笔墨。即使偶有探讨，也都是为其将要高扬的人的尊严做出必要的铺垫。

然而，在当时的历史境遇下，阿尔贝蒂这种绕路而走的方式从根本上说是难以通行的。因为当时关于人的任何方面都是借由上帝这一唯一的驿站才能最终言及的。整个人的类别便是一个小写的符号，上帝则是一个大写的符号，所以，定义人这一整体必然难以逾越"上帝驿站"。

不甘心的阿尔贝蒂在苦苦地寻找之后确定了一种方法，即通过人的实践理性与能力来定义人的尊严。阿尔贝蒂直接绕过原罪，直接通过人的能力来为人的尊严的合法性铺平道路。他从一开始就极力摆脱前辈先哲通过上帝来定义人的传统模式，对于人与上帝的关系极少做出正面探讨，转而直接探讨人，试图通过人本身的力量来获得合法性的尊严。这种力量包含实践理性与实际技能两个方面。

之所以对人的力量如此自信，这首先源于阿尔贝蒂本人就是一个天才式的全才。根据布哈特的记述：在体力上"他能跳过一个人"。实际上，历史到了15世纪，不只是阿尔贝蒂一个人的能力如此非凡，[①] 以达芬奇为代表的诸多其他人甚至更为突出。布克哈特曾断言：达芬奇和阿尔贝蒂相比，就像是完成者和创始者、专长的大师和业余爱好者相比一样，综合来看，达芬奇远胜于阿尔贝蒂[②]。

除了能力外，阿尔贝蒂还认为高贵的人凭借实践理性使自身明显高于其他物种，"动物完全靠本能支配，人难道也如此吗？人能依凭理性与智慧来避免耻辱和不光彩的事情。热爱美德的他们，在憎恶丑恶的同时最终赢得声誉和名望"[③]。阿尔贝蒂尤其重视"行动"的作用，认为单纯沉思而无行动不会导向任何意义，行动不仅对个人有益处，还有助

---

① 阿尔贝蒂从儿童时代起就在一切方面出人头地：他能并拢双脚跳过一个人的头顶；能够轻易驯服最难驯服的烈马；没有师从过专业的音乐教师，所作的曲子却得到专家们的一致称赞。他还是当时著名的建筑学家，并精通数学、物理学、法学、历史学、绘画以及其他各门类知识（详情请参阅雅各布·布克哈特《意大利文艺复兴时期的文化》，何新译，商务印书馆2010年版，第148页。）

② ［瑞士］雅各布·布克哈特《意大利文艺复兴时期的文化》，何新译，商务印书馆2010年，第150页。

③ Leon Battista Alberti, *De Familia*, a cura di Emilio Piccolo, Claccici Italiani, Napoli 2009, p. 77.

于其他人和整个人类。他还直接声称人是万物的主宰，众物所生的最终目的是服务于人类。人类正是靠自身的行动，而不是完全依凭上帝的助佑而赢取了其主宰者的地位。①

然而我们必须看到，阿尔贝蒂所采取的绕路而行来证明人的尊严合法性的方式只不过是一个巧妙的“敷衍”。在当时的历史情境下，这种绕路而行与我们后面提到的马基雅维利以及布鲁诺对上帝的直接绕过的区别还是十分显著的。后两者的历史条件已经成熟到通过这种“绕过”完全能够到达人性尊严的实际终点。而在阿尔贝蒂的时代，从上帝的身边经过而假装没看见的方式是比较荒唐的。另外当我们提到“尊严”这个概念时，通常是就其全体性来说的，即在一种理想的意义上，尊严属于全人类，每一个人类的成员都应该享有尊严。这种尊严对人来说具有一种先验的有效性。而阿尔贝蒂靠实践能力以及实践理性来为人的尊严论证的同时不得不面对其体系中的这一根本性缺失，即实践理性只为部分人所有，② 而这和全体人都享有尊严的理想结果是根本矛盾的。事实上，阿尔贝蒂本人的意思也是如此，即他只肯定部分高贵的理性者配享尊严，而之外的其他人则都应该直接被赶出尊严的殿堂之外。阿尔贝蒂不得不承认一个事实，即使在他本人所在的那个人才辈出的时代，具备很高的实践理性水平的人也只是少数，在与万物比拼中众多人还不能起到拉高整个人类水平的作用，人类整体的“尊严”能力因此而受到质疑。

然而这是作为一个极有担当情结的阿尔贝蒂所非常不愿意看到的消极局面。③ 作为一个出色的人，他必须极力为所有人代言。无奈之下，

① Cfr. Giovanni Reale/Dario Antiseri, *La filosofia nel suo sviluppo storico*, Vol. 2, Editrice la Sguola, p. 23.

② 阿尔贝蒂承认人在德性表现中蕴藏巨大差异，他在书中不断教导一种高贵而恰当的举止，正如他在艺术上反复强调秩序和比例一样。（Cfr. Giovanni Reale/Dario Antiseri, *La filosofia nel suo sviluppo storico*, Vol. 2, Editrice la Sguola, p. 23）

③ 他一生在与人的周旋中始终带有深厚的同情。阿尔贝蒂不只是将慈祥的老人当作自然界赏心悦目之作来尊敬并且百看不厌，甚至看到参天大树和波浪起伏的麦田就为之感动得落泪。他对形体完美的动物发生好感，认为它们特别受到自然的恩宠。当他有病时，不止一次因为看到了美丽的自然景色而快速痊愈。（请参阅雅各布·布克哈特《意大利文艺复兴时期的文化》，何新译，商务印书馆2010年版，第150页）

阿尔贝蒂只突出强调了全体人都有赢取尊严的潜力，即通过完美的社会、家庭教育，让每一个人都具备实践理性以及出色的能力，这样，人类全体因“尊严能力”的提高就配享尊严了。阿尔贝蒂的初衷是好的，其方法对我们今天的教育实践仍然极具参考价值。然而，阿尔贝蒂却亲眼看到了他那个时代的人的诸多道德败坏的情景，看到了只有极少数人具备真正的实践理性，大部分人不仅没有比中世纪变得更好反而变得更恶这一明显的社会现象。阿尔贝蒂企图通过世俗理性的培育来让全体人过上尊严的生活的企图在当时是不能达成的。

阿尔贝蒂对尊严的证明较之但丁而言实际上是一个倒退，是一条“被迫的歧途”。因为对人的尊严的证明必须从“人是什么”这条道路来入手，从“人性”“人从哪里来”以及“人在宇宙中的地位来”证明，也就是从全体人本身皆有的人性来证明人为什么配享尊严。从这个角度来说，但丁的证明是对的，但丁强大到直接面对神界，从人性、自由意志的角度证明人的尊严。虽然为人类“窃取尊严”的理路常常让但丁感到理屈词穷，甚至为自己对上帝的“出言不逊”感到悔恨，然而但丁对人类尊严的证明理路却是高于其后的阿尔贝蒂的。同样，彼特拉克对人的现实鲜活的感性实在的论证也是针对全体人的，彼特拉克丝毫不否定所有的人身上都具备丰富的人性，恰恰是这种人性的丰富性证明人高于万物。毕竟这种丰富性，包括感性，同属于每个人，因此，从单纯的尊严证明的理路比较来说，阿尔贝蒂较之彼特拉克同样是倒退的，因为他面对的是部分人以及部分人的实践理性，而尊严是不能通过部分的实践理性的合法性敲定而被证明的。有益的东西在特定的时代不一定是正确的，阿尔贝蒂的这种绕路的方式虽然有助于人的进步，然而对证明人堪配尊严这种人性的特质是起不到根本作用的。

四　合谋的尊严：人性尊严与神性尊严的相互加强

较之阿尔贝蒂，接下来的几位人文主义思想家几乎在完美的意义上证明了人的尊严的合法性。这种完美的证明方法源于他们都正确地意识到了两个事实：一是在当时的语境下，上帝是绕不过去的；二是对人的尊严的合法性的证明一定要面对全体人，而不只是一部分具有完美实践理性的突出者。

对这一问题首先做出比较完满回答的是著名的人文主义思想家马尔西利奥·费奇诺（Ficino Marsilio，1433—1499），费奇诺在意大利最早翻译和注释了柏拉图的主要著作，他的思想便直接表现在他对柏拉图作品的注释中，他将自己的所有注释结集出版，并将之命名为《柏拉图神学》，该书在当时的意大利乃至整个欧洲都影响极大。

费奇诺首先公开地对“人”这一上帝最杰出的造物进行了赞扬。他将宇宙分为上帝、天使、灵魂、性质以及物质五层。这些层次间的事物分别都是固定的，其位置也是不能随意更改的。代表人的灵魂仅居第三位，仅高于最低的物质以及抽象的性质，而且难以向上跃升，自此，我们难免为费奇诺对人的尊严的合法性辩护担心。然而，费奇诺却没有就此止步。他接下来认为这五层间的事物不是孤立存在的，在现实的形式上，它们是通过“爱之灵魂”这一中介物彼此连接、相互沟通的。人所具有的灵魂是宇宙的中心，虽然人在宇宙中不处于最高等级，但人却处于中心地位。万物，包括上帝，是通过人的灵魂这一中介而共在于世的。“当灵魂思考并爱一个对象时，就和这个对象统一起来，对它发生作用。由此，灵魂成为连接整个理智世界和物质世界，连接整个宇宙的纽带，成为整个宇宙的中心。”①

这里我们似乎看到了费奇诺对传统神学世界观的忤逆。上帝虽然是最高的，但人却是最重要的。没有人，世界将会自行陷入散乱与瘫痪，因为“宇宙必然是一个动力系统，由一种能动的力量和亲和力把他的各部分以及各等级联系在一起，而灵魂便是这种力量与亲和力”②。费奇诺继而高度肯定了人之灵魂的伟大与神奇，他说：“灵魂是自然界中最伟大的奇迹，它是万事万物的中项，它把万事万物结合在一起，它拥有全部的力量。”③

费奇诺由此高扬了灵魂的伟大，强调如若没有伟大的灵魂，万物的运转将不会如此流畅。根据常理，这种高亢的关于灵魂的赞歌注定会让

---

① 张志伟：《西方哲学史》，中国人民大学出版社 2002 年版，第 304 页。

② ［美］保罗·奥斯卡·克利斯特勒：《意大利文艺复兴时期八个哲学家》，姚鹏译，上海译文出版社 1987 年版，第 53 页。

③ 同上。

上帝的光辉暗淡，过高地歌颂灵魂的同时，上帝的尊严必然会遭到无形的贬低。因为这从根本上说是对《圣经》话语中关于“人是世袭罪人”的提法的一种公然忤逆。上帝和佛不同，尽管上帝这一最高实体是理性难以思忖的，然而在《圣经》的描述中，上帝与东方的佛的一个明显的不同就是：上帝是一个“忌妒者”。他不能容忍除他之外的任何造物获得与他相近的尊严与荣耀。然而，文艺复兴之所以如此重要，就是因为到了那个历史时期，尤其是费奇诺的时代，人的力量已经崛起，人第一次获得了现实意义上的自信，“骄傲”起来了的“人”如果再一味地自称鄙薄便是一种让每一个人都难以忍受的最大虚伪。费奇诺不甘心于将刚刚高扬起来的人突然摔至地面，然而上帝的至高荣耀又不容僭越，至此，费奇诺只好在“灵魂”这一概念上做出诠释学的解释，以期让人性尊严与神性尊严在灵魂的高扬中同获双赢。

事实上，我们替费奇诺所做的诸多担忧自始至终就是不必要的。因为费奇诺靠着精密的体系自一开始就有效地兼容了神性尊严与人性尊严，并将二者同时推到至高的位置。不再如但丁及彼特拉克时代神性尊严与人性尊严处于相互削弱的态势，坚持其一必然有损另外，因此最终只能靠“忏悔”的形式重新将“窃回”的人的尊严全部交还于上帝，甘心成为懊悔的罪人。事实上，费奇诺所遇到的困难一点都不比但丁和彼特拉克少，甚至可以说更大。因为但丁与彼特拉克的时代，虽然人的尊严开始受到重视，然而还只是处于萌芽阶段，与上帝的尊严和权威相比，还非常弱小。因此，当论证难以走下去的时候，舍弃人的尊严，同时高扬上帝的尊严就可以了，因为人的尊严在那个时候仍然是个甚至连高扬者本人都难以确定其合法性的东西，人的尊严在开始时期尚且只是个模糊的不成熟之物，远没有费奇诺时代那样成熟与清晰。到了费奇诺的时代，人的尊严无比重要，神的尊严也没有从根本上消除，尽管我们认为文艺复兴是神学全面解构的历史阶段，然而那是更后来的事情，费奇诺所面对的问题仍然是，神性尊严与人性尊严哪一个都不能被削弱，只能全部加强，这对费奇诺本人的体系不得不说是个严峻的考验。

然而费奇诺从其体系的一开始就有效地避免了这一问题，而不是有效地解决了这一问题。其途径并非开始将神性尊严与人性尊严先对立起来，然后再寻求有效的解决之途，而是从一开始就以一种“合谋”的方式，让二者在共赢中合作成长。

费奇诺的“合谋”是以“灵魂”这个中心概念为抓手的。“灵魂”这个概念的优势不仅在于其难以言说的无定性，而且还在于它与人、与上帝的天然连接性。直到今天，问到灵魂是什么，依然无人能给出说服人的确切定义。灵魂最不可触及、最神秘无着，但有人提及“灵魂”概念时，即使是最坚定的唯物主义者，也无法从学理上给予有效的否定。即从消极的意义上说，灵魂是无法否定的可能的不存在物。灵魂因为不占有空间，因此似乎可以附着于任何物上，所以具有自由的特性。此外，费奇诺还继承了柏拉图主义关于灵魂“高洁”的说法。灵魂本身就是宇宙中最高贵之物，它丝毫没有凡俗与物质的鄙陋。高洁的灵魂到达哪里，哪里之物就会无比高贵。而灵魂天然地便与人和上帝联系着。谈到灵魂，我们必然首先想到人的灵魂。在《柏拉图神学》中我们会频繁地看到费奇诺关于灵魂与人的天然联结的表述：“我们应当更好地认识我们头脑中的灵性”[①]；“神的圣光只有在人的头脑搜求它的时候才会照出”[②]；“当其神圣的光与热照燃心之火炬的时候，对上帝虔诚的信仰才开始从人那里生出”[③]。这里的“人的头脑” “心之火炬”“人”以及“我们的头脑”这些词语的使用让我们看到了灵魂与肉身的结合为一，甚或可以说灵魂从属于“人”这一整体。由此得知，该语境中的“灵魂”和奥古斯丁的抽象的“灵魂实体”这一概念有着显著区别。在极端的时候费奇诺甚至将“灵魂”与“人”作为等同概念来替换使用，我们经常能够看到他类似的表达：“只有那些既达完善又不甚完善，既渴慕天堂又眷恋尘世的人才能链接天上与地下，也只有人才能将各种事物统一为卓越的一元性。”[④]在此，原本的“灵魂”概念被“人”直接替代，“灵魂”与“人”成了同指概念。灵魂的高贵直接可以由人的高贵予以替代。灵魂是万物的中项，人也自然是万物的中项。人的尊严由此被正式地树立了起来。

---

① Eugenio Garin, *L' umanesimo italiano*: *Filosofia e vita civile nel Rinascimento*, Editori Laterza 1993, p. 108.

② Ibid.

③ Ibid., p. 111.

④ Ibid., p. 116.

然而在费奇诺的体系里，灵魂显然不只是与人联结，更与上帝有着原始的联结，甚至可以说，最高的理智灵魂就是上帝本身。最高的灵魂就是爱，上帝也是爱本身。上帝代表最高的智慧，最高的智慧也就是理智灵魂。所以，上帝与最高的理智灵魂可以被当作同一个事物来理解。如此，可以说灵魂是人，也可以说上帝即灵魂，由此，便可以得出“最理性的人即为上帝”的结论。这种解析既抬高了人，也加固了上帝的尊严，使二者自一开始就处于一种和谐共生的状态。

然而，我们看到，费奇诺对人的卓越性的描述只是一种对于人之理想状态的模拟，人虽然如此重要，但是其重要也只不过是在其自身的灵魂达到绝对理智的阶段时才能取得。但费奇诺略有悲观地看到，由于感性欲望的随时干扰，人并非时时刻刻都与理智灵魂处于一起，为此，费奇诺还经常不惜笔墨对人的堕落状态进行反复抨击。

相对于费奇诺来说，乔万尼·皮科（Giovanni Pico della Mirandola，1463—1494）则对人的尊严与崇高更加怀有信心，并在其体系中更好地解决了神性尊严与人性尊严互相冲突的问题，正是出于此，很多人将皮科称为人类的“尊严之父”，这是根据十足的。

皮科最有名的著作是《论人的尊严》，这本书被后人称为“文艺复兴的宣言”，该书虽然篇幅不长，但对于近代精神的开启以及人的尊严的现实提升异常重要。

在其书中，皮科认为人是有至高尊严的，一方面，人的尊严来自他是上帝最特殊的创造物，人之造成归缘于上帝的需要。从《圣经·诗篇》的相关描述中皮科解释性地引出了他的结论：“至高的上帝凭借神秘的法则建造了这个神圣庄严的宇宙世界，他借着智慧让太空之上的精神体充满永恒的生命，并使各种普通的生命体分布于易腐易变的‘低贱世界’。然而，当作品完工后，上帝觉得还欠缺一事，那就是他需要alcuno（某种造物）来爱他的建造物的美丽，赞叹它们的宏伟与不可思议，以及思考这个杰作其中蕴含的至高原理。于是，上帝开始考虑造人，以便让人来欣赏他的杰作。”①由此可见，“人”这一造物的生成最

① Giovanni Pico della Mirandola, *De Hominis Dignitate*, Testo, Traduzione e Note a cura di Bruno Cicognani, Le Monnier, Firenze 1943, p. 5.

初是缘于上帝关注其自身的需要。人被动而先验地诱发了上帝的意欲。这里的意义之所以非同寻常，在于：从原初意义上说，上帝不需要任何事物，他不需要自爱，上帝自身完满，不需要让自己被证明，不需要从他之外寻一旁物来验证自身之伟力。在皮科的叙述里我们看到，恰恰是不需要任何事物的上帝却需要人类，恰恰是人，将上帝的不需要变为了需要，人改变了上帝的意欲，人证明了却同时又搅动了上帝的完满。上帝必须完工，他的杰作不能在最后一步存有瑕疵，因为一旦有瑕疵就证明上帝这一造物主是不完满的，为了完满，他必须完成对世界的创造，必须创造人，但人一经创造出来，便证明了上帝的不完满。因为，在此上帝有了必然性的需要，人则恰恰是上帝的需要。人引来了上帝的意欲，人可以撼动原本不可撼动的至高神，人的伟大与尊严自此被完全凸显。

另外，除了人诱发了上帝的意欲外，人之所以与众不同，还在于人考验了上帝的智慧。因为人造成了上帝的“为难”，而上帝本来不应该会为难的。

上帝按捺不住自爱的意欲不由自主地想要创造“人”来欣赏自己的伟大，“但这时他已经没有了借以塑造人这一新物种的原始模型，他的宝库中也没有什么资源让他的新子获赠。加之那时所有可能空间皆被充满，万物已被分配到最高、中间、最低的每一层级中，再也没有了人这一上帝将造之物的安置地”①。

在这种现实的困境中，似乎已经再难寻找到解决的途径了。上帝的智慧第一次被他的造物反向进行了考验，他必须找到解决的途径，从不可能中找到可能，以便安置这一他爱欲却又难以安置的造物。理论上，上帝是全能的，正因为全能，他使宇宙“到处皆被充满”，全智的上帝也应该提前留出一个位置给最后欣赏自己伟大心思的“人”。但他并没有，所以，人又一次否定了上帝的完满性，证明了上帝的疏漏，从最关键一环否定了上帝的全智以及预知能力。从皮科的论述中，我们看到了人的地位如此之高，高到能扰动不可扰动的、能考验不可考验的全知全

---

① Giovanni Pico della Mirandola, *De Hominis Dignitate* , Testo, Traduzione e Note a cura di Bruno Cicognani, Le Monnier, Firenze 1943, p. 7.

能的上帝。

人的伟大与特殊之处还在于人的忤逆恰恰与上帝的意愿构成了和谐，在此，最严重的忤逆及最深重的罪恶丧失了罪的原指属性。在基督教的神学伦理体系中，骄傲是七宗罪之首，忤逆上帝则是人最严重的骄傲，是罪之原罪。亚当和夏娃正是因为骄傲而忤逆了上帝，因此人类所有的后代都成了罪人。在基督教的神学话语中，其他的罪恶都只具有个体性，没有牵连性与引申性。个体犯了诸如忌妒，饕餮等罪，个体来承担相应的罪过，惩罚不会殃及自身之外的亲人或邻人。但骄傲这种罪却除外，对上帝的骄傲的集中表现就是忤逆上帝的命令。亚当、夏娃被逐，埃及法老遭受的“十灾”，索多玛与蛾摩拉的大火，皆是由于某些人骄傲且肆无忌惮地忤逆了上帝所致。

但在皮科的体系中，我们看到了人对上帝的忤逆和挑衅，他挑衅了上帝的全能，但这挑衅并不构成忤逆的意义，因为这是上帝愿意承受的忤逆，愿意看到的属于这一特殊造物的骄傲。

最重的罪恶都被原谅，这是何等特殊的造物？这种造物有何高贵的属性？

在造人之前，上帝实际上是对人有要求的，是有规定和束缚的，上帝造人是为了让人这一造物思考上帝自身的伟大，这就是人存在的全部意义。从这个意义上说，人是为了上帝的，人自身已经被规定得很严苛，上帝花费如此大的心思去制造人，人理应是受上帝控制的，人自身并无意义，人的意义理应只是被落实于思考上帝之伟大这件事情上。但在具体的创造过程中上帝又一次在违背自己意愿的情况下肯定了自己的意愿。

上帝对人做出了如下安排。

“他把人这种未定的造物置于世界之中但却不赋予他特定的位置，并使‘人’成为tipo indefinite（未经规定之物），人可以根据自己的欲求和判断选择自己认为合适的位置、形貌以及禀赋。”①

上帝在规定人的同时人却并未得到任何规定。人遵从了上帝的规

① Giovanni Pico della Mirandola, *De Hominis Dignitate*, Testo, Traduzione e Note a cura di Bruno Cicognani, Le Monnier, Firenze 1943, p. 7.

定，同时也逃脱了上帝的规定。上帝把人完全交给了人的“自由意志”，人变成了自己的塑形者，人可以选择堕落为更低等的野兽和植物，也可以将自己提升到神圣之列。人可升、可降，无固定的性质和形象，人可以被称为“众生”或“万物”，因为他可以把自己的外表塑造转变为众生的外形，人没有任何天生的形象，但有很多从外部获得的形象。人这个生灵有形形色色、各种各样、变化多端的性质。①

皮科认为，人的尊严的获得不仅由于人可以以一种和谐的方式公开地忤逆上帝，从而运用自由意志自己掌握自己的命运。人之所以是伟大的还在于他自身掌握着两种“赎罪的技艺”，这两种技艺分别是“理性辩证法”以及“道德哲学”。人要想在现实中沿着天梯不断飞升，直到最后与天使平起平坐，首先要做的就是要借助道德哲学来纯洁自身，而纯洁自身首先在于抑制过度的感官欲望。皮科把感官的欲望比喻为踏在通往上帝之梯之上的 il piede dell’anima（灵魂之脚），它使得人沉溺于奢华与挥霍中而不能停止。而易怒易暴的部分则被称为 il mano dell’anima（灵魂之手），它残暴好斗，在光天化日之下与人争抢不止，其行为形如强盗。这些“手”和“脚”就是身体的全部感官部分，有一种将灵魂回拽，而从上帝之梯上被拉下的现实。②然而人可以凭借其掌握的道德哲学甩弃过度的欲望，就像修剪指甲一样切除躁动的愤怒和仇恨的锋刺；③凭借道德哲学，凭借对上帝的炙热之爱，人可以无限接近上帝，并在此过程中无限提升自己的尊严。与此同时，皮科特别重视理性辩证法对人的特殊作用，他反对中世纪前期那种对上帝的盲目信仰与爱，仿照托马斯·阿奎那的做法，皮科高度强调理性判断的作用，他发出“人怎么能爱他不知道的事物呢”④这样的疑问。他提出“我们不要因为懒惰与无知而丧失理性借以度量、判断和考察万物的能力，相反

① Si vede Giovanni Pico della Mirandola, *De Hominis Dignitate*, Testo, Traduzione e Note a cura di Bruno Cicognani, Le Monnier, Firenze 1943, pp. 11 – 12.

② Giovanni Pico della Mirandola, *De Hominis Dignitate*, Testo, Traduzione e Note a cura di Bruno Cicognani, Le Monnier, Firenze 1943, p. 21.

③ Ibid., p. 39.

④ Ibid., p. 17.

的，我们要凭借标准的辩证法的训练不断开掘并保持这种理性能力”①。

理性以及道德追求促使人成为了至高的存在。皮科说：“不是茎皮而是感知全无的性质造就了植物，不是毛皮而是只有感知但理智贫乏的性质造就了野兽……假若你看到的人每天只是口腹之欲的追求者，你看到的不是人，而是植物，倘若你看到人只为自己的感觉驱制，被脱离实质的假象所蒙蔽，你看到的不是人，而是野兽。”②因此，道德和理性缺一不可，个人需要借助两者的合力才能飞升到宇宙的最高等级序列。

借此，皮科便以一种特殊的方式将人置于至高的、拥有足够尊严的位置。在《论人的尊严》这部被称为“文艺复兴宣言”的书中，皮科对人这一存在进行了无以复加的赞扬：人是宇宙中最奇迹的存在，在世界这个舞台上，没有什么比人更值得赞叹了，人是一个伟大的奇迹，人是世界的赞歌，堪配所有的赞叹，甚至让星体和世界之上的所有心智都羡慕。

五　神秘的尊严：可能的人与必然的尊严

从但丁一直到马基雅维利时代，人的尊严的合法性被诸流派的思想家不断论证和高扬，人也获得了越来越高的实际地位。尤其是到了皮科时代，人性尊严与神性尊严被以一种贴切的方式完美地整合在了一起，人的尊严获得了神学以及人学理论的双重支持，其成果让后人瞩目。然而若我们仔细分析便会发现，直到费奇诺和皮科的时代，尽管人的尊严问题逐渐被重视起来，然而此刻的人的尊严还只是处于对神的依附这个层面上。哲学家们在论证人的伟大的同时，总是规避不开神，总是通过论证人如何分有神性故而伟大。经由这种以神为中介的论证理路得出来的结论尽管貌似是人的伟大，实际上还只不过是“神的人”的伟大。

然而历史到了马基雅维利所在的16世纪，由于人的力量的进一步增长，这种言及人的尊严而首先必称神的伟大的论证方式越来越不再为

① Giovanni Pico della Mirandola, *De Hominis Dignitate* , Testo, Traduzione e Note a cura di Bruno Cicognani, Le Monnier, Firenze 1943, p. 39.

② Ibid. , p. 11.

当时的思想家所认同。他们纷纷寻求一种通过人自身来证明其尊严的方式。而马基雅维利在这方面首开先河，以一种全新的理路证明了人的尊严。

实际上，在谈这个问题之前，我们必须看到马基雅维利要对人的尊严进行证明所面对的巨大困难。事实上，如上所述，在文艺复兴的历史上，对人的尊严的证明总体上呈现一条越发困难的渐变线，彼特拉克相对于但丁而言更困难，因为他比但丁更世俗。阿尔贝蒂比彼特拉克更困难，因为他想绕过神并通过部分来证明全体。费奇诺相较于阿尔贝蒂更困难，因为他们生活的时代较之阿尔贝蒂时代的人对自身尊严的要求更高，“不妥协”的心理更大。而马基雅维利相对于他之前的所有人而言，其面对的困难更大，因为马基雅维利的手里似乎没有任何东西可用，更难以形成富有说服力的证明。

事实上，前面几位思想家相较于马基雅维利的优势在于他们都是在一个“神性善”与“人性善”的层面上，通过人的良善道德或者超凡技能来证明人拥有类似神的善与能力来证明人的尊严与卓越的。即使在但丁和彼特拉克那里，现世的人可能是卑鄙渺小的，然而，两位思想家都同时认为人有“善根”，如果引导正确，都有向上飞扬最终入驻天堂的可能。可见，在他们的时代，一种理想主义的情结还尚在。然而马基雅维利面对的意大利社会却是从观念到现实的完全败裂。

首先，人们不再绝对相信神是至善、至真与至美的合一体。尤其是命运之神，马基雅维利每一部著作中都有诸多篇幅来抱怨命运之神的残酷、忌妒与喜怒无常。

既然神并非至善，甚至极其邪恶，那么，马基雅维利之前的关于神至善，人模仿好神就会获得尊严的证明道路显然就此彻底堵死了。人如果再模仿上帝，极有可能会变为更坏的人。

既然第一条路被堵死，那么，马基雅维利就被迫从人自身找到突破口，来证明人的尊严。然而，这里的问题是，如阿尔贝蒂一样，要想通过人自身来证明其尊严，就必须从人身上所附着的积极的品质来证明，如实践理性或者高超技艺。然而，马基雅维利却并未从此出发，艰难的个人生活历程以及意大利破碎的现实让马基雅维利对人的积极德性早已不存希望，他对人的善良意志不抱有任何的积极想象。他认为即使是表面上最善的人，其骨子里也埋藏着忘恩负义的种子。

既然“与神性的比照”以及“人性高扬”这两条道路都被堵死了，那么马基雅维利该从什么角度证明人的尊严呢？难道要从人性恶来证明吗？很多的马基雅维利研究者坚称马基雅维利是个彻底的“性恶论者”。依照这种推测，马基雅维利要么放弃对人的尊严的重视，要么就只能被迫从“人恶，故人有尊严”的理路进行证明。这种证明是通过以下逻辑进行的：人恶，上帝善，人与上帝不同，但一个与上帝不同的造物可以取得如此辉煌的高于其他造物的成就，因此人是有尊严的。事实上，我们不会花费很多力气就可以对此轻易进行反驳。因为上面已经引用过马基雅维利本人的文字证明了在马基雅维利的观念里，神并非是善的，甚至偏向于恶的，如此说来，恶的人类并非是对上帝的背叛，反而是对上帝之恶的继承。一个恶的“类”对恶的上帝的继承，这有什么尊严可谈？另外，通读马基雅维利的几部作品我们不难发现，马基雅维利并不是一个极端的道德恶的提倡者与论证者，即使在《君主论》这部看似很“恶毒”的作品中他也多处公然提到善的重要性，并对历史上的仁人志士进行了高度的褒扬。

然而，透过马基雅维利频繁的贬低人的文字我们可以得出他是一个蔑视“人的尊严”的结论的政治家吗？显然不能，因为，从马基雅维利的作品中，我们还可以看到他对人的赞扬与期待。甚至认为人可以揪住命运的头发，可以创造历史，可以实现奇迹，可以长久载入史册被后人所纪念。

既然已经没有了道路，那么马基雅维利是怎样证明人的尊严的呢？事实上，马基雅维利的巧妙恰恰在于他能够“以无代有”，在不可能的道路上走出了最大的可能。恰恰是在一种“无”的道路上，人的尊严在马基雅维利的笔下被有力地肯定了。

在马基雅维利前辈关于尊严的证明中，人都是作为一种固定物被看待的，而神是无形，神性是无法捕捉的。他们因此拿固化的人去比较高深莫测的神。尽管人的尊严在他们笔下被有效提升了，然而，被提升的只不过是固定的、单一的人。马基雅维利对现代的贡献则在于，他将人看作多元的、无可规定的类。人的伟大恰恰在于人是不能被规定的。根据他的意思，我们经常说有的人善，有的人恶，善人有时恶，恶人有时善，然而事实上没有永恒的人性与一成不变的人。靠单纯的善恶来证明人的尊严的有无是不完善的。马基雅维利在近代意义上较早地摆脱了对人的这种固定性的偏见，将人放在多元的、可能性的基础上来证明人的尊严与卓越。

这样，马基雅维利就不像其前辈学者那样拿固定的人和至善的神去比对，从而确定人的尊严，而是从人自身的可能性来证明人的尊严。在其作品中，至上神基本上是被马基雅维利所忽略的，他极少大篇幅地谈论上帝，也从不谈人对上帝和天国的应然向往。相反，他倒是乐于将上帝看作固定的，只是一种飘忽不定的命运，这种飘忽不定恰恰是上帝属性的固定化和唯一化，上帝只是飘忽不定，没有其他属性。相反，人却是现实的，既感性又理性的，既善又可能恶的，是一种非固定的可能存在物。如此，变化无端的人不但不再去忖度和模仿有限的上帝，反而上帝必须来忖度和模仿人。因为，单一总是多元的不完善阶段。

我们在《君主论》以及马氏全部的著作中都能看到他对这种“变型人”的高度赞扬，有人将马基雅维利归结为阴谋家和结果主义者，事实上，这些都不能很好地理解马基雅维利。马氏自始至终推崇的都是人的无限性、无可规定性。他认为，当人摆脱道德以及传统窠臼的一切束缚之后，就能创造现实的一切奇迹。而人的尊严就恰恰在于他是宇宙中唯一的“无规定者”。

事实上，在这里我们用“无规定者”比“变型者”更为恰当。上文已经提到皮科对人的“变型者”的强调，并以此证明人可以随意在宇宙中升降，从而认为人是宇宙中最辉煌的造物。而马基雅维利走得更远，他用“无规定者”来取代皮科的“变型者”，因为皮科毕竟是在宗教的立场下讨论人，人即使再变型，再升降，也逃不出宗教的规定性，也只是上帝计划中的变型，最多只能飞升到上帝的脚下。而马基雅维利则第一个跳出神学的框架来谈人的无限性，他避开了上帝，按照这种推理，一个无限的人如果能有效运用好自身的无规定性，他就可能让上帝站在自己的脚下。

马基雅维利关于人的尊严的学说具有重要的进步意义。然而，我们仍然看到了一种危险，就是马基雅维利还是架设了一个使人毫无尊严的可能陷阱。无规定性是人的尊严的有力证明，然而，这也预设了人可以堕落到一文不值的危险可能。

六　未来的尊严：关于理想尊严的当下钩织

更晚一些的布鲁诺则对马基雅维利的学说进行了扬弃。然而我们却看到了布鲁诺体系中的一种更加危险的退格倾向。首先他认为宇宙没有中心，[①] 这看似为人的主体性与独立性的成立提供了本体论与宇宙论上的原初根据，因为既然世界不再是受世界之外的上帝的推动与操控，既然万物从本质上说都是宇宙灵魂的分有者，包括宇宙灵魂自身也不过是自身灵魂的分有者，与其他物在本质构成上并无二致，因此人的地位并不卑贱、人的肉身也并非罪恶，人也并非是受审者与赎罪者。然而接下来更严重的困难却来了——既然没有中心，那么人同样就不是宇宙的中心，[②] 那么，人如何高于万物，人的尊严何在？“齐同于物”难道可以为人带来尊严吗？这在中国哲学的范畴中是被允许的，甚至是被提倡的，然而，西方古典哲学很少看到此种讲法，即使斯多亚哲学讲究顺应命运，却同样是以高贵的人性作为前提的。

实际上，布鲁诺恰恰利用了宇宙“无中心”这一结构特点来论证了人的合法尊严。正是因为宇宙没有中心，然而人身上却有一种天性的制造中心的冲动，“我们不再是它们的周线，它们却是我们的周线；它们不再是我们的中心，我们却是它们的中心”[③]。正是这种将自己中心化的意志与能力证明了人的高贵与伟大尊严。布鲁诺认为人自身之内都

---

① 布鲁诺以自然神论取代了中世纪的基督论，他坚称万物都是由相同的作为形式的世界灵魂以及物质质料构成的，神（世界灵魂）注满世界万物，万物因普遍分有这种自然神性而得以存在。他否认了宇宙出自一个人格化的上帝的观点，转而认为自然是由自然神本身创生并支撑其流转延续的。他不再认为在这个世界之外存在一个“第一推动者”，而是认为这个世界是自身实现着自身的运动 。在布鲁诺的世界观中，宇宙不再是亚里士多德所认为的有限的，同时也更不会是托勒密认为的是以地球为中心的。世界在广延上是无限的，因此这个世界到处是中心，每个中心又都不是中心。由此，布鲁诺反对传统的自物质到精神、自卑贱到神圣的僵化的宇宙等级论，转而认为世界万物都是处于永恒流变过程中的。

② 他们既非我们的中心，我们也不是他们的中心。（Cfr. Eugenio Garin，*L' umanesimo italiano*：*Filosofia e vita civile nel Rinascimento*，Editori Laterza 1993，p. 239）

③ Cfr. Giordano Bruno，*Dell' infinito*，*Universo e Mondi*，a cura di Patrizio Sanasi，citato dal libro elettronico di bibliomania. it，p. 9.

有一种理想主义的“英雄情结”，由着这种天性情结，又同时认识到人并非是固定的宇宙的中心这一与欲望相悖的现实，人才将自己的智慧用于提升德性与技能。尽管很多人现在看来比较愚蠢，然而，他们骨子里都自认为那是自身向善的一种选择，是善的。而且，人都有“举烛人”[①] 的冲动，天性里就有着向更好的方向行走的愿望。布鲁诺看到很多人在初始的力量上并不高于别人以及一般的物，甚至低于周围事物的力量，然而，为了增长自己的力量并成为“中心”，这些人皆不顾惜自己承受的诸多痛苦。人的尊严并非来自人眼下具有的伟大力量，而恰恰在于并不强大的人现在忍受各种痛苦来增加将来的力量的这一举动。人的尊严来自人从生到死一直向“善”的过程。这种理想主义的英雄情结尽管与诸多的人之堕落的现实图景正好相悖，但确实是最根本的人性。人都希望在宇宙中做个完美者，只要有能力，只要透露出这种可能，他就会尽力达到。[②] 人与其他物的区别就在于人的这种“向上”的欲望，哪怕在现实生活中他看起来“正向下”跌落。而其他物却是僵死的，待到灭亡的时刻才可能转化成更“高级”之物，也有可能堕落为更“低级”之物。在这一点上，上帝和其他的造物也没什么不同，因为上帝不会死，而且在全部生的过程中都只是“他自己的现在”，上帝从一开始到结束之时都是同样完善的，一个完善的事物就失去了变得更完善的机会。而人则不同，人在活着的时候就不断地在让自己一次次重生，让各种可能性在自身之内实现。即使是自甘堕落的人，这种堕落也是他自己下一步“更好”的选择。

在其作品中布鲁诺还提出了另外一个提升人的尊严的说法。他不仅认为人作为整体和其他物一样皆不是宇宙的中心，而且就连在人这一属类中，也没有哪一个人是中心。命运对每个人都是公平的。命运之神“看不见僧帽、长袍、黄冠、手艺或天才，也无视功劳与罪过……命运把所有人都放入一个巨大的投票箱中，在那里，最伟大和最渺小没有区别。命运对人的作用过程就像随机抽签，抽到谁，谁得了好运，便算他

① 取自布鲁诺的作品，详情请见“自由”一章。

② 这也与 Poggio Bracciolini 关于“人真正高贵之处在于通过自己的行动掌握命运”的说法异曲同工。（Cfr. Giovanni Reale/Dario Antiseri, *La filosofia nel suo sviluppo storico*, Vol. 2, Editrice la Sguola, p. 23）

走运，谁挨了厄运，便算他倒霉”。虽然没有中心，然而没有一个人从骨子里不想成为宇宙与人群的中心，尽管他们看起来对此不屑一顾，然而这是不可压抑的天性。在这种远离中心，远没有力量的现实面前，人却奋力从四周冲向中间。人恰是在这个“冲”的过程中而非以结果的形式将自己与万物最终区别了开来，从而获得了宇宙中的唯一的尊严。而正因为自己明显不高于众人，别人也没有天生的理由高于自己，才激发了每个人用于提升自己的努力。

当马基雅维利在咒骂命运的残酷、命运女神极少给人好运时，布鲁诺却将命运的这种盲目性拿来证明人的伟大。他首先承认命运的无情，“当命运之神从这个巨大的投票箱抽签决定谁更幸运时，人们更常见的是他更多地抽出了虚伪的、邪恶的人以及无知的人所投之签，让这些人变得幸运，相反有德之人的签子却极少能被抽出，因此留在箱中遭受厄运。这究竟是为什么？命运之神对此的回答是：在这个装有千百万签子的票箱中，谨慎过来了，在其中最多只放入了两三个（代表其自身德性特征——笔者注）的名额，智慧过来了，在其中只投了最多四五个名额，真理只在里面放了至多一个。命运之神在抽签时在其中只抽出八九个来，而不是八九十万个，按照几率算，谨慎、智慧与明智这些签子自然被抽中的机会极低，因此，倒霉自然会多于幸运”①。

然而，命运常常是残酷的、不让人得好的，加之人自身的理想情结与中心情结又那么坚固，这些都助长了人用于提升自己的努力。人时刻努力将自己身上“贬义的驴性”转化为“褒义的驴性”，② 从而越向中心，并将其他物挤向边缘。

---

① Nuccio Ordine, *La Cabala dell' asino. Asinità e conoscenza in Giordano Bruno.* Liguori Editore 1996. p. 76.

② 布鲁诺从维吉尔的史诗以及其他古典神话中寻找到大量材料，综合这些材料后他发现神话以及诗歌中驴子具有非比寻常的隐喻价值，因此他打算从驴性入手来说明人的道德性。所谓“贬义的驴性”是指驴子身上具有的“懒散、骄傲以及保守”的属性。“褒义的驴性”指的是驴子身上所具有的“谦卑、寡欲、忍耐、拼搏、勤劳与耐心”等德性特征。在《飞马的占卜》中布鲁诺指出：“谁要想洞悉隐藏的智慧奥秘，就得具备驴子的嘴脸，脑袋和身躯，他必须生有谦卑、朴实而坚忍的德性。”（Giordano Bruno, *Cabala del cavallo pegaseo con l' aggiunta dell' asino cillenico*, curato da Aquilecchia Giovanni, edizione digitale scaricata da www.e-text.it, p. 15）

可见，布鲁诺是从一种天性中坚固的可能性来歌颂人的尊严的。这种坚持真理和美德的英雄情结在他自己身上也被诠释了出来。由于宣传进步的宇宙观，反对宗教哲学，他引起了罗马宗教裁判所的恐惧和仇恨，流浪国外十四年，被诱骗回国遭到逮捕后，又为酷刑折磨八年，但他丝毫不为所动，于1600年被活活烧死在罗马的鲜花广场。临终前他高呼：黑暗即将过去，黎明即将来临，真理终将战胜邪恶；火，不能征服我，未来的世界会了解我，会知道我的价值。

到此，关于文艺复兴时期尊严的发轫谱系我们已经还原完毕。从中我们看到了尊严从萌芽到成熟过程中的艰难与疼痛。另外需要强调的是，文艺复兴只是尊严发轫的阶段，这个阶段注重的是对人之尊严存在的证明，尚且没有到达后来的人的尊严具体建构的时代，然而这种证明却极其重要。因为正是在这个历史阶段，人开始关注自身，探究自身的力量与可能性。从文艺复兴时代起，先前漫长的历史时期中那种对神的依附以及对人的依附阶段被同时宣告成为了过去。人的主体意识开始觉醒，内心中逐渐充满了所有人的基本人格都不能再被随意侮辱和践踏的意念。人解放自身的历史就是不断恢复作为人的基本尊严的历史。从文艺复兴开始，人们逐渐将尊严上升为一种权利，直至近现代，“尊严”被写进《世界人权宣言》，写进了许多国家的宪法，构成了国际社会秩序与法律规范的价值基准，这是一个递变的必然过程。研究尊严理念，从而更好地坚守尊重人的尊严的原则，是今天的人们的一项义不容辞的历史职责。[1] 因为人的尊严是现实中的理想，同样是理想中的现实。

---

① 甘绍平：《人权伦理学》，中国发展出版社2009年版，第162页。

第五章　文艺复兴与过渡(度)人权时代

人权是本章要介入讨论的有关文艺复兴伦理现实的另一重要维度，这看似独立的一章事实上实际上与前面讨论过的“自由”与“尊严”两个维度息息相关。有的学者认为，正是“人有尊严”这一自然事实决定了人应该享有基本人权，其他诸多的学者则认为人权事实的存在决定了人的基本尊严要被尊重。如果将自由问题叠加进来，三者的关系将更加难以厘清。本章将从文艺复兴这一“人权胚胎期”入手，以两个大的部分努力去考察人权成型期诸多方面的关乎人权本身以及人权与自由和尊严等的具体关系问题。

一　“过渡人权”时代：一种积极意义的临入

在对“人权”概念的当下研析中，回溯“人权”发展的历史常常成为一种不可避绕的思索途径。这便涉及“该将哪个历史时段确定为人权理念萌发点”这一基础性问题。研究者一般都认为，人权的发展从理念设计到制度构建分别经历了“发轫于17世纪初的自然权利时代”“18世纪晚期的政治现实时代”以及“第二次世界大战后的国际法制化时代”三个历史时期。[①] 这就是说人权理念的真正设计开始于17世纪初。但这并不意味着17世纪之前的历史与人权理念的生成毫无关系。事实上，早在古希腊斯多葛学派的理论和基督教伦理学中就有了人权理念的萌芽。但需要说明的是这种早期的人权理念仍然属于片段式的偶然设想，不具备理论的自觉性和现实操作

① 甘绍平：《人权伦理学》，中国发展出版社2009年版，第2页。

性。当历史走入文艺复兴时代（14—16 世纪末），尽管由于各种历史条件之限制，人权理念仍然没有正式被放入现实设计的系统层面，然而这一时期种种道德观念的密集冲撞却为之后一个世纪“人权的哲学时代”的到来奠定了重要的思想及其现实基础。由此，我们首先认定文艺复兴作为“过渡人权时代”，在当时众多人文主义思想家的有力推动下，开始了向现代人权观念“临入”的全面准备。14 世纪的意大利人开始将目光转回到被遗忘千年之久的亚里士多德政治哲学中，反复强调“政治生活是人唯一的存在方式”，并认识到只有联合众人的力量才能避免个体的势单力薄，这一时期的人们开始关注人作为人的权利。① 文艺复兴向现代人权观念的积极过渡主要是通过以下三个方面完成的。

（一）从“上帝的（人）”权到人权

文艺复兴的第一个历史特征恰恰在于向“人之权利”的初始转向。在此之前的中世纪，神权、神之位格占据绝对统治地位，“人”被置于一种可有可无的尴尬境地。因为在绝对神学的话语体系下，“人”只是“上帝之人”，自身并不具备独立的存在意义。本应该只是作为“人”的修饰性形容词的上帝却在实质生活中取代了“人”的中心地位，而人则常常只是上帝之后的省略语。在神圣气氛的笼罩下，虔诚的信徒们如奴仆一样向上帝贡献着自身的一切，他们的头脑中只单纯装有“义务”这一词汇，因为在其观念与现实世界中，只有他们的“主”才有拥享“权利”的资格。在这种背景下，“人”与“权”这两个词素从来不曾被链接在一起。即使偶尔被摆放在一起，修饰它们的谓词也必然是“极其可耻”“绝无可能”与“必入地狱”这些负性词语。在中世纪，“人”这个指代词意味着“贪婪”“感性”“纵欲”“罪恶”与“亟待拯救”；“权”在当时的语境下却必然性地与“善”相联系，只有“善好”的行为主体才有享受基础权利的资格，相应地，只有“至善”的上帝才有资格享用绝对权利。同时，在该语境下，“权”与“利”的关系也变得异常复杂。人们虔诚地信仰上帝，

① Cfr. Eugenio Garin, *Storia della filosofia italiana*, Einaudi 1966, p. 290.

与人为善，在现实性上是为了自身的“利”（升入天堂），但这种“利”不是自己直接给予自己的，而是通过一个掌握着“权”的神圣位格赐予自身的。因此，“人”无法通过自己的“权”给予自己相应的“利”。即使“人”偶尔凭借自身的主体力量为自己赢得了某些利益，他们也认为自己的“利”是在上帝的“权”的佑护下得到的，因为从“原罪说”开始，“权”便已开始与人自动分离。在中世纪重精神、轻利益的背景中，“利”更被放在不值一提的位置上。综合来看，在中世纪，“人”“权”“利”这几个词始终被置于一种分离的现实性中。而“神”与“权”在人们的认识中却自动成为一个基础词素，人们谈“神”的时候，即使没有说出“权”，也意味着已经想到了。当“权”这个词被单用时，在人们的观念中，这只是个伪词素，就如同我们单纯说出“噼里啪啦”中的“噼”一样，不构成任何意义，当且仅当在“权”的前面自动填补上“神”以后，这个基础词素才能够得以有效。当“人”与“权”连用时，类似于“圆的方”的悖念会同时存在于几乎所有人的头脑中。

总之，在文艺复兴之前的“黑暗时代”，“人”与“权”始终被置于一种自动分离的时域中，极少被人链接起来。自文艺复兴开始，在人文主义思想家的强力呼吁下，这两个词才首次被“跨时代”地粘连在了一起，而且一经粘连，就绝不可能再出现哪怕是须臾的分离。文艺复兴人开始到处搜寻自己以及先人丢失已久的权利，尽一切可能丰盈自己的权利，为了自身的利益，他们拼命汲取更多的权力。这是一个向着现代“人权”理念过渡的转折性时代。这一时期为以后真正“人权”时代的到来做出了丰厚的必要积淀。“人的自由”“人的尊严”“人之利益”的合法性第一次获得了论证，并成为大多数人可以接受的社会意识形态。“人”第一次以“伟大”和“富有力量”的姿态被人文主义思想家们集体颂扬。乔万尼·皮科毫不隐讳地认为“人是宇宙中最伟大的奇迹”，在“神”那里“人”并非被动，“人”从一开始就被上帝赋予了充分的自主权利，因为上帝在造人时，“他把人这种未定的造物置于世界之中但却不赋予他特定的位置，并使‘人’成为‘未经规定之物’，人可以根据自己的欲求和判断选择自己认为合适的位置、形貌以及禀赋”①。费奇诺认为“（人的）灵魂是自然界中最伟大的奇迹，它是万事万物的中项，它把万事万物结合在一起，它拥有全部的力量”②。伴随着这些对“人”的称颂，文艺复兴中的人在人类历史上第一次以现实的方式展示出了作为人的骄傲情结。③ 人终日思考的事情便是“权”与“利”，在“上帝”以及“他人”那里争抢属于自己的或者别人的权利，“权”是“人”的专有物以及“人”是“权”的主人的观点普遍流布且被绝对贯彻。

（二）从人权到主观人权

文艺复兴对现代“人权”观念之发轫的另一重要意义还在于：人不仅将“权”从神的位格中夺回到人的群体之中，而且“权”还被“个人”从群体一次性地夺回到自我的控制中。“权”不仅与“人”结合了起来，还与“具体的单个人”结合了起来。而我们今天所谈的人权必然是“主观人权”，也就是单个的人所应享有的权利。根据德国人权伦理学家罗曼（Georg Lohmann）的观点：“人权首先是个体的人的权利，这即是说‘主观权利’。”④尽管“人权”所涉及的内容极其宽泛，目前学术界在“人权”之具体含义这一问题上的争议仍然极大，但有一点却是被普遍认可的，即“人权”是“具体的个体权利”，“人权是个体权利的观念恰恰是人权理念的根基性价值诉求……人权要求的核心目标是对单个个体的保护，可以说，只有将人权作为个体权利来理解，才触及了启蒙了的文明的实质”⑤。总之，“主观权利”构成了现代“人权”的本质属性，从这种意义上说，文艺复兴时期所形成的关于“单个个体理所当然地构成权利的载体的观念”为现代人权观念的形成与演化做出了基础性的贡献。文艺复兴时期的每个个体都开始不断地索

---

① Giovanni Pico della Mirandola, *De Hominis Dignitate* , Testo, Traduzione e Note a cura di Bruno Cicognani, Le Monnier, Firenze 1943, p. 7.

② ［美］保罗·奥斯卡·克利斯特勒：《意大利文艺复兴时期八个哲学家》，姚鹏译，上海译文出版社 1987 年版，第 53 页。

③ 详情请参考拙文《“骄傲”与“隔膜”——意大利文艺复兴时期伦理视阈内的关键词解析》，载于《哲学动态》2013 年第 7 期。

④ 转引自甘绍平《人权伦理学》，中国发展出版社 2009 年版，第 2 页。

⑤ 甘绍平：《人权伦理学》，中国发展出版社 2009 年版，第 9 页。

要人权，且要求被索要的人权真正落实到索要的实际主体那里。这种索要并非是一些人私下的偶尔抱怨，也不只是几个人向另一些人的索要，而是每个人向所有人的索要，所有人必须对每个人负责，同时向每个人实际地公平索要。到了这个历史时期，人权已经不再作为人类整体曾经的一度幻想，而是确实开始向每个主体实际回归。

当然，在谈到“主观人权”时，我们只是强调在人权的具体落实方面是以单个的个人为依归的，然而，这并非意味着一种“随意的主观性”，或者一种“视个人状况而差别对待”的人权分配模式。“主观人权”强调的单数形式既执着于个体又超越个体，所谓超越个体，是指一种抽象的人权平等原则，这种原则反复强调之所以向人分配基本的权利，只是因为“人是人”，而不是出于某个人是“特定状况下的强者或者弱者”。人权的分配一方面立足于让实际的每个个体受惠，是一种基本的人道主义的积极作为，然而，这种分配不会因为某人的出身或者其资源占有的强弱而给予更多或更少。因为人权是以平等原则作为其基础导向的，人权分配最抽象，然而在基本内容上却又最具体，抽象与具体必须被同时妥善兼顾。

（三）积极财产权与消极人权

文艺复兴作为商品经济社会的开端以及资本主义生产模式全面贯彻的历史阶段，其对财产权的重视引人注目，对财产权保护的热情呼吁使得文艺复兴社会具备了独特的历史价值。也正是从这一时期开始，人对私有财产的保护给予了高度重视，积极倡导财富的积极价值，全面否定中世纪教会信条中关于“财富恶”的说法，并尽一切可能让基本的私有财产权获得法律的实际保障以及道德的坚实支撑。[①] 这种对财产权的积极倡议导致了文艺复兴社会财富的迅速增加，人类历史在丰富的财富累积的基础上得以迅速发展。通过对财产权的重视和保护，人的其他方面的基本权利的保障也获得了坚实的物质基础，人类文明以几何级数的积累速度迅速向着近现代的水平迈进，从中，我们确定不移地看到了文

① Cfr. Eugenio Garin, *L' umanesimo italiano: Filosofia e vita civile nel Rinascimento*, Editori Laterza 1993, pp. 80 – 81.

艺复兴社会对财产权热情倡导的积极价值。然而，有一种声音认为，财产权实际上不构成基本的消极人权，财产权最多只是处于消极人权与积极人权的节点上，甚至直接属于积极人权。财产权是可有可无的，因此，文艺复兴并没有特殊的历史价值。这种说法是否有根据呢？

我们认为，在基本的消极人权中，从生命权，经过自由权和尊严权，到了财产权，人权依次从最消极走向相对的积极。而财产权无疑是消极人权中相对最弱的部分，这是因为人权自身固有最简约的特性，这种最简约特性集中表现在它不能再少，也不能再多。尽管经常有人会列出一系列长长的人权清单，然而无疑靠近人权列表尾端的部分积极人权确实带有某种"可缺省"的特性。并且，人权还具有最抽象的涵盖性，从这一点来说，对于人权的讨论便直接拥有了哲学意义上的合法性。哲学的第一特性就是抽象性，因为抽象涵盖所有，因为涵盖所有所以从不变动。哲学思考的来源逃不开变动之物，离不开经验的构思，然而，哲学建构的理想结论应该是抽象的、普遍的，这正是为何西方世界推崇存在、理式、绝对理念、神、绝对知识的根本原因。哲学如果不以抽象性为依归和存在形式，那么哲学与大众的对具体事物的意见有何区别呢？而这种恰恰是哲学存在论意义上的第一特性却备受诟病，被一些学科冠以"唯心主义""抽象的""僵化的""静止的学说"等诸多无端罪名。另外，只有抽象地从本体论以及宇宙论高度来讨论辩证法才是真正意义上的辩证法。辩证法解决具体矛盾，但不面对具体问题。人权讨论最具实在意义，因为人权的讨论结果最符合抽象的特征。它告别具体、个别、流动与模糊，追求不可增、不可少、不可变的哲学结论。从这个意义上说，人权只是突出规定了如生命权、自由权以及尊严、合法的财产权等这些最基本的权利。消极的人权不能在任何条件下减少，同时也不能再增多。如果增多，将引来更多的意见的讨论。每增多一项，意见的讨论就将无限增多，被最后认同的有效结论也将无限减少，人权保护的可实施性就会变弱。总之，在人权的涵盖方面，恒常地符合"越多，越少；越少，越多"的"悖减逻辑原则"。

在这里，我们马上就会看到，生命权、自由权、尊严权已经消极到不能再消极的地步，完全不可以缩减，如果缩减其中任何一项，人的本质属性赋予人的意义将被完全解构，人将彻底退回到动物的水平。

从人权的哲学特性上来思考，财产权的特殊性常常构成人们争论的对象。确实，在现实的比较中，我们很容易得出财产权比其他三项基本的消极人权更“强势”。因为在极端的情况下，财产权显得不那么“必须”，似乎超出了人权最简约的规定性。因为财富有超出人类生活所必须的可能，但生命对生命本身来说就没有一点多余的部分，生命就是生命自身的不增不减。其他两项，自由与尊严，主要以主体的内在形式存在，尽管自由与尊严可以外化，但其主要具有的是内在于生命本身的特性。越是内在于生命本身的，越构成最急需被保护的人权事项。而财产权不具有生命本质的形式特征，我们可以说自由是人自身的，尊严是人自身的，但似乎不能说财产是人自身的。从这个层面看，财产权确实是人权中的积极事项。然而，财产权却并非可有可无，我们不仅不能将财产权归入积极人权，甚至不能将其放在消极人权与积极人权的交叉点上，而只应将其归入消极人权序列的部分。

之所以认为财产权是基本的消极人权，恰恰是因为财产权与生命权、自由权、尊严权的区别。三种基本权利具有内在性，而财产权确实是唯一的外在之物，然而这种完全外在的性质不但不削弱其在消极人权中的地位，反而是财产权被证明可以处于其中的最重要理由。

其一，这种外在性之所以重要，是因为它连接了群体，使人构成了一种“关系”的存在特征。财物将单个的人叠加起来，并不断扩大，由此，人从单数的存在形式变成了大于“一”的复数存在形式。当然我们这么说，并不是在下面将要进行传统的证明方式，那种证明认为人不能单独存在，只能以群体的形式才能繁衍维持下去，因此，人必须处于关系之中，而人与人之间关系的生成是建立在财物的中介功能之上的，因此，财产权对人权的意义非常重要。我们的证明的起点是一样的，同样认为物构成了人与人之间的必然性纽带，人因为物而有了关系，物使得人的存在形式扩大起来，到达极大值的复数形式。我们要强调的是：因为物，人在逻辑上不再具有一个人的特征，人不再只是一个人，而这恰好与人权预达成的目的重合，即人权虽然不排斥单个的个体人，认为只要是人，就必须有人权。然而，人权从一个更实在的意义上突出强调的是一种面向全体的抽象保证，这种抽象的保证应该是一种复数的保证，即保证所有人的权利。一个单数的人并不构成“所有人”的意义，尽管他受保护于保护所有人的人权。人权的全体涵容性促使它必须面向全体的人。另外，人权的施与者与接受者必须都是人，即人权必须是人来保证的，以及由人来接受这种保证，如果是一个单独的人，无法完成这种二维关系，单独的一个人，我们不能说他自己能够赋予自己什么人权。由此可见，财产由于链接了人，使得人具有了复数关系，因此，这构成了财产权属于基本的消极人权的基础理据。

其二，之所以认为财产权是人权中的消极事项，是因为财产权仅次于生命权，具有“很强的弱性”，它特别脆弱，同时也最容易被全部剥夺。从这个方面我们倒可以说尊严具有相对稳定性，我们说一个人被辱骂，但一个人如果修养很好，或者很自信，则外来的这种看似剥夺他尊严的行为实质上并未剥夺掉他的实质尊严。一个真正有德性、有自尊的人很难因为别人的一句话而立马失去德性或者尊严感。自由也如此，比如一个人无故被限制行动，但他还可以拥有精神的自由。① 而生命与财产权则不同，它们具有“唯一”的特性，很多场景下，任意被“剥夺财产的惩罚比起被驱逐更让人难以承受”②。正是因着财富的这种“脆弱”的属性，财产权才应该被归入消极人权序列并被合理保护。

其三，财产又具有天然的黏着“主人”的特征，而且在每个“主人”那里，它具体的附庸事实皆可获得描述。如果上面第二点我们说的就是财产权的“弱性”，这第三点我们说的就是其“强性”，或者叫作“顽固的可被描述的属人性”。如果我们说财产，而不说物，那一定是一种“属人性”的描述，只有人才能拥有财产，动物或者其他物种只拥有物。因此，从原初的逻辑意义上，我们说财产，一定指的是某人的财产。在市场环境下，多次转移主人是不可避免的，一个 A 的所有物，经过 A1，A2，A3……B 直到 B1。虽然 B1 不知道在 B 之前这物的主人

---

① 当然这么说并不意味着自由权不重要，甚至得出财产权高于自由权的结论。实际的情形应该正好相反。这里我们只是在“脆弱”这一事项上对几者进行比较。

② Cfr. Cesare Beccaria, *Dei delitti e delle pene*, a cura di Renato Fabietti, Grande Universale Mursia, citato da e-book Liberliber. it. p. 29.

是谁，但这物必然曾经是 A1，A2……B 的，这一定是个事实，我们可以用这物曾是 A 的，曾是 A1 的，以及这物现在是 B1 的，将来还可能是 C 的，这样的语言来进行描述，而且也必须用这样的语言来描述。由于这物必然有它现在的所属主人，也必然有之前的和之后的主人，因为人的有死性，物不可能恒定地永远属于一个人。总之，我们可以用所属性的语言结构来描述财产权，说“某物是某人的”，或者“某物是某人拥有过的”，或者“某物将是某人的”。但我们通常不能说“某种尊严是某人的”，“某种尊严曾是某人的”，或者“某种尊严将是某人的”。通常也不能说“某种自由（曾是、是、将是）某人的”，而只能说“某人曾有、有、将有某种尊严（自由）”。我们可以说某财物是某人的，也可以说某人拥有某种财富，但一般不能说某自由（尊严）是某人的。我们说财富，通常总是指具体的属于人的数量部分，拥有数量上的具体性，而具体的东西的属人特性与抽象之物的属人特性相比就更强，具有更强的可描述性。某财物是某人的，这是通常的最实在的关系。而人权面对的就是一种最实在的关系。财富的具体性使得在它被描述的过程中具有最简约的特性。如我们说“这锅是苏格拉底的”，但很少加上财富两个字，说“这锅财富是苏格拉底的”。但自由就不是，它指向深层叙事以及开放空间，通常以繁复的形式被描述，一般我们说“苏格拉底是有思考问题的自由的”，但如果将“自由”去掉，就变成“苏格拉底是有思考问题的”，这就会引发歧义。因此，财物的具体性使得自身就能表明自身的属人关系，而其他的自由如散步、思考、骂人等则需要与统名“自由”二字结合起来才能表达自由的意思。尊严也是这样，而且尊严更受限，一般只能作为中心词被描述，如“某某的什么什么尊严是不能被剥夺的”。但财富不但可以作为中心词被描述，还可以作为形容词或者其他词性的性质来描述，如我们可以说某人拥五百亿美元的价值，这五百亿美元自身就是形容词。但我们很少说“尊严的……”这种句式。因此，财产权还是应该被归入消极人权的，因为财产权更可视、可估、可讨论。而其他的自由权等，原本的属人性不那么强，具有更强的公共性，或者说符号性，比如我们可以说“苏格拉底的自由（尊严）我也可以拥有”，但如果作为财富，我们却很少说“苏格拉底的狗我可以拥有”。既然自由、尊严权属于基本的消极人权，那么财产权当然也应该被归入该类①。

总之，财产在每种关系中都具有单独的属人性，“即使是被驱逐，其合法所得也应该归于合法继承人，而不应该被强行没收”②。这也解释了为什么财产的保护为各国所一致重视，同时也解释了为什么大部分国家对物权的保护一般都走在了对人权保护的前面这一历史事实。

最后，人权又与其他三项消极人权密不可分离，既然其他三项构成了基本的消极人权，那么，财产权就必然不能不是最基本的消极人权。我们说一个人的尊严被侵犯，常常指的就是他的财物被人无端侵犯。我们一般谈尊严都是有所指的，都有被侮辱的事项的，合法得来的财富被无端剥夺，这时，财富权的剥夺就等于是尊严的冒犯，二者指向的是同一个事情。一个人如果没有财产权，则基本的生命权便不能维系③，真正的自由也难以达成，而必须依附于他人而生存。对人的所有物的侮辱与对人本身的侮辱感受常常不相上下，无缘无故打伤“张三的狗”与无缘无故打伤“张三本人”有时候带来的感受是差不多的。

总之，文艺复兴对财产权的重视为现代人权理念的最终成熟奠定了坚实的基础，使得基本的消极人权内容在稍晚之后的时期逐渐完整而科学，互相贯通又相互支撑，加速推动了国际人权理念在对每个人的实际保护方面的最终落实。

从以上几个方面，即从“上帝的（人）”权到人权、从人权到主观人权，从积极财产权向消极人权划归落实的三个方面，我们可以看到文艺复兴在推动现代人权理念逐渐成型的过程中所起到的基础性作用，由此，我们将文艺复兴定义为“过渡人权时代”。

---

① 如此说仍不意味着财产权比自由权与尊严权更消极、更重要，而只是在“属人性”的比较方面才引出这个结论。

② Cfr. Cesare Beccaria, *Dei delitti e delle pene*, a cura di Renato Fabietti, Grande Universale Mursia, citato da e-book Liberliber. it. p. 29.

③ 阿尔贝蒂曾高度肯定了对财产占有的合理性。(Cfr. Leon Battista Alberti, *De Familia*, a cura di Emilio Piccolo, Claccici Italiani, Napoli 2009, p. 114)

二 “过度人权”时代：一种消极意义的不足

以上第一部分主要是从积极的意义来分析文艺复兴对现代人权理念的初始构成作用，然而，与此同时的一种关涉文艺复兴与人权理念的消极关系更加引人关注，即为什么不是在文艺复兴时期，而是在文艺复兴之后，现代人权理念才得以正式成型？文艺复兴到底缺少什么必要因素，使得这段人类理性复苏的辉煌时代与成型期的人权理念无法连体呢？的确，我们只能说文艺复兴为现代人权理念的形成做出了过渡性的必要准备，而不能说人权理念已经在那个历史时期基本成型。

事实上，造成这种消极结局的原因并非文艺复兴人缺少权力，相反，在那里出现了权力“过度”的倾向。与此同时，每个个体要求基本人权的呼声也在日长，他们不仅要求自身基本权利必须得到尊重，还要求与自身有关的、超出消极人权之外的权利也要得到维护，总之，他们要求维护的已不再是基本的人权，而是过度“积极”甚至走向荒谬的诸多的权利保障。更确切地来说，他们不仅要求别人维护自身提出的诸多过度的权利要求，而且更主要的是他们经常主动出击，凭借着各种马基雅维利式的“阴谋”，以自身的力量主动扫除掉别人的权利，并将其置换为自己的权利。个体在论证了其拥有权利的合法性之后，不懂得在一定的范围内合理地获取并保守自己的权利，相反却无度地向外扩张，无限度地扩张自身的权利，从不考虑为自身之外的权利主体承担任何应尽的义务。每个人皆如此，经过一番相互厮夺之后，每个人曾经预想的过度化地拥有一些权利的意图最终却被实际占有权利的寡尽一一取代。个体甚至连现代意义上的最基础的消极“人权”（生命、自由、尊严、财产）都难以保有，最终，这种过度化的侵占造成过度化的失去。“伦理利己主义”在文艺复兴时代鲜明愈烈地被频繁上演，每个人思考的都是自己的权利，拼命逃弃的皆是自己的义务，人们彼此间的不停伤害成为了唯一的结果。过度使用自己的权利最终使人失去现代意义上的最基础的人权。那么，我们不禁要思考，是什么具体因素导致文艺复兴时期的人不能真正进入现代意义的人权殿堂中呢？如果答案是“对权利追逐过度化造成了这种失去”，接下来我们就需要仔细考察是什么样的因素造成了这种权利的过度化，是什么因素致使文艺复兴时期的人们只能停留在真正的“人权”大厦之外，而不能径直穿堂而入。在回答这个问题时，为了避免不负责任的“历史过程主义”的敷衍作答（这种“历史过程主义”总是粗泛地、敷衍了事地用“历史是一步步前进的，还没到达那个阶段就自然不能出现相应阶段的情况”来似答非答地对一些历史现象做出说明），我们需要对那一时期导致不能到达真正人权时代的诸因素进行一番详尽的分析。

（一）超重的人权与失重的道德

“人权”概念本身具有“限重”的总体倾向。与一般意义上的权利不同，人权尤其是基本人权只是有限的几个，即使是积极的人权，在被基本认同的层面也是屈指可数的。人权不可以因过多的要求而陷入“超重”的自否定局面。

而文艺复兴人要求的人权却显然是这种“超重的人权”，在这种人权的内部，各种“过分化”的要求被强行纳入其中，出现了内部拥挤、毫无秩序的状态。而这与真正人权的“瘦削”倾向完全不符。

同时，人权不仅与一种“提出人权的举动”有关，更多的是与提出之后被公共统一的接受度有关，人权理念的实际接纳需要一种整体思维观念上的统一性，需要有一个或几个被普遍接受的“共有点”。尤其是“在碎片化以及特殊主义盛行的时代，人权是少数的，甚至是唯一的让不同个体与民族共通化的事物”①。因为“人权”涉及的是一种人与人之间实际的相互关系，不是单纯的自己与自己的抽象关系，因此，人权的最终落实需要一些基础性的共识。这些共识要么来自道德，要么来自法律，要么来自人工的政治构建。人权的真正形成需要这三种必要基础，三者常常捆绑在一起，最好的生效状态是三者共同起作用。三要素中最关键的是道德基础，因为道德是其他两者的构成基础。而文艺复兴时期缺少的首先恰恰是一种统一化的道德共识，处于一种严重的“道德失重”的状态。文艺复兴是一个道德过度多元化的时代，当阿尔

① Francesco Vila, *I diritti dell' uomo e l' etica contemporare*, Ragione praticam 1996, n, 6, p. 195.

贝蒂严厉地谴责“谎言”，认为说谎“既丑恶又有害”（dannoso che brutto），并用“厚颜无耻”（infame）、“遭人鄙弃”（sdegnato）、“卑鄙下流”（vile）等形容词来描画说谎者时，[①] 马基雅维利却认为受时事所迫做一个伪装者（simulatore）和一个假好人（dissimulatore）是不应受到指责的。[②] 布鲁诺也曾不止一次地表达过他对于道德价值的相对主义的立场，在其伦理学作品《驱逐趾高气扬的野兽》（*Spaccio Della Bestia Tiofante*）中布鲁诺提出：“任何东西都不会是绝对的只有坏的特性……任何东西对于另一个来说可以是坏的，比如有德之神对于邪恶之人即是恶的，白昼与光明之神对于暗夜和混沌便是恶的。而在他们（指诸神——笔者注）之间，他们相互也是好的。”[③]

这种道德过度多元化将文艺复兴人引入了一个“去道德的时代”，因为在原有的曾被人们认为牢不可破的神学大厦突然崩塌之后，一时惊愕的人们再也不能找到一种可以秉持终身的公共道德。“什么都是对的”“什么都是不对的”“你认为是对的就是对的”“对不对并不重要”，都成为了这一时期道德多元化的独特回应。我们不能谴责那时候的人们缺少道德感以及道德智慧，事实上，道德感以及道德智慧的实际生效必然是以社会上客观实存的道德观念为构成之源的。比如在中世纪的神学体系中，《圣经》的教义会明确告知其信徒什么是对的，什么是错的。基督教中大量流传的信徒、圣徒和典型人物的事迹，成为其信徒极易模仿的道德样板。基督徒的道德推理经常采用这样的形式，“如果耶稣处在你的位置，他会怎么做?”常人在做事情的时候是不必做复杂的道德推理的，因为那些生动的典型，为他们的思考和行动提供了快捷的参考方式。对许多人来说，他们的神是他们所遵守的道德法则的唯一来源，他们的宗教教义完全覆盖了他们的道德义务。信仰让他们相信对

---

① Leon Battista Alberti, *De Familia*, a cura di Emilio Piccolo, Claccici Italiani, Napoli 2009, p. 50.

② Niccolò Machiavelli , *Il Principe* , a cura di Luigi Firpo, Torino 1961 , questa parte citata da edizione digitale di Letteratura italiana Einaudi , p. 65.

③ Nuccio Ordine, *La Cabala dell ' asino. Asinità e conoscenza in Giordano Bruno.* Liguori Editore 1996. p. 78.

错的标准是客观的存在，他们的行为被置于这些绝对的标准的检测之下。[①] 但在文艺复兴时代的人文主义者以及天文、物理、生物学家的笔下，上帝却第一次被置于一种可怀疑的位置。对上帝的信仰是一个绝对的命题，这个绝对命题不能遭受丝毫的缺损性。和其他的事物不同，如果我们怀疑一个普通事物的某部分，并不妨碍我们认可除了这一部分之外的其他部分，比如我们否定一个人的做事能力，却并不一定影响我们对其道德人格的正向判断。但“上帝的全部王国”却是一经怀疑便全部倒塌的，怀疑上帝的最丝毫的点滴观念都会瞬时让这个怀疑者的全部世界观、价值观以及实际作为方式发生彻底性的改变。文艺复兴时期的人们就面临这种状况，他们不知晓什么是符合道德的，因为道德的标准不再存在，他们失去了效仿的绝对样板，既然什么都可能是对的，也可能是错的，既然权利的观念在每个个体那里都已经抬头，那么肆无忌惮地扩充自己的权利便成为了唯一的结果，这种结果导致了对合理人权之拥享的相互摧毁。

导致人权观念最终没有在文艺复兴时代生成的另一个原因是那个时代缺少人工道德得以构建的成熟条件。事实上，在现代的陌生人社会中，人权观念的生成和发展离不开一种人工道德的相应建构。人工道德是现代人权理念建构的必要性要素，而不是可有可无的补充因素。这是由于“从熟人社会里的自然道德不可能自然地、直接地过渡到陌生人社会中的普遍道德，也就是说，拥有着自然道德的社会不仅不可能产生人权思想，即便是理解和接受这种思想，都非常困难……人权观念是人们面对陌生人社会而自觉能动建构起来的一种人工的普遍道德……人工的普遍道德不是自然直接生成的，而是通过间接的途径，在后天中经过能动的塑造得以实现的”[②]。如上所述，文艺复兴时期面临的突出问题便是自然或者半自然道德意识（包括古典道德以及中世纪的宗教道德）的全面瓦解，人们的道德观念呈现了多维度的变质，西方在此刻正式从一个熟人社会转变成为彻底的陌生人社会。中世纪大部分欧洲人皆遵从同一神的圣谕，虽然生活于不同的时空条件下，但彼此却有着共同的追

---

① 程炼：《伦理学导论》，北京大学出版社 2008 年版，第 36 页。

② 甘绍平：《人权是一种人工道德》，载于三明“第三届人权与伦理学会议”资料集。

求，人们所做的一切都为了免受来世的惩罚，在神的护佑下升入天国，由此，虽然受到自然的交通条件的严格限制，不同区域的人们并不能如今天一样经常聚合在一起互相交流信息，互相联谊友情，人们一生只能在一个封闭的地域中结识有限的人，但这些陌生人之间由于共同的信仰彼此间却又是那么地熟悉，相互间传递着无声的交流。可以毫不夸张地说，中世纪的欧洲比中国古代更具有熟人社会的真正实质。但历史走到了文艺复兴，一个完全的陌生人社会却在欧洲猝然建立起来。信仰、价值追求、道德认知、生活方式、政治构建，一切都于顷刻间变得迥然有别。面对着身边本已熟悉的人，人们却感觉到了从未有过的陌生，人际间普遍隔了一层浓厚的迷雾。随着资本主义生产方式的兴起，人们不再如中世纪一样依附于一两个封建地主而带着子孙终生生活于原地，而是经常性地流浪于城市间以及变换工作骤然成为了他们新的主要生活方式。知识分子们亦开始有意识地远离中世纪隐修的生活方式，意识到“自己不再属于自己”①，而是属于人群。他们开始投身于他们本不十分熟悉的政治领域，学着商人的样子与各种陌生人打起交道。此刻文艺复兴时期的欧洲已经从熟人社会转型为一个彻底的陌生人社会。

在这个转型的过程中，既然传统的自然道德已经瓦解，如果能有效地适时建立一种人工道德，用一种公共的人工的方式新建一种有效道德以及一系列与这种人工道德相一致的法律条文和政治观念，或许那个为我们所期望的人权时代至少可以早些临近，但事实上二者的间距却如此遥远。文艺复兴不可能产生出现代意义上的人权意识形态，因为那个时代尚不具备一种构建现代人工道德的必要条件，人们不可能就一些本该属于人的消极权利达成某些共识，虽然这些消极权利已经受到了千年之久的践踏。原因如下。

首先，构成现代人权基础的人工道德的形成需要人们对历史教训有着真正的、洞彻的反思。“人工道德是人们源于自己的理性认知和对经验教训的总结反省而人为建构出来的。”②人工道德的自觉构建动力来自一种被惨痛伤害的历史事实，来自一种惨痛的因基本人权受到毁灭性的

---

① Eugenio Garin, *Il Rinascimento italiano*, Cappelli editore, Firenze 1980, 219.

② 甘绍平：《人权是一种人工道德》，载于三明“第三届人权与伦理学”会议资料集。

践踏而引发的理性反思。只有受伤了，受伤者自己以及他们的后裔才有可能思忖如何避免新的伤口。对此可能有人会提出——文艺复兴之前的历史，包括古代频繁的城邦兼并和中世纪高密度的宗教讨伐（如历时极久的十字军东征）以及惨痛的宗教迫害（大批次的人死于耶稣信徒的火炬下）不仅不能说那段历史缺少伤痛，反而应该说两千多年来西欧的人们已经流干了伤口的血。既然可被反思的史实与伤痛如此厚密，为什么没有引起人们的觉醒呢？事实上我们要说明的是，虽然此前的欧洲人对来自自己的同类的伤害已经十分频繁，但他们并没有对历史之伤做出真正的符合实质性的反思，没有对人与人之间的敌对关系做出真正的思考。首先他们对来自战争伤害的反思甚少，或者说这种反思没有被放在人与人之间的相处关系这一层面来思考。在文艺复兴之前，不论是西欧古代还是中世纪时期，其冲突的类型往往都是整体性的，个体性的冲突并未被置于显著的位置。古代战争主要以地区或者民族间的互相侵吞和征服为特色，一个民族或种族以一种整体的规模与另一个民族或者集团发生冲突是一种最为常见的模式。几乎所有冲突的主动方都打着“正义”和“解放”的旗帜，被动方都高呼着“保卫家园”的正义口号。于此，任何冲突都被冠以“正义”的名义，“正义”只要一经某个领导者的口中喊出，便成为一个不经检测与反思而立即获得合法性的拥有巨大煽动性的口号。仅仅是这个口号便足以诱使几乎所有的民众出生入死，他们很少思考自己的领导者的口号与事实之间是否应被推敲一番。中世纪的情况较之古代尤甚。甚至连出自领导者之口的“正义”的口号都不再需要，只要“圣战”的领导者轻言一句“去歼灭哪个异教民族或惩罚哪个异端”，所有的信徒便会立即响应，因为他们总是相信宗教首领的命令与“正义”是同一个词汇，宗教首领就是神的化身。他们信奉的逻辑是：因为是神发动了战争，那么这个战争就是正义的。他们的思维却不能以一种反向的方式运作，转而认为：这场战争是正义的，因此神才会去发动。

由此，个体极少怀疑由自己参加的整体性战争的合理性，总是不假思索地认为将自己卷入其中的战争都是正义的，战争双方变成了丧失个体性的两个符号，参战的个人在伤害对方的个体时，即使再血腥再残酷，也会认为这种屠杀方式是合理的，是应该如此的，甚至越残忍就越是在伸张正义。他不认为自己是在伤害一个有血有肉的甚至是在真正维护正义的一个人，而是一个他所认为的非正义的符号。同样，当一个人被对方战队里的某个人伤害后，被伤害方的头脑里生成的是一种不假反思的类似于悲剧的崇高感，仿佛正义受到了伤害，但正义的力量却在同伴以及后人的解读中萌生出巨大的力量，鼓舞自己的正义群体投入一场场新的不经反思便获得正义性的战斗中。在这种情况下，自己受到了伤害，自己却未感觉到受了伤害，因为崇高的道德感完胜了伤害。在这种群体冲突的模式中，只要杀害和攻击就可以了，不需要其他方式，不需要保持合理的距离以便生成一种拒伤害于其外的更优化模式。这种互相伤害所依赖的核心因素是“力量”，而不是“智慧”，是“进攻”，而不是“斡旋”，这一点倒是和中国古代社会所强调的个人社交智慧有着很大的区别。

除了对历史对抗性伤害有着清醒的实质性认识外，人工道德的建立还需要对历史道德进行合理扬弃。“人工道德”和人工道德之前的“自然道德”的关系是极其复杂的，这其中最重要的是我们不能直接将自然道德拿过来不加拣选直接作为人工道德来予以使用。因为自然道德是有着严重的时代局限性的，往往是一种理想主义化的正面道德，且不说与现代社会，就是与当时古代社会的历史现实也不尽符合，甚至在相当长的时期内，造成了历史的反动。虽然我们不完全否认传统自然道德对于人工道德建设的作用，事实上二者确实有着一定的关系，人工道德的提取过程必然也是需要参考传统自然道德的结构性要素的，需要紧密结合现实情态而对传统自然道德进行一个合理扬弃。但在这个扬弃的过程中，非常重要的一点就是要将历史伤害考虑进去，不能人为地忽视前辈们曾遭受的历史伤害，而应努力将历史道德、历史伤害以及现实情态三方面紧密结合起来，创造出一种适应现时代的人工道德，这三方面如果缺失一个，就会造成一种历史反动。总之，历史道德需要部分借鉴，但同样重要的是需要对历史道德中的不合理部分进行果断舍弃。在一个刚刚过渡到陌生人性质的社会中，一味地原封不动地恢复历史，用已经过时的历史道德经验来指导现实社会，就不会真正构建起一种能够对这个陌生人社会的进步形成推力作用的人工道德。

文艺复兴时期的意大利却恰恰就是这样做的，文艺复兴人企图直接动用历史道德来指导当时的社会生活。

意大利语用“Rinascimento”一词来指代我们所说的“文艺复兴”，“ri”具有“再”以及“重新”之义，“nascimento”是“出生”的意思，两部分连接起来之有“重生”或“复兴”之义，这个词并不包含“文艺”这一要素。然而，包括意大利人自己在谈到 Rinascimento 时在潜意识层面都会在“复兴”前面自动加上“文艺”一词。之所以这样，绝不意味着在这个时期古代艺术形式得以辉煌复兴，事实上，就这一时期的艺术形式来看，其表达方式与古代区别极大。我们之所以在将“文艺”和“复兴”连在一起使用，是因为“文艺复兴”复兴的实际上是一些文艺复兴之前的道德理念，那时的艺术家是在试图通过文艺作品来复兴古代以及中世纪的一些道德观念。笔者有一种与以往研究者不同的观点，以往的研究都认为文艺复兴只是单纯地与古代有关，而与中世纪毫无牵涉。但通过对文艺尤其是绘画作品的大量研读，我们会很容易得出一个结论：文艺复兴实际上不仅在借助艺术作品复兴古代“以人为中心”的核心道德，同样也在试图恢复中世纪的宗教道德。我们在“文艺复兴”这个定义中更多的是看到人们对古代道德智慧以及中世纪宗教智慧的一种渴求，他们想利用这些智慧来解决文艺复兴时期普遍存在的个人冲突，这一点只要我们观察文艺复兴时期诸多的人物画就会发现。这些绘画作品大都以宗教题材为主，表现的主题不外乎两个，一个是极端的冲突，另一个则是极端的和谐。① 冲突与和谐间的中间地带则表现阙如。这一时期的艺术家们往往通过宗教画来表现至高的“和谐”。还有一大部分人又通过将宗教人物凡俗化并且以诸神之间的冲突来镜像化人间的冲突。文艺复兴时期的艺术家之所以如此重视“冲突”与“和谐”这两个主题，是因为冲突在他们的日常生活中被普遍上演。人们可以随意伤害他人而不受法律制裁，每个人皆生活于恐惧之中。若说艺术是生活需求的集中表达，那么只要我们看看这一时期的绘画作品就明晓了意大利人对彼此相处的“和谐”有着多么强烈的渴

① 请参考丁托莱托的作品《圣马可解救奴隶的奇迹》《浴后的苏珊娜》，提香的《酒神的狂欢》与《劫夺欧罗巴》，乔万尼·贝利尼的《诸神的欢宴》与《圣母与圣婴》，拉斐尔的《草地上的圣母》，以及米开朗基罗的巨幅壁画《最后的审判》。

求了。“尽管意大利在政治上遭到了失败，但他们却祈望看到伦理道德复兴的曙光”[1]，他们希冀着一种古代或者中世纪有效的道德智慧来解决现实生活中的冲突。然而，这种希冀却难以实现。因为文艺复兴之前以柏拉图、亚里士多德和西塞罗为代表的思想家们的伦理作品一直处于散佚的状态，意大利很少有人读到，到了文艺复兴时代，这些古代作家的作品才渐次被从阿拉伯文翻译为拉丁文或者意大利文。除了翻译的残缺不全之外，翻译者常常根据自己的立场以解释学的方式进行翻译，随意解释古代作家的作品。如费奇诺就将柏拉图的哲学解读成了神学作品。加之个人主义观念的抬头，亚里士多德的那些“谨慎克制”的观点不再为文艺复兴时期的人所接受，瓦拉等人却将古代的“享乐主义”思想发扬光大，这些原因都导致古代智慧无法解救文艺复兴人的现实冲突。宗教作品中所力求达成的通过对“爱神”以及“神爱”的理解来建立一种现实的和谐的观念也随着对神的信仰的普遍怀疑而变得毫无可能，人们已经不再想也不再能够通过借助宗教观念中所蕴藏的人际间的相处定律来彼此构筑起那个相安无事的合理空间。文艺复兴人这种试图全盘搬用历史智慧来解决时下冲突的愿望最终不可能真正达成。在混乱的现实性面前，他们无法构建一种合理的人工道德。绝望之下，除了野蛮的互相伤害，通过武力和马基雅维利式的阴谋来将本该属于别人的权利强行占为己有以外，再别无其他方式。而这些做法与现代人权理念相去甚远。

此外，普遍化人工道德（人权观念）的建立需要一个被普遍接受的国际经验，是国际化伤痛的反思结果。如同第一次和第二次世界大战，这两次战争使得人类的大部分卷入其中，伤亡惨痛。两次大战覆盖之广、伤害之重要求人类集体作出一个反思。人权涉及的是人的全体性，涉及的是属性的人，因此现代人权观的最终建立需要人类大部分的共识。我们不能用这些要求那个时期的意大利，虽然在那个时代，随着新航路的开辟以及国家区域间的贸易交流的展开，人与人之间的联结较之之前的历史已经相对频繁，但相对来说仍旧非常封闭，欧洲与其他州

---

① Eugenio Garin, *L'Umanesimo italiano*: *Filosofia e vita civile nel Rinascimento*, Editori Laterza, 1993, p. 207.

陆的交流更是少之又少，更没用领受过世界性的共同伤害，加之国际间对话机制远远没有建成，这些必然造成那个时代距离现代人权的寓所还十分遥远。

（二）法律余悖与人权踩空

让文艺复兴时期的人们拼命奉行伦理利己主义，从而远离真正人权理念的因素除了道德共识的缺失外，通行的法律条文的尚未生成也是造成那一时期人权理念难以成型的决定性因素。如果说文艺复兴时期道德的客观标准不再存在，道德共识不再能够达成，道德惩戒（如鄙视、谴责）不再有效，在此情形下如果有明文的法条对人们的日常行为做出明确的规定，那么人们或许不会过度化地追逐自己的权利，至少会被动地与人划出一个合理的享用自身权利又不侵犯别人权利的明确界限。但令人遗憾的是文艺复兴时期的意大利尚且缺少统一的法律，仅有的一些法律亦没有有效的道德基础，完全是暴君为了自身利益而临时拼凑的条文。不仅如此，法国、西班牙等国的接连入侵，在那波里和西西里引发的冲突绵延不断，[①] 地区割据日益加剧，今日之条文明日就会变为废纸一张，各个地区没有统一化的法律观念，在这种状况下，人们不得不为自己的行动立法。“当意大利的法律对于某些伤害和侮辱不能予以纠正，尤其当人类还没有适当的法律来对付这种伤害和侮辱的时候，每一个人都可以自由掌握法律”[②]；“每个人都由着性子去攻击或是保护自己，把自己的野心、恶毒和仇恨贯穿到底，既不害怕政府干涉，也不怕法律制裁”[③]。

可能有人对此会提出疑问说文艺复兴时期怎么能说是法律的暗淡期呢，恰恰相反，大量可信的历史遗留证据证明文艺复兴正是罗马法蓬勃复兴的历史时期，意大利博洛尼亚大学在其中承担了近代法律建构的历史重任，其成果遥遥领先于欧洲其他各国。缘于此，欧洲其他国家还不断派人前来学习。既然如此，非但不能说意大利文艺复兴时期法律意识

---

① Cfr. Giovanni Lovito, *Politica e cultura tra Umanesimo e Rinascimento* , Ferraro 2008, p. 15.

② ［瑞士］雅各布·布克哈特：《意大利文艺复兴时期的文化》，何新译，商务印书馆2010年版，第476页。

③ ［法］丹纳：《文艺复兴时期的绘画》，傅雷译，上海书画出版社第109页。

自始至终不在场，反而应该将其定义为近代法律模式成型的重要时期。

然而当我们深入研究时就会发现那种看似应然的判断与事实格格不入。于此，诚然我们不能否定文艺复兴时期的博洛尼亚在法律研究方面的中心地位及其开创性的贡献，无可否认解释法学派、评价法学派，以及人文主义法学派曾以非凡的阵容和影响活跃期间，然而要是我们以结果主义这一通常有效的过去历史判断方法来评估时，一个相反的结论就会呈现在我们面前：文艺复兴时期的意大利还是没有有效的整体成文法。当然这不意味着没有法律，也不意味着没有成文法，而是没有统一而有效的成文法，这便造成了人权保障的完全踩空。

对于意大利为什么在当时缺失统一的成文法，通常的解释有两个：一种解释是公认的历史常识，即意大利当时正陷于四分五裂以及外敌入侵的被动境况，一个分裂的国家当然不能出台什么统一的法律。这种解释不会产生直接的错误，但过于表面。原因有二：一是当时的意大利是分为几个大的城邦国家的，而且这些区域是完全独立的，虽然不能制定出统一的国家法，然而区域法总应该被制定。二是到 15 世纪后半期，意大利的共和制逐渐让位于集权的新君主制，自由参与的状况被完全废止，新君主大权在握，完全有颁布统一法律的理由以及贯彻这些法律的力量。另一种解释是因为法律的制定者们在当时要依附于旧的势力，主要是教会和其他实力雄厚的贵族的给养，现存法律当然对他们是再有利不过的了，因为中世纪的社会力量完全掌握在教会手里，现在教会的力量也没有从根本上被削弱，因此依附于这些教会或者旧贵族势力的法学家们当然不能制定出新的法律，因为新的就是对旧的反对。于是我们便看到了一种略显滑稽的历史画面：解释法学派的学究们试图解释罗马法中每一条法律的出处、根据、使用规则以及在罗马帝国前后的实际贯彻情况；评价法学派的人们每日写文章就罗马法的一些条文展开分析，他们以罗马法原文为根据，然后常常失去原则而进行自我的肆意发挥，仿佛不是依据罗马法而进行评论，而是罗马法成为他们自己的法律主张的评论语；人文主义法学派更是高呼法律制定的人文依据以及法律实施过程中的人性关怀。然而，他们之中却极少有人真正地将诠释、评价与现实的法律制定结合起来。要么就是只诠释，或只勾勒理想的法律图景，二者之间始终被放置了一条隔绝板。因此，成文法极少被制定出来。此外，即使新君主也在鼓吹那些类似于消极人权的事项，然而不幸的现实却是：原本应该高于王权或者其他较高权利的法权理应位居最高，可是此时法律却成了王权的附属物，更确切地说成为实现王权的随意道具。这导致在日常生活中人们根本不享有基本的人权，亦没有基本的法权。

我们认为，上述导致文艺复兴时期成文法最终未被建构的政治原因当然值得我们考虑，然而更深层的内在文化病源我们更不应该就此略过。

事实上，当时一个显著的公认事实是：文艺复兴人已经有了强烈的法律意识，然而一部分学者不大看重成文法，而宁愿将其看作一种理性精神。[①] 我们认为，这种状况有其历史性的病源机制，也就是说文艺复兴人对成文法的具体制定的规避在很大一部分上缘于中世纪的教会法余悸，严酷的教会法在人们心中留下了持久的恐惧，这促使人们在潜意识中力图回避任何形式的法律条文。

中世纪教会法从精神到外在活动都对当时的人们进行了最大化的限制，并且以漫长的接近千年的时间拉长并连续助长，生活于事无巨细的教会法的严密规定中的人们对束缚与不自由有着深刻无比的体会。与教会法相对，正常的世俗法在束缚人们自由的同时还注重保障人们的自由以及基本权利，一种正义的世俗法只是将束缚作为手段，目的在于尽可能保障人们的合理自由。与世俗法不同，教会法不仅将束缚作为手段，还将其作为目的本身。教会法之所以对人施加束缚，不在于保障或者给予守法主体以正当的权利，而是将束缚权利的过程予以直接延伸，直至到权利束缚的终点，其间没有束缚与其他参入因素（包括人权的目的因素）的合理替身或者有效递变，而是让束缚的作用自始至终都单独扮演束缚本身的角色。因为根据《圣经》教义，以原罪为界限，人类真正的自由以及人权期已经成为过往，并为一个“苹果”所终结。伊甸园的驱逐正是人类权利以及根本自由被驱逐的相称隐喻，根据基督教

① 彭波那齐等人认为诗歌等形式包含与法律一样的“真理”，尽管诗人看似在用字词书写一些无稽之谈，但诗歌的语言与法律的语言有着一致之处，二者都有着“规定”真理的作用。可见，众多刚从中世纪走出来的头脑们还不大适应教会法之外标准化的世俗法律条令，当然这也不排除当时另一些学者重视法律研究的现实。（Cfr. Eugenio Garin, *Storia della filosofia italiana*, Einaudi 1966, p. 512）

义，人类的自由自此之后只能来自心甘情愿于不自由之中，来自坚守教义，虔诚悔罪，等待十字架的摆渡。妄念权利与自由被直接冠以七宗罪之首的“骄傲”之名，并被视为自由的终极敌人。自此，教会法只具有了片面单一的“禁止”之内涵，这一内涵经常与世俗法的内涵被视为隐在的一致，因为世俗法也以禁止为作用手段，任何法律都将禁止作为第一手段，而并非如道德一样将提倡作为工具。但正如上面的分析所示，法律中禁止的理想局面当然是全面实现禁止规定之中的一切禁止，并禁止一切禁止之外的禁止举动。在一部正义的世俗法那里，禁止本身并非目的，禁止的目的在于禁止与非禁止局面的同时达成，也就是说禁止的要禁止，非禁止的要非禁止。而教会法只是单纯具有“禁止”的规定性，甚至对道德的积极提倡都是如此。一般的世俗情形是，积极的道德行为只能提倡，但不能被强制，而教会法则不仅禁止之物，还禁止了通常不被禁止之物，如道德。根据教会法，一个人必须行善，不行善是被禁止的，教会法的触角延伸到了道德以及其他各个本应杜绝法律禁止的无关领域。尽管从一开始就有“自由意志”的说法，然而自由意志在基督教的体系中实则是完全受限的“不自由意志”。总之，教会的法律只强调“禁止”，除了对上帝的虔诚信仰外，教会法几乎禁止人们的一切自由，从不强调对人的基本权利的现世保障。

与其相对的另一个更明显的事实是教会的法规和戒律除了意识上的“禁止”以外，通常还将所有欲禁止的内容以具体的形式成文，最终通过讲道以及张贴禁律等一切形式将其彻底灌输到信众的内心。翻看基督的训诫，事无巨细，每一种行为都被规定，甚至可以说每一种行为都有被禁止的内容，而且还以直接的文字形式分条分目，并附着上诸多的虔诚而博学的经院哲学家的详细注解。这种法律对人们的精神以及身体的一切活动的限制是巨大的，除了一切都被禁止外，一切被禁止的行为也都可以看见，一个人可以明确看到什么被禁止，一个人所做的一切事仿佛都能被看到，上帝可以看到一切，上帝就是禁止本身。与其他宗教的至高神通常的笑脸盈盈和温暖不同，上帝在更多的时候是个训斥者，总是以严肃的面目实施训诫或者惩罚。

总之，中世纪教会法多年来推崇的“禁止意识”，以及明确的以条文形式颁布的“禁止事项”，对人们基本自由和权利的过度束缚造成了刚刚被松绑的文艺复兴人对具体的法律尤其是成文法的抵触心理。刚刚被解放出来的文艺复兴人更重视的是对抽象的自然权利规定下的自由与平等的当下实践，而任何传统的信条对这种自由都构成了根本的威胁。在对中世纪教会法余悸未消的情境下，下层民众绝不期待任何新法律的出台。中上层的工商业者为了实现自由的贸易，对法律制定表现冷漠。高层的贵族和马基雅维利式的君主更反对明确的成文法的出台，因为根据马基雅维利的说法，君主更重视的应是随机应变，是无规则，而不是被宪法精神限制住从而阻碍阴谋的自由实现。如果因为被法律限制，君主的阴谋失败了，国家将会陷入更大范围的分裂，到了那个时候，自由和人们手中仅有的一些其他权利也将丧失殆尽。同为上层的教会当然更不愿意将原来的禁止之法变为适当禁止的世俗与宗教相掺的法律，因为教会的势力在这个历史时期并未随着人们对教职人员之堕落行为的失望而在根本上被削弱多少。

总之，文艺复兴时期，由于中世纪严酷的教会法在人们心中的余悸犹存，人们更习惯于把法律当成人权的对立物，人们普遍排斥成文法的出台。而基本的世俗法条文的严重缺失也造成了基本的人权保障丧失了可以立足的根基，“一个社会如果缺失成文化的东西，就难以达成稳定的管理局面”[①]。由此，一切保障人权的行动最终只能陷入“踩空”的必然性结局。

（三）复数人权与单数自由

在讨论文艺复兴时期的人权与自由的关系时，我们首先要考察一下一般的关于“自由”的问题。自由是否是被设计的？自由是否是自由的设计？自由是自由的主体自为的行为还是被他者给予的？

首先，高频度的自由行为结果通常都伴随着自由的意识，在一个成人的行动模式中，自由的意识总是先于自由的行为。人对自由的追求作为一种本能会不断地对人们的认识必然性预先提出要求。这种行动上的自由是通过认识必然，有所为有所止而获得的，因此，这种最常见的自

① Cfr. Cesare Beccaria, *Dei delitti e delle pene*, a cura di Renato Fabietti, Grande Universale Mursia, citato da e-book Liberliber. it. p. 11.

由我们将其称作“计算的自由”。在一个稳定的时间跨度以及牢固的社会意识形态中，自由多开始于“理性的计算”，然后在计算结果的引导下逐步获得实现。这种“计算的自由”不仅对社会的稳定意识形态有着要求，而且对个体的心理运作模式也有着高度要求，也就是说，并非社会给了个体计算的宏观背景，个体就可以理性地实现这种自由，如果说这种个体自由最终被实现出来，一定有两种可实施的前提，即要么是个体认同这种社会意识或者物性规律而主动遵循必然的规范，最终按照外部的（社会或者自然的）规定而实现可实现的自由；要么就是个体对外部的必然训诫或者规律心存反感，并通过在法律和道德的空隙中不断游走的方式获得相对于第一种而言更多的自由而且不受到任何惩罚。

而文艺复兴时期的自由则在这两种通常的预估之外，属于第三种，这一时期的人们追求一种不计算的自由。这种自由建立在对传统价值观的深刻反感之上，而且不太畏惧外部必然性的惩罚。这种自由不产生于对外在法律与道德的技巧性地遵从或违背，也不需要被保障，而是一种“破坏的自由”。文艺复兴时期这种破坏的自由经常造就了“自由的意识”落后于“自由的实践”的这一特殊现实。有人说文艺复兴时期的自由活动是有着一整套关于自由的理论支撑的，如来自彼特拉克的《歌集》、薄伽丘的《十日谈》以及瓦拉等其他人文主义思想家的关于自由的理论宣传。事实上，与其说文艺复兴时期自由行为的普遍上演是这些自由思想的理论实践，倒不如说这些理论是文艺复兴时期自由现实的注脚。至少当这些理论出现的时候，文艺复兴人已经在一切领域展开了自由的实践了。而且，如果翻阅那时期的书籍，我们会发现，真正以“自由”为主题的理论书籍并不多，很少有对自由的理论以及实践活动展开系统谈论的书籍或者文章，有的也不过是民间流传的一些文学轶事，且极少能如《十日谈》一样可以广泛流布。即使是瓦拉的《论享乐》，要是仅仅将其当成“自由的宣言”也是有失妥当的，在该书中甚至我们不清楚哪个人能够代表瓦拉的真正思想，也有可能是那个虔诚的卫道士。

虽然我们通常认为作为理性的人，其稍微复杂化的行动本身不可能先于计算，然而文艺复兴人却在现实的层面上演了这种真实的自由。出于对漫长的黑暗时期沉重压抑的反抗，整个意大利社会在 13 世纪以后仿佛一下子就进入了一个“自由的时代”，“每个人都只是希望别人被社会规则约束，自己却反对任何约束”[①]。从压抑的时代到自由的时代并没有经过带有过渡时间性的关于自由的准备阶段。社会仿佛在刹那就进入了散漫无拘的状态，每个人都在如此行动，他人直接成为了“我”的行动样板，而与此同时他人也在模仿“我”。文艺复兴人自由的实践并未落后于自由的思维，甚至位立其前。而且，文艺复兴人与其他历史时期的人对自由的争取方式也截然有别，其他时期的人们往往会通过各种手段获取自由。包括遵循必然规律，通过制定法律，自己主动创造自由的局面或者在特定的情境下让别人给自己自由。而文艺复兴人仿佛只注重享用一种“单数的自由”，一种通过破坏而创造的自由。这种破坏的自由不是在必然的规则之中寻找空隙以便来伸展自身，甚至都不是通过故意砸碎规则并创造新的规则来实现自身的自由目的，而是不顾规则，他们是规则的“形同陌路人”。他们很少将大脑的神经通道作为自由的跑马场，而是如一匹烈马一样在现实中横冲直撞，为所欲为。这不是单纯的思想的破坏，而是行动的破坏。这在亚平宁之外的地区，之前以及之后的历史中从未被上演过。这也许恰恰是文艺复兴的特别与重要之处。

通过上面的关于文艺复兴时期“单数自由”的特征分析，我们可以直接过渡到文艺复兴时期的自由与人权的相互关系这一问题的讨论上。

无可否认，人权保障制度的最终建立也同样需要破坏，但这种破坏更多的是对过分地不尊重他人的侵犯行为的限制，且这种侵犯行为具有无故破坏他人基本权利的特质。因此，人权意义上的破坏是一种对无故破坏的破坏，而且预先需要通过法律或者规则的形式对欲要破坏的行为进行计算，当且仅当合理之时才去破坏，因此，这是一种“计算的破坏”。人权具有双核的内在结构，除了破坏的内核外，人权理念还有建构的内核。因此，我们说人权具有“复数”的特征。正是通过破坏以及建构的同时进行的“复数活动”，人权获得了一种“最简约”的特

---

① Cfr. Cesare Beccaria, *Dei delitti e delle pene*, a cura di Renato Fabietti, Grande Universale Mursia, citato da e-book Liberliber. it. p. 9.

性，即人权只规定很少的方面，一般只包括生命权、自由权、尊严以及合理财产权的保障。尽管积极的人权事项涉及更多，然而伴随着不断的异议，它在总体上呈现的是一种流向"单数"的液态模式，并最终以最简约的固态形式坚定捍卫基本的消极人权。尽管人权有着外延维护上的简约外表，然而在对消极人权的实质保护方面，人权维护又包含所有，具有坚定的"复数"特征。拿自由来说，凡是该有的自由它都要维护，该有的却没有的自由它还要去建立，总之，人权理念又具有"贪婪"的内在属性，它要把建设与破坏同时发挥到该有的极致，将加法与减法同时进行到实在的底面。它要创造最方便的情景去满足自由的"合理野心"。

然而文艺复兴时期的人们却对给予的自由并不接纳，从最初的时刻给予与接收在生存论的意义上便开始了毫无关系的背向旅程。这种破坏的自由从一开始就既不与破坏的人权搭接，也不与保护的人权接轨。因为这种自由仅仅具有一种"向过去告别"的特质，且从不将目光伸向未来，并对那些通过人权意义上的规则建构保护将来自由的事情饶无兴致。甚至自由的主体会将自由权的建构看作自由实现的实在敌人。因为这个时期的人刚从中世纪的暗影中走出来，遗忘了古代哲人对自由的理性分析，从未有效思考过什么是自由，当然这并不意味着他们从不在必然的层面上思忖自由，而是他们不愿意将自由思考的重心放在这里。其重心完全放在破坏之上。虽然不知道或者不想知道自由为何物，但他们清楚地知道先前的不自由为何物，因此，只要破坏掉先前的不自由就可以获得自由。这是破坏的自由，同时又是自由的破坏。

人权与自由的生效过程一般来说都伴随着"它者"与"他者"的立体关系。人权通过它者导向他者，通过中介规定来达成正常的权利义务关系，人权规定他者的它者，并借助法律、社会意识、道德以及规则这些它者的具体形式来实现"众者"的和谐共处。而文艺复兴时期的自由则不服从这个路径，它从不在"它者"与"他者"之间进行任何有意图的联结，他既破坏"它者"，同时也破坏"他者"。当它者以不合时宜的神学教条出现的时候，自由前去破坏，当它者以新的符合社会发展前景的规则的样貌出现时，自由还是直接将其破坏。自由还直接迫害他者，以便从他者那里获得它者，甚至经常不是为了他者的它者，而单纯只是为了自我的发泄，为此，无辜杀人取乐，凶狠的恶作剧等形式经常被上演。

此外，今天当我们分析基本的人权四项时，一般都会看到四者的姻亲关系。即其中之一与其他三项紧密相关。保护其一即是保护其三，破坏其一就是破坏其三。如没有了生命，尊严、自由、财产都是空谈。没有了自由，生命变成了行尸走肉，尊严全无，财产也终成他人“嫁衣裳”，同样，保证了一个人基本的通过正义渠道获得的财产权利，其生命活动便有了物质基础，不再以不得不的形式完全依附于人，自由便可获得，尊严也不会失去。总之，一般意义上，正常的人权四项彼此合作，相互保证。然而我们看文艺复兴时期的人权四项，便会立即发现不一样的特征。在非常常见的情形下，他们多是以“无关者甚至敌对的样貌”最终出现的。如他们在满足自由的冲动时，往往不只是忽略他人的尊严，还同样不顾及自己的尊严，甚至不顾及自己的生命，更不会在意自己的财产。在满足尊严以及虚荣的时刻，生命仿佛成了尊严的敌人，文艺复兴时期，“他人的敬重成为了不能缺场，那些曾被认为奴隶和贱民才会重视的私人决斗形式被普遍上演”①，甚至家族的世代决斗和血杀也是经常出现的社会现象。为了尊严，可以牺牲掉家族的财产，可以以赤贫的状态买来一切力量消灭对方。总之，这是一种不正常的四项关系。

虽说人类正式在文艺复兴时期重新卸掉枷锁，开始了迈向自由王国的路途，同时也是从文艺复兴时期开始，现代意义上的人权理念开始被孕育，但二者却不是并进对应的，甚至在开始的时刻是互相为敌的。但我们并不能因此而否定这一时期自由以及人权萌芽期的积极意义，从人类整体的历程看，文艺复兴时期不仅仅是自由的自否定阶段，同时也是人权的自否定阶段，二者自身之内的自否定都是通过相互间的对立否定而同时实现的。随着历史向前迈进，二者终于迎来交集，而且重合的幅度逐渐加大，最终，合理的自由被真正的人权理念所涵容与保障，在人们相互尊重基本人权的前提下，自由在真正的意义上获得了越来越多的

---

① Cfr. Cesare Beccaria, *Dei delitti e delle pene*, a cura di Renato Fabietti, Grande Universale Mursia, citato da e-book Liberliber. it. p. 16.

实现。

（四）民主之萎：从人权到一个人的权力

按照一般的判断，文艺复兴既然是一个自由而开放的时代，那么必然是一个民主的时代，这种民主给予人们以真正的人权，自由的人们通过制度的形式强化了民主，因此，人权与民主在文艺复兴时期应该获得了最客观的保障。然而实际情况正好与之相反。第一，文艺复兴时期，人们连消极人权都没有得到保障。第二，文艺复兴时期不但不具备稳定的共和民主形式，反而从 15 世纪后半期开始，君主专制开始建立起来，并且专制的程度越来越强。因此，这和一般的常识判断正好相反。那么，其中的原因是什么？我们是否可以得出“文艺复兴时期没有民主”的结论？民主政治和其他民主实践行为在文艺复兴时期的具体表现是怎样的？这是我们下面要具体说明的问题。

几乎任何人都承认，民主与法律的联结最为紧密。一种好的民主政体必然要以一个相对正义的法理体系作为其建构的基础，而且须严格按照法律规定进行程序作为。因为正义的法律通常都是通过民主的方式被建构的，民主的政体又是依据民主的法律进行建构的，所要保护的也是人民大众。事实上我们可以通过法律与人权的对应关系来判断一个具体的社会制度形态的民主状况。法律的突出特性就是规范性，法律总是以具体条文的形式从重要到不重要，从宏观到微观，以序列的严整形式来表达允许与禁止的社会规范。“法律与惩罚应该是梯级对应的，各自以及相互的由强到弱的梯级结构不应被随意打破，更不能使最严重的犯罪行为只承受最轻的处罚”①。

与此相应，人权的表达形式也是一种序列的规范形式，从最基本的生命权开始，经过尊严、自由、财产权，依次向下延伸，越接近这个序列链条的起点，人权就越基本。依次向下，人权从基本的消极人权、中级人权、较为积极的人权，最后走到高级人权。人权的积极性越高，相对必须保障的要求反而较低，当然这并非意味着高级人权不重要，而是

---

① Cfr. Cesare Beccaria, *Dei delitti e delle pene*, a cura di Renato Fabietti, Grande Universale Mursia, citato da e-book Liberliber. it. p. 13.

保障起来相对较难，社会对较为高级的人权的保护意见存在较大分歧。

法律与人权的保护条例实际上正好形成一个对应的序列，而且二者越对应，法律就越正义，人权的实际保障意义就越强，一个社会建制就越民主科学。反之，如果二者的对应关系混乱，甚至在某些重要的方面恰好抵牾，则这个社会就越不民主。

文艺复兴时期的法律条文与人权保护的要求显然没有符合这一对应的平行关系序列。因为，文艺复兴时期仅有的少量的成文世俗法的理路起点不是人权的保障，而是统治者的政治利益以及宗教利益的保障。前面已经说过，文艺复兴时期除了少量的世俗法之外，大量存在的是历史遗传下来的宗教法规，因此，文艺复兴与其他历史时期显著的不同之处是它有着并列而立的两条法律序列。而且这两条法律序列不相上下，实力相当。这种状况显然不同于之前与之后所有的历史时期，之前经过了世俗大于宗教，宗教大于世俗，之后又经过了世俗明显大于宗教等现实情形。直至今天，宗教法规已经最大幅度地收缩了管辖领域，除了少数的中东国家外，教会的法律只能退位到教规的水平，且只对信徒有效。在当下的今天，如果某一教会的管理者根据相应的教会规定，对某一教徒实施迫害，他本人的作为不但不被认为是正义的，而且还会受到世俗法的严格制裁。即使是西亚的某些政教一体的国家，在今天以宗教的道德禁律对其信徒进行伤害时（如偷情要被处以石刑），国际社会也会积极介入，至少在道德上对其进行严格批判。在文艺复兴之前的中世纪的大部分时间内，教会法严格高于世俗法，以至于世俗法经常成为向教会法妥协的产物。那个时候的人们一般也只有宗教的评判标准，世俗的评判标准直接让位于宗教的评判。

而文艺复兴则不同，世俗的法律序列和教会法规的序列并驾齐驱，各不相让。如上所述，一个正义的法律体系应该与人权保障的序列理念平行一致，比如在一般的世俗法中，无故杀人都是第一禁止之事项。即使是在一个相对不那么正义的政体形式的世俗法律规定中，无故杀人也是要被判重刑的，即使在集权的不正义的社会建制中，即使统治者可以根据对自己政治前景的威胁程度随意杀害潜在的对手，即使社会目无法纪，混乱疯狂。然而，在它的世俗的法律规定上我们仍然可以看到一个看似正义的、与通常真正正义的法律序列没有多大的区别的，总是把无故杀人、无故伤害放在最严重的惩罚位置的伪装样貌。也就是说，在世俗法的背景下，一个社会可以不遵守这种世俗法，但这种世俗法却总是以一个正义的样貌出现，通常总是按照人的基本权利的保护者样貌出现。即使古代的谋反罪名，其惩罚的力度以及牵涉的范围最广，然而在建构的序列形式上，它还是轻于无故伤害、无故杀人的。只是杀人最重，杀害君主尤其重，而已。总之，无故杀人总会处在世俗法禁止的最开端之处。即使在一个四分五裂的国家内部，或者在不同的国家之间，当世俗力量占据统治地位的时候，法律的样貌大概都是相同的，尽管道德的样貌大不相同。

而历史走到了文艺复兴，在世俗法律与人权的保障方面，由于具有相同力量的教会法的掺入，二者有序的对应关系被完全打破。比如，在人权的层面，自由是最基本的人权，信仰自由更为根本，然而，这种信仰自由在宗教的惩罚序列中却处于顶端，要被处以火刑。如此，在世俗法以及人权条例中要被保障的最基本的内容到了宗教法那里却要被以最严酷的形式剥夺，原本最重要的生命权与自由权在宗教那里不名一文。因为宗教法律体系的建构不是以人的根本权利的保障作为起点与终点的，而是以神的权威保障作为其全部的建构逻辑的。①

不只是教会法的干扰作用，由于统一而有效的世俗法的缺乏，原有信仰的根本缺失，人们在行动的时候失去了可依赖的标准。个人以及某些学者、宗教小团体和自由组合的派别的学说到处蔓布，有的人文主义学说发展到极端，为了撕碎以往的桎梏，故意制造与常识法律道德相悖的学说。常识法律禁止的，他们提倡；法律常识提倡的，他们拒绝，并且拿自己的或者自己信奉的学说作为自己的或者他人行动的规定指南，这些纷然的学说完全破坏了正义法律建构的现实可能，那个原本可能以序列的形式生成的世俗法律完全变成了散乱的单子，匮乏、无依据、单调、脆弱，易变，不被接纳，实施不正义，各种问题一起出来，人们对法律完全不认同。杀人成为了再平常不过的事情。一个人被无缘无故冤杀，甚至还被挂上了身前有道德缺陷的恶名，凶手的责任不但不被追

① 瓦拉就曾不遗余力地批判过教皇对世俗法规与秩序的破坏。(Cfr. Eugenio Garin, *Il Rinascimento Italiano*, Cappelli editore 1980, p. 266)

究，反而经常以为民除害的英雄之名继续存在。混乱的道德判断不断与成文法律规定互相掺杂，以至于很难分清哪些是道德训诫，哪些是法律规定。

由此，人权的保障已经变得绝无可能，因此，彼特拉克、布鲁尼等人看到了当时社会的这一令人绝望的现实，同时也发现了单靠道德以及原有宗教信仰的训诫已经阻止不了人们伤害他者以及他者伸向这人的自由的手臂。当分散的道德拯救已经无力挽回局面时，对正义政治体制的建构就成为当时之必须，因此这些思想家放弃了人权之路，而从人权的保障直接过渡到了民权的保障。对此，他们对统治者提出过各种要求，“君王宝鉴派”的书籍一时炙手可热；也试图制定过各种理想的政治蓝图，以使意大利走向真正的民主政治。他们强调公民的权利建构，不再寄希望于每个人，而是有教养的公民，人权走向了民权，实际上是公民权。然而，由于道德、法律、宗教相互掺杂，不但不以序列的形式相互保护，反而相互拆台，加之政治势力之间的抢夺领土的斗争以及法国和西班牙的频繁入侵，可能的民主之花在未开之时便已枯萎。民权的保障和人权的保障一起被抛掷于绝望的境地。

既然通过正常的形式无法实现民权到人权的路径保障，君权的形式便呼之欲出了。①

实际上，当历史发展到文艺复兴的关节点时，君权从学理预定上是不应该再次出现的，在这个人的个性全面发展的时代，“君权”无论如何都是个过时的字眼。然而，君主的政体形式却违背人们的预测，在意大利的土地上纷纷建立了起来，人权与民权被依次缩小，最终成了“一个人的权利时代”。美第奇家族于 1532 年正式建立了托斯卡纳公国，专制的政体被长期固定了下来，直到几百年之后的民主运动，这个专制体制才最终落幕。

专制政体的建立除了外来势力的扶助之外，另一个主要的缘由是人们对于民权的绝望，对于自身频繁被伤害的处境的不堪忍受。民主政体成了“软弱无力”的同义词而被人们鄙弃。人们不从自身的道德整饬

---

① 瓜里诺就曾为古代凯撒集权制做出过有力的辩护。（Cfr. Eugenio Garin, *Il Rinascimento Italiano*, Cappelli editore 1980, p. 221）

入手，也很少讨论正义的法律条文的实际建构，而是延续了这个民族“懒惰”的传统，直接跳到了一个捷径的踏板上，希冀通过君主的集权来结束厄运。因为混乱在他们看来是现实的，至于混乱的原因他们很少分析，但既然混乱是最主要的社会状态，与混乱直接对应的就是整一，结束混乱需要整一，而君主制便是整一的最佳表现形式。

然而，已经逃离中世纪“洞穴”生活的意大利人显然不会要一个旧时的君主，他们需要一个“新君主”，且这个“新君主”具有与一切君主完全不同的样貌。首先，这个新君主要有 virtù，这个 virtù 不是狭义上的“德”，而是指一种强力的统治技能，这种技能要集中体现出力量与灵活性，他应该是个“道德”的君主，但这种“道德”不该是“妇人之仁”，而是随机应变，快速有力。在那时的观念里，判断一个君主是不是道德的，要以“结果主义”的原则来判断，只要他维护了这个国家的统一，扫除了分裂与混乱，这个君主就是有德的，至于君主本人做了什么，是不应该用通常的世俗道德进行评判的。君主被要求要在一种看似远离民主的形式上实现民主。当国家掌握在他一个人手中之后，人民和君主就成为了同一个人，君权与民权已经等同。事实上，早在马基雅维利之前，但丁在《帝制论》中就已经鲜明地表达出建立这种世界帝国的政治希望，这种体制一旦被建立，世界上的所有东西都属于君主，他自然无所私心，必然会一心想着人民的福利，正义的法律道德自然会被建构和实施，因此，君权依次被反向扩大，到民权再到人权。

君主制确实建立起来了，但遗憾的现实是这个君主最终却成为了民权与人权的最大障碍。因为这些君王的权力处于不大不小的“中间程度”，这种程度正好铺设了对民主实现的最大障碍。因为如果这些君主之一的力量足够大，大到能统一整个意大利，或者至少在城邦中实现完全的统一，能够消灭宗教势力的渗入，能够赶走侵入的外敌，能够用法律对国民的行为进行规约，使得社会处于良性的运行环境之中，这个君主当然是正义的存在形式。反之，要么这些君主的力量足够弱，对君主制心怀失望的人们能够联合起来消灭君主，建立共和制度，通过议会等形式对统治者进行规范，建构正义的法律体系和政治形式来保障基本的人权。从这个意义上说，如果意大利的君主足够弱，反而有助于民主形式的尽早建立。

然而意大利的新君主正好处于中间的力量带，民主的呼求难以被满足，专制的力量又不够，这使意大利长久地陷于这种两难的尴尬境地，人权的保障更成为了不可希冀之物。

（五）人权降格与尊严仰视

接下来我们看看文艺复兴时期的尊严与人权的关系，相应地，我们要考察文艺复兴时期的“尊严”概念与现代被人权所涵纳的“尊严”概念的差异，并从真正的尊严维护缺位的角度来分析文艺复兴时期人权理念尚不成型的最后一个原因。

“尊严”与“平等”是两个有着原始链接的语词。我们今天谈人人都应该拥有尊严，首先就是从自然法那里来的。自然法规定，理性的宇宙给予每个人相同的对待，因此，一个人从不比其他人缺少什么，也从不比谁低，因此，理论上任何人也没有凌辱、凌驾他人的资格。人人天生平等，拥有追求平等权利的合法根据以及获得实质内容的行动自由。如果没有自然法的理念，没有平等的意识，现代意义上的人权理念就无从提出。然而以自然法为根据提出这个诉求，真正等到共识性的人人平等的理念的生成，以及相互尊重对方的尊严，使其不至于受到不符合自然法规定的凌辱行为的攻击，这样的历史的梦想是需要等待事实的。

我们考察文艺复兴时期的尊严观，便容易发现其与现代人权中所包含的尊严、尊重有着根本的差别。

如上所论，尊严的起始及其终点（现代性终结的今天），人权始终与平等链接得最为紧密，开始时的自然法要求平等的尊严，今天我们在谈尊严的平等。然而在尊严演变道路的中间驿站上，我们发现其图景经常与差续孪生在一起，尊严的诉求与不平等的要求经常被捆绑在一起。

文艺复兴时期就具有这种显著的特征。我们以前的考察中常常说文艺复兴人最关心平等，并尽一切可能去实现平等。根据这种说法，曾经的下层人都要求权利与尊严，要求和上层人获得一致的地位。但实际上如细加考察便会发现，文艺复兴人要求的并非是这些，与其说他们是在不平等中要求平等，不如说是在平等中要求不平等，更不如说是在不平等中要求不平等。文艺复兴社会各个层次的人都在要求不平等，他们追求荣誉和尊严，并要在不平等的地位上获得更高的尊严与荣誉。先说地位比较高的人们，他们最先感受到自身尊严的危机，因为文艺复兴时期最显著的变化就是社会地位的变化，我们可以将其称为“轻易的可变性”，上下地位的转换成为不再容易造成惊讶的经常性事实，悲哀与欢悦的情绪交叠是文艺复兴人风光与失落的日常注脚。上层人首先总是在一切可能的交流场域内扬声宣扬原在的不平等，声称自己的高贵应该让自己获得更多的尊严。因此，我们阅读文艺复兴时期的书籍时经常看到那种早已过时的血统论、种族论、家族论，如阿尔贝蒂在《家庭论》中一直坚称自己出身于高贵的世家，因此应该维持住曾经的高贵与尊严。① 但丁则在《帝制论》中以历史考察的方式证明了罗马民族是世界上最高等的民族，他们身体内流淌着不同于低劣民族的高贵血液，这个民族在过去征服过世界，理应拥有更高的尊严并获得更多的尊重。同样，要是认为原本地位低下的人们通过适合的手段冀望能有机会获得和旧时上层人一样的尊严并到此为止就是大错特错了。即使是地位低下的人，其野心的体积并不因为旧时地位的相形见绌而丝毫收敛，这些人不但要求要从旧时的不平等争取到与有势力的人一样的平等，而且还要有超过这些人的部分。是要从不平等中直接越过平等，最终的更高的不平等的云端地位是他们孜孜以求的永恒目标。尼采对此高度赞赏，并认为这才是真正的高等人类，人类最优秀的历史阶段就是文艺复兴时期，因为那时的人并没有学会其前其后的人所拥有的怯懦以及伪善的品质，他们不会怜悯，只追求更高的尊严。

我们今天谈尊严，一般总与侮辱有关，一般来说，现代意义上的人权尊严即意味着不被无辜侮辱。文艺复兴时期的尊严与侮辱的关系更大，但其中的内在意蕴却是：为了抬升我的尊严，除了侮辱并降低你外，别无他法。文艺复兴人与平等感是天生的敌人，不论对任何人，被随意施加的平等成为了一个被厌恶的侮辱性词汇，“我与谁平等都是对我的侮辱”，这个“谁”我不需要现实的地位认定，只在“元分析”的

① Si veda Leon Battista Alberti, *De Familia*, a cura di Emilio Piccolo, Claccici Italiani, Napoli 2009, pp. 114 – 115.

意义上就已经被定性，这个“谁”只要不是我自己，就等同于对我本人的侮辱。

我们今天在谈一个健全的“尊严”概念时，一般会具体区分几个方面，即“尊严的意识”与“尊严的保护”，其中又可区分为“尊严的主体意识”与“尊严的客体意识”以及“尊严的主体保护”与“尊严的客体保护”。即是说当历史走到理性文明的阶段，一个有着正义观念的理性人应该有尊严的意识，意识到尊严的价值，包括尊严对“我”的基础价值以及对同为人类的他人的基座价值，并将其当成日常生活中相互对待的指导性法则，不仅对自身的尊严的维护有着日常的机警，会从法律以及道德中提取相关力量对自身的尊严进行维护，同时，也应该尽力在言行上切实维护他人的尊严，并负有协同保护他人的尊严不受到不仅是“我”而且包括只要是他以外的任何人剥夺的义务。这才是现代意义上符合人权基本价值诉求的尊严理念。然而文艺复兴人却直接脱开了“尊严的客体意识”以及“尊严的客体保护”这两个方面，将义务直接丢掉。

今天我们谈人权时，虽然首先肯定权利优先，即“我”的人权的被尊重并非建立在义务先行的逻辑序列之上，因为儿童以及诸多没有能力的人虽不能对他人尽义务，然而仍有基本的人权。然而，文艺复兴时期的情况却不同，因为从现在人权理念的学理上讲他们必须附带义务，至少是不伤害的义务，因为他们伤害，而无辜伤害是为人权理念所排斥的，所以不伤害理应成为一种义务。然而这是他们不想看到的，他们经常被伤害，但奇怪的是我们并没有看到他们因日常经常被伤害而创造出有效的规则去避免这些伤害，或者至少自己去遵守法律和道德尽可能少伤害他人以避免自己被伤害。但他们仿佛看清了那个时代的一个事实，即使“我”不去伤害他人，也不能保证他人不来伤害“我”，互相尊重、相安无事成为一种略带滑稽意义的思维安慰。因此，尽管尊严经常受到侵袭，然而，我们很少读到他们的歇斯底里以及呼吁社会制定法律来保护尊严的诉求。文艺复兴人不太喜欢法律，因为法律意味着被定性，不论是下层的人还是上层的人，都不喜欢被永久定性，因此他们不喜欢制定法律和规章，不喜欢被束缚和被统治。

三 结语

总之，一方面我们应重视文艺复兴在对现代人权观念最终建成过程中所起到的过渡性作用，因为这时期人权第一次从神权中解脱出来，人权的载体——个人从集体中挣脱出来，价值观念从保守反动中解放出来，而这些都是现代人权观念构成的最基本的要件。

但由于不具备统一的道德、法律以及政治基础，又没有相应的尊严、自由以及其他观念体系的有效配套，致使文艺复兴时期刚刚被解放出来的单个个体面对单一性他者时缺乏必要的相处经验，不晓得如何营建一个人人都能接受的、在合理的范围内彼此相安无事的非伤害性交往结构。而这正是现代人权的核心理念。现代人权构建的核心点便是找到这个所有人共存共生的交集，在这个交集中，基本的属于人的消极权利不再允许被无辜伤害，这便实质性地保护了所有的人。这个交集的建立需要对历史伤害的深刻反思，需要道德智慧和法律政治制度的有效配合。而这些核心构成点恰恰不为文艺复兴时代的西欧人所具备。这种“人权”追求的过度化造成了人权理念的遗憾缺失，最终使得“过度”成为了“不足”，“多元”成为“滥用”。

综上所述，在考察文艺复兴与人权理念的构成关系上，我们只能将这段历史定性为“过渡（度）人权时期”，并以此来表达其积极与消极意义。需要指出的是，从宏观的人权历史构成来讲，这种消极并非意味着阻碍，相反，消极中寓住着积极的推力。① 正是在通过对文艺复兴及其之前的消极历史教训的不断反思的基础上，后世的现代“人权”观

① 在《权力意志》一书中，尼采高度赞扬了文艺复兴式的德性，并将其称为“非伪善的德性”，因为它体现了真正德性的本质：“德性就是要做所有通常受禁止之事，它是所有群盲立法范围内的真正 vetitum（被禁止之物）。”他认为“我们以三个多世纪的所有紧张努力，还没有重新达到文艺复兴时期人类的水平”，并号召人们要“敢于为达到文艺复兴的风俗本身而努力”，因为文艺复兴时期的人有多善就有多恶，他们把“此在的对立特征最强烈地表现了出来”，而这恰是德性在人身上真正的体现形式，恶最大限度地提升着善，恶推动着善的前进。（请参阅尼采《权力意志》上卷，孙周兴译，商务印书馆 2013 年版，第 595、597、591、596 页）

念才逐渐生成直至趋向完善。从该意义上讲，文艺复兴时期人权的“过度”化恰恰反向造就了其向人权理念的正式“过渡”。“过渡”带来了“过度”，“过度”又推进了“过渡”。

第六章　从积极正义到消极正义

——但丁与马基雅维利的国家正义思想比较研究

在整个中世纪，人们经常讨论的伦理问题实际上只有一个，即“宗教道德”，讨论的目的也只是让每一个人虔诚改过，最终接近或者完全符合宗教道德的要求。在中世纪，政治学以及政治伦理是一直遭受冷落的，甚至可以说中世纪就没有政治关注，至于具体的政治正义的讨论更是阙如。宗教关注的事情貌似是群体的行为正义，是一场宏大的伦理归正，实际上宗教面向的只是个人的信仰。虽然基督教也关心个体间交往模式的正当性，认为应该听从基督的告诫，“爱你的邻人”，相互间应该以“完全和睦”做为交往的原则与旨归。然而，这是在信仰的纸面上开出的微不足道的伦理清单。基督教重视的仍然是“人和上帝的挨近”，个体间的交往模式尽管也被提及，然而那只不过是按照上帝的要求来行动。在信仰的幕景下，政治参与完全淡出人们的生活世界，在基督的话语中，人是有罪的，谈论人如何建立国家以及共同体更是违背神意的，至于国家正义或者世俗的共同体正义的讨论更被视为荒诞之词。总之，在漫长的中世纪，宏观的政治讨论是不存在的。宗教关注的只是个人的归宿，至于个人间的政治连接、国家的建构以及政治正义的讨论方面则极少被碰触。

然而问题是，中世纪这种“剔除政治”的人间生活模式被实践证明是极度失败的。和抽象的上帝对话，远离人群的生活模式是违背人性向着良善维度发展的。不关心世俗政治事务，只是单纯强调宗教修养就会让国家陷入混乱,[①] 生活于混乱之中的人们就会被迫堕落。文艺复兴时期的意大利就面临这样一种消极的现实。

在国家分裂、道德败坏的现实中，意大利的思想家们首先开始了“政治远足”[②]。从但丁开始，经过彼特拉克、布鲁尼和马基雅维利直至康帕内拉，意大利思想家一直在政治的道路上接踵前行，他们偶尔旁顾一下道德与人性，然而这些只不过是被作为走向终点的路途中有意拾取的工具，为的终究是政治正义的建构。

文艺复兴人在讨论政体与国家的建构时，政治正义问题势必要被涉及。在正义的七色板上，各种思想时而彼此接应、时而相互交锋，如同文艺复兴时期的社会状况一样，让我们很难对其进行归类。文艺复兴时期的正义思想不曾承接远古的谱系，与后续时代的正义观点也难以相容，它占据一段独特的色带，在其中，各种正义思想冗杂却又观点分明，一块块独立的正义色条沿着时间的次序向前延伸。在诸多的正义价值中，让我们暂时丢掉中间地带，只是分别选取但丁和马基雅维利这两位“极端”思想家的正义思想展开分析，前者的正义观我们称其为“积极正义”，后者则是“消极正义”。在正义载体、构建方式、政体维护以及所有涉及的政治正当性方面，二者均有着极端的对立。但丁关于积极正义的思想是苛刻的，他要构建的是正义的毫无瑕疵的“世界乌托邦”。在合法根据、构建过程以及作用发挥等方面，这个“世界乌托邦”都要严格符合正义的要求。马基雅维利则没有那么乐观，他只是对国家和君主寄予正义的希望，然而他不奢求承诺，更不祈望实际保证，而只是“希望”构建起来的政体能够为民众带来相对更善的政治生活，在这个过程中，他允许瑕疵的存在，甚至有时候鼓励“恶”的存在。马基雅维利的正义观本身就是一座造型独特的地基，要了解建筑其上的政治大厦，首先就要了解他对正义原则的独特解析。马基雅维利的政治思想被称为“马基雅维利之谜”，历来被各个时代不同流派的思想家站在不同的角度进行相似或者相反的解读，不过，这些解读最多也

---

① 关于马基雅维利对“混乱”现实的斥责，请参阅 Eugenio Garin, *Il Rinascimento Italiano*, Cappelli editore 1980, p. 221。

② 关于意大利思想家的政治颂扬，cfr. Eugenio Garin, *Il Rinascimento Italiano*, Cappelli editore 1980, p. 218。

仅仅是一种“猜想”。然而，如果和但丁的政治思想进行比较分析，我们确实可以发现一些关于马基雅维利政治正义观的“秘密”。下面我们将对此展开具体分析。

一 正义及其实现载体

（一）但丁：帝国与普遍公理

但丁对个体在以往以及他所处的时代的所有表现尽是失望的，尽管我们不能否定但丁对文艺复兴最显著的时代特色——“主体的觉醒”把握得较为清晰。这种“个体的突出”不需要被刻意发现，关于自我的这种跃动感在但丁以及与他同时代的每一个人身上都清晰可感。然而我们要说的是，尽管但丁意识到了中世纪的关于人类的干瘪抽象已经被他所处的时代关于“单个人”的多样特征与满溢的精神世界的现实图景永远取代，然而但丁并不看重这种源自个体的力量。事实上不只是但丁，持这种态度的还有彼特拉克、费奇诺以及同时代的诸多思想家，他们都看到了表现时代特征的个人的活跃与多元面貌，然而他们对个人凭借德性的力量最终走入真正的上升轨道多持悲观态度。① 个体被提及、被高扬，甚至被局部神圣化，然而，仿佛依然秉持着中世纪的消极惯性，文艺复兴人并不因为个体被提及、被高扬而对此赋予真正的希望。人在整个中世纪的宗教生活中被宣告是永远软弱的，文艺复兴时期的个人也随时在目睹着这种软弱。直至但丁时代，人似乎很少以自己的实践理性为自己赢得实质性的荣誉，相反，感性的堕落、道德的背叛、自由的葬送、正义的遗忘，这些反倒构成了文艺复兴人可以为自身及其人类前辈所做的总结性描述。至于个人可以为自己救赎，或者个人可以通过自己的实践理性感化同胞，并且使大多数人通过道德感染而走上上升之路的想法大都被直接斥为荒谬，伴随着这种对个体的失望，被后来的斯金纳称为“新共和精神”的价值图景开始为人重视。这种共和精神开始重视公共语境，突出制度正义，它面向的是人类的共同体，企图搭建

---

① 这种对“人性能力”的悲观，请参阅 Eugenio Garin, *Storia della filosofia italiana*, Einaudi 1966, p. 315。

的也是宏大的国家幕景，其最终的目的即是通过大的共同体正义来实现全体正义，包括重振希望，恢复自由以及德性提升。

这种背景搭建在但丁那里，从一开始就被预想得无比宏大，甚至盛大到要建构一个“世界帝国”。由此我们可见但丁对个体软弱的深刻体认，他的潜台词似乎是：个人通过自己的德性力量无法实现救赎，这种救赎只能通过最大的政治共同体来反向实现。但丁所做的努力就是要让这个大的正义幕景向着最广阔的四维开张，直到地球的边缘极限。他要用这个最强的政治体为最弱的个人带来最大的福利。这种福利包括自由的实现、德性的塑造以及正义的流布。不只是《神曲》，但丁的每部作品中都反映出他广博而扎实的历史涉猎，他必定明晰罗马帝国之前还有着一个为时不短的“共和时代”，然而出乎意料的是他还是喜欢“帝国”这一政体形式，看重自由的他并未在共和政体前稍作徘徊。这一方面来自但丁时代意大利四分五裂的政治现实带来的不安与刺痛，同时也是但丁因着对人性的失望而要通过强硬的政治构建来扼住人心的意图投射。

总之，但丁一上来就要建立一个“世界帝国”，最准确的表达是，但丁要重建“世界帝国”。

在 *De Monarchia*① 中，但丁提出了“monarcha”的概念，这个词源自希腊语 monárchìs，由词根 mónos（唯一的）和 árchìs（统治）合并构成，这个帝国和我们今天说的“帝国”有着根本的不同，今天的帝国只是局部的政体形式，事实上是不符合 mónos（唯一的）这一词源要求的。而但丁所说的帝国则严格符合“monarcha”的原初意指，但丁所向往的帝国不再是统治广大的人，而是统治一切人（tutti gli uomini）②，不再是统治“广大”地域，而是将统治所有陆地和海洋，③ 并对世界上的一切事物加以一元化的统治。

到此我们没有发现但丁关于建构世界帝国的政治理想有什么不妥之处。理想本来就着眼于将来的可能性现实。而且但丁对人的失望以及由

---

① 即《论世界帝国》，也翻译为《帝制论》。

② Dante Alighieri, *De monarchia*, traduzione di Pio Gaja, libro primo, II, ricitata da sito http: //www. classicitaliani. it/dante/prosa/monarchia_ ita. htm.

③ ［意］但丁：《论世界帝国》，朱虹译，商务印书馆 2009 年版，第 49 页。

此生发的关于构建大的政治氛围来促进个体提升并最终实现世界大同的愿望尽管实践起来极其困难，然而世界帝国作为一种理想的政体形式，在思想的体系下被设计、在意志之中被期望都是无可厚非的，甚至这种对将来的宏观的政治期望也是值得推崇的。今天的世界正在向着共同体正义的模式不断演变，尽管这种可能的演变的最终完成需要漫长的时间。在这个走向将来的趋同过程中，每个人的个性都被凸显、被高扬，然而这种多元化的表面样貌下却潜藏着趋同的暗流。此外，但丁和稍后提到的马基雅维利不同，马基雅维利对人性从一开始就是失望的，因为人性是恒定的，过去、现在以及将来的人在马基雅维利那里没有什么不同，他不相信但丁在《神曲》中所说的人从地狱，经过“炼狱”的净化，最终到达理想天堂的提升路径。但丁只是对以往历史的以及现在的人持有失望的态度，然而对于“将来的人”，但丁是充满希望的，他认为过去以及现在的人的“恶举”只是受到世俗尘垢的蒙蔽，只是没有一个正义的世界政体来匡正人们的行为而已，一旦将来那个最符合正义原则的世界政体被建立，则天下太和，人性圆满。总之，作为将来的理想，但丁对未来的世界帝国的设计是无可厚非的，政治哲学在一定程度上就是要设计将来最理想的政体形式，以便实现最普遍的政治正义。

然而但丁接下来的论述却暴露出了明显的“问题”，且这种问题出现得太过于明显，以至于竟使我们怀疑这究竟是否是一个“无意的漏洞”。

这个问题来自但丁对世界帝国的历史回顾。在但丁的政治思维中，世界帝国不再是未来的理想，或者是必然实现的将来图景，而是一个简单的复兴过程。这倒正好和“文艺复兴”的宏观时代背景相互应和，只不过不是文艺的复兴，而是政体的复兴。在论述中但丁运用了一种危险而糟糕的史学方法，他认为，在历史上，罗马帝国曾统一过全世界，也就是说历史上就曾存在过“世界帝国”，即古罗马帝国。现在的任务就是尽一切可能恢复这个罗马帝国，从而实现普遍正义。但丁利用了古代诗人提供的素材证明了古罗马帝国对世界曾有的一元统治。“他们曾拥有整个地球上的陆地和海洋……太阳神无论在它驱车入海的西方，或在它再次腾空而起的边远东方，或在那冰天雪地、寒气逼人的北方，或在那疾风如火，沙漠炎热炙人的南方，都可以看到手执权杖的罗马皇帝所统治的世人。”[①]

但丁还举了几个未能一统世界的帝国的例子，来借以反衬历史上只有罗马帝国曾经一统天下。第一个是阿叙利亚王尼努斯，他“企图以武力统治全世界；他确实征服了全亚洲，但从未到西部的边远地方”[②]。第二个是埃及王弗索格斯，他同样意欲征服全世界，但事实上他只“征服亚洲的南部与北部，控制范围从未达到半个世界之大，因为西亚人挫败了他的野心，迫使他半途而废”[③]。波斯王赛鲁斯兼并了巴比伦王国，但他从未到达西方，就死在希迪亚女王塔米丽丝之手。之后的大流士之子，波斯王薛西斯架桥渡过了分割亚洲与欧洲的海峡，尽管如此，他最后还是遭到惨败。接着是马其顿的亚历山大，在眼看着要获得统治世界的殊荣之时，却身死埃及，留下未竟之业。[④] 只有罗马完成了统御全世界的这一使命。[⑤] 总之，但丁的世界帝国指的不是一个大型帝国，而是统御一切人类与疆域的完全帝国。

但丁在历史上一直享有美誉，人们称他为伟大的诗人、人类的灵性向导，与之相对的是“邪恶的马基雅维利”。自《君主论》问世后，马基雅维利就一直被人诟病，他被斥骂为“魔鬼撒旦”，与善良诚实的但丁形成直面的对照。然而，如果将但丁的《论世界帝国》与马基雅维利的《君主论》以负责任的科学态度进行一番比较，我们倒是很容易得出“邪恶的但丁”以及“诚实的马基雅维利”这个与传统评价正好相反的命题判断。

我们无意诋毁一位几个世纪以来一直被人高举在“天上”的诗人，同样我们也不想以某些先入为主的个人爱好去为马基雅维利翻案，我们依凭的是文本证据。

我们认为，但丁可能是一个好的诗人，或者是文学家，然而，从

---

① 但丁：《论世界帝国》，朱虹译，商务印书馆2009年版，第50页。

② 同上书，第48页。

③ 同上。

④ 同上书，第49页。

⑤ 今天我们一个普通人凭借简单的常识就可以发现但丁的错误，由于时代的局限，当时新航路尚未开辟，尘世的广延性不可避免地即使在博学的人那里也是一个模糊的想象，他们只能凭借史学与诗歌传唱来把握世界的广延性，因为没有彻底到达，或者这种到达没有作为确切知识而传扬开来，所以当时之人包括博学的人也不可能有明晰的地域概念。

《论世界帝国》一书中，我们不仅没有看到他作为思想家的诚实，却随处都可以直觉到几个世纪以来人们不负责任地丢给马基雅维利的诸如“邪恶的”“虚伪的”这些定性词语应该还给但丁，相反，但丁的圣洁美誉应该被加给马基雅维利，因为他恰恰是诚实的。

我们的证据是从文本中得来的。如上所述，但丁在《论世界帝国》中凭借他确实多于同时代之人的史学知识反复愚弄大众，且在愚弄大众这一点上已经达到了自信的程度。但丁从维吉尔等诗人那里故意断章取义，列出一些描述性的史料证明罗马确实统一过世界。罗马帝国曾经占有广大的地域，笼盖过亚非拉的大部分这确实是历史事实，然而，但丁的结论却是：古罗马统御过的不是广大的世界，而是整个世界。在《论世界帝国》中但丁反复申说这一点，这让我们相信那不是一时的兴起或者笔误所致的错误，实际上，今天稍有常识的人都知道这里的错误有多明显。古罗马即使疆域再辽阔，也没有到达东亚。另外，但丁和马可波罗是同一个时代的人，《马可波罗游记》问世于13世纪末期，而《论世界帝国》发表于1311年，博学的但丁应该至少听说过马可波罗这本书，他应该完全知道东方的世界多么广大，而广大的东方是罗马帝国所未曾殖民之地。此外，但丁只需凭借直觉就应该知道古罗马帝国只是统治了广大地区，而不是整个世界。然而他在《世界帝国》中却一再故作不知，反复申说古罗马曾统一过整个世界，在将来，罗马民族还将再次恢复对整个世界的统一权。这个违反基本赏识的错误不可能是但丁的无意之举，或许正是因为他之前以及同期的人对中世纪史学研究的缺失而导致历史知识的普遍缺失，但丁便有意利用了人们的“无知”，并企图以贵族精神的复兴来迷惑人们，让他们重新为建造世界帝国而努力，如此，但丁则至少使用了善意的欺骗。为了目的，使用欺骗的手段，从这里我们反倒看不出人们对但丁所称颂的“高尚”。相反，被历史冠之以“虚伪”与“邪恶”之名的马基雅维利在《君主论》中却表现出了十足的诚实，或许正是因为过于诚实地揭露了虚伪的人性，他才被冤称为“伪君子”。与但丁不负责任的史学考察相反，马基雅维利为每个结论都配备了翔实的历史资料，而且这些史料在今天看来仍是符合历史原貌的，是真实且经得起将来的考究的。

此外，由于刚从中世纪神学教条的模式中走出来，我们在但丁身上明显地看到了他的教条，但丁一直模仿中世纪的神学范式，并以类似于“号令”的灌注形式教导人们怎么做，他是自信的，认为自己找到了一条解放人性的正确道路。他认为自己是发现人类将来的幸福秘笈的唯一之人，他的自信甚至具有了强制的形式。这表现在他以目的论的形式推导出“世界帝国”必将重新建立，罗马民族必将重新统治世界，人类也只有通过世界帝国的形式才能最终净化于理想的世界的大篇陈述。

马基雅维利则没有那么“自信”。但丁如同在高声宣扬“教条”，马基雅维利则仿佛以轻声絮语的形式给人们以“建议”。马基雅维利以“应该”为叙述要式，但丁则以“必须”为强制话语。

但丁的“强制教条”在他用“公理”取代“正义”的举动中被暴露无遗。在 *De Monarchia* 中，但丁经常将“公理”与“正义”进行相互的替代使用，并对二者的价值进行了无以复加的褒扬。实际上，在我们今天的语境中，“公理”与“正义”不是两个完全等同的概念。公理虽然也是经过时间经验证实的，但一般人们所指的公理是超越时间和空间的，如逻辑上的一些公理，例如“大大于小”。然而正义必然是具体的，正义是在一定场景下的正义。你可以说人权是普遍的、自由和平等是普世的，尊严是所有人的，然而，正义一定是具体的，相对的。没有什么普遍的正义标准。各学派所认为的普遍正义也是在各学派的核心价值观框架内的正义，不具有公约性。但丁却将“正义”等同于“公理”。让正义披上了公理的、永恒的外衣。正义成了一种教条。从历史进程来看，正义的内涵和适用范围是不断变化的，政治伦理体系之中的“正义”与一般的逻辑“公理”的区别还是明显的。比如“大大于小”是公理，“强强于弱”也是公理，但“倚强凌弱”“以大欺小”就是不正义的行为。除了那些消极的底线正义外，正义的自身性质更多是相对的，公理在近代科学的语境中尽管有时也是相对的，但“公理”更多是在绝对意义上被使用的，因此，我们今天很少在人文科学中使用“公理”这一词汇，因为我们发现能明晰地成为公理的事物少之又少，而正义的讨论却异常普遍。

然而在但丁的语境中，这两个词却是等同的。因为但丁追求的是覆盖天下的帝国与覆盖所有事物的公理，一个公理能覆盖天下，超越时间与地域，融化了差异，自然都是正义的。同样，正义因时间、空间与具体的实践差异造成的相对意义在此被一一剔除，正义成为在帝国之内的绝对正义，世界帝国的正义成为了普遍的正义，这种正义面向每个个体，在认识论与实践哲学的双重意义上为每个个体所理解、所奉行。此刻，正义便俨然成为了公理。

（二）马基雅维利：国家与消极正义

但丁要建立的是囊括一切的世界帝国，并通过世界帝国派生出的普遍正义来让人们过上安定幸福的生活。相较于中世纪，但丁之后的文艺复兴人最大的特色就是勇于面对实际。相较于同时代的其他意大利人，马基雅维利更重视处理实际问题。马基雅维利丧失了但丁式的“世界野心”，而仅仅是想建构一个统一的意大利民族国家，[①] 甚至只是一个佛罗伦萨王国。然而这并不代表马基雅维利野心更小，实际上，马氏的夙愿是要将每一寸野心转化为最终的社会现实。

马基雅维利对国家正义也极度重视。这个判断如果以否定性的形式被解读便首先揭示出马基雅维利不怎么重视个人正义，其次他将一个国家视为正义的基础载体。也就是说，马基雅维利沿袭了亚里士多德关于人是“政治的动物，从而显示出人的高贵”的看法，其立足点不在于个人道德或者个体正义，尽管他的政治思想是立足于“人性恶”之上的，然而个人或者人性最多只是马基雅维利政治体系的建构工具，这反映了马基雅维利对现实的关注。他清楚地意识到以往关于道德的叙事结构看似宏大，貌似关注整个的人性善恶与能力，而在真实的生活中，对善恶的讨论甚至偶然的行善本身并不能缓解人性的堕落本性。[②] 在这一点上，整个中世纪持续千年之久的“宗教教诲”的失败就是一个最有力的明证。马基雅维利和但丁此处的政治思想非常相近，可以说这也是

---

① 这种“国家野心”的缺失源自马基雅维利对人的“欲望野心”的反向洞察。Cfr. Niccolò Machiavelli, *Discorsi sopra la prima Deca di Tito Livio*, a cura di Mario Martelli, Sansoni, Firenze 1971, citato dal libro elettronico di Letteratura Italiana Einaudi, p. 95.

② 在这一点上我们看到了马基雅维利和诸多其他文艺复兴思想家的旨趣差异，与马基雅维利对人性的悲观相对照，彭波那齐等人则相信人具有借由理性的自我塑造能力，并认为善的品性的最终养成是对一个人行善的最好报偿。（Cfr. Eugenio Garin, *Storia della filosofia italiana*, Einaudi 1966, p. 522）

整个文艺复兴时期政治思想的主流面貌，即都想通过宏观的政治建构来实现普遍的社会正义。

此外，如果细加比较，我们还会发现但丁所倡导的帝国正义要实现的是一种积极正义，马基雅维利关注的统一国家要构建的则是一种“消极正义”。

以往我们对自由、人权等政治伦理的核心概念都做过消极与积极之分，然而，通过但丁与马基雅维利的比较，我们还可以发现文艺复兴时期对于“正义”概念也同样存在消极与积极的两种划分形式，而且，因为这两种根本不同的划分方式，由此引出的政体的具体建构以及维护方式也有了显著的区别。

如上所述，尽管但丁对历史上人的表现非常失望，然而但丁对“根本人性”是寄予希望的，并认为，人只要潜心改正错误，遵循神学的框架或者帝国政体，一直往上净化，直到无我，就能过上幸福的天堂般的生活，《神曲》和《论世界帝国》都在表达这个意思。但丁倡导“内外兼修”的功夫持守，用神学沉思修养内心，用正义的政体匡正人们的外在生活。而且但丁在其作品中还不断反映出他对外在的偏好，尽管他认为神的救赎对实际的人的提升异常重要，然而之所以被称为“新时代的第一位诗人”，但丁必定已经开始面对现实了。他坚信，只要个人服务于世界共同体的建构，共同体就必将实现最好的积极正义，这种正义形式是圆满的、理想的、保障所有的、是无所亏缺的。它既保障人的自由，又保障人的平等，还保障人性的良善，并以爱作为动力将每个人与其他人链接起来。人们无比自由，却并不放纵；国家集权，却不压抑人民；君主拥有一切，却一贫如洗；社会没有法律，那是因为每个人都具有理性；人们不再需要神学信仰，因为每个人的体内都充满了永恒的神性。世界帝国无所不包，其中最重要的就是包罗所有的正义：形式的正义，实质的正义，每一种正义都最大限度地满足人们的理性意志。

马基雅维利提倡的国家政体所要保障的却是消极正义。这并非意味着马基雅维利故意放弃对积极的政治正义的不懈追求，这也并非是他退而求其次的选择，实际的情形是：在他所处的时代绝路的尽头，看透现实的马基雅维利已经别无选择。他所提出的国家正义并非他的优选，而是“唯一的现实”。马基雅维利对人性悲观、对人类悲观。尽管对人的“向上意志”从未寄予希望，然而他对于人向下堕落的破坏能力却从不怀疑。他否定人的善良意志，然而他却从未忽视人身上具有的力量，这种力量恰恰是以否定的形式发挥作用的。人性在马基雅维利看来是根本“恶”的，也恰恰因为恶是人的本性，而本性是最自然的力量，最自然的力量通常又是最大的力量。这种最大的力量一旦是恶的，这种恶一旦是属于每个现实之人的，其破坏的目标就是整个人类社会，必然受伤害的就是每一个人。马基雅维利虽然从未消极到认为这种巨大的发源于人性之恶的破坏力最终会否定掉整个人类，然而他暗示得却非常明显：人类世界永无安宁。但丁走的是一条消极的“剔除”的道路，人在通向神圣的过程中渐渐剔除掉恶的品性，则最终可以踏入积极的终点，构建积极的世界政体，实现积极的世界正义，保障人们的积极自由。马基雅维利自一开始就放弃了这条“剔除”的净化之路，他认识到人性之恶从来就是不可能被剔除的。经验告诉他，当自己或者社会企图剔除这种本有之恶的时候，这种恶的伤疤不仅不会愈合，反而会蔓生出更多的恶，开出更艳丽的“恶之花”。马基雅维利在放弃“剔除”的方式的同时，他选择的则是国家的调控方式，这种国家调控当然也是旨在构建一种相对的正义，然而，这种国家正义却从未向正义的结果做出过任何保证。马基雅维利的国家正义只是“不得已”的道路，它甚至消极到不能绝对保障人们的基本生活方面的地步。我们说但丁的“世界帝国”以及后来的康帕内拉的“太阳城”是一种理想的乌托邦构想，实际上，在某种意义上说，马基雅维利那种看似再现实不过的国家政体也不过是一种理想化的设计。马基雅维利清楚地看到了人性之恶的力量以及这种力量随着岁月的拉近而越发肆虐，尽管他想控制这种恶之流向后的蔓延，然而除了“相对还好”的国家正义外[①]，马基雅维利找不出第二条道路，他只能寄希望于国家能在人类兽化的过程中给予一些阻止和匡正，至于这些匡正究竟能否发挥作用，他则没有信心。人们只能对马基雅维

① 事实上，当时的一些思想家对“国家共同体概念”已经开始重视，这提示我们中世纪那种神学目的论以及古代对个人德行修为的重视在一些人眼里已经过时，重视公共领域、所作所为不仅为了自身，还为了共同体的品质提升的观点开始流行。（Cfr. Eugenio Garin, *Storia della filosofia italiana*, Einaudi 1966, p. 293）

利描述的政体心存希望，然而这个政体永远不向人们承诺。因为承诺通常是以契约作为基础的，在人人自由的基础上签订的契约才能形成保护或者给予的责任义务。马基雅维利之后的政治思想家，从霍布斯开始，都将契约精神和责任履行作为论证国家合法性的基础。马基雅维利的政府则不是契约的产物，而是“实力的果实”。君主并不是人们推选出来的，而是凭借自己的能力自己封印自己的。契约论的政府，在契约签订时就要求君主放弃某些特权，同时享有一些特权，放弃什么，以及可以享有什么，都是规定好的。而马基雅维利的君主没有经过契约仪式的承诺认定，他没有放弃一定特权的义务，因为在建立政权的过程中，如果不是因为更多地占用了某些特权，使其实力逐渐超越其他竞争者，他也不会最终成为君主。在该意义上我们可以断定，特权本身就是君主最终掌握国家的工具，甚至是唯一的工具。因此，马基雅维利没有要求他所推崇的君主放弃什么，或许他只能希望，而不能提出要求。因为尽管君主在构建政体的过程中靠的不是其一个人的力量，甚至他利用了大部分的人，因为在意大利这样一个局面纷乱的国家，各种政治势力竞争激烈，要想脱颖而出，必须通过出众的政治技能，最大限度地利用一切可以利用的力量。然而，这种对众多人的利用的可能前提并不能对君主构成任何关于偿还的责任要求，因为君主只是利用了他们，在被利用的时候，或者处于无知，或者处于激情，或者由于轻信，甚至是软弱，总之，他们遭受到了“利用”。这种利用与被利用关系的达成与承诺和守信的范式结构丧失了任何联系。君主靠着手段，而不是靠着承诺而利用了众多的人，因此，他没有义务回报什么。然而，作为斯宾诺莎和卢梭所说的一个“负责任的政治家”，“一个自由主义的提倡者”，一个“非马基雅维利主义者”的马基雅维利本人，尽管他没有奢求过君主的承诺以及政治正义的完全实施，然而他却一直“希望着”。他认为，政治联合尽管不能保证人性的向善及其相对和谐的人际生活，然而，政治联合确实是唯一可以被寄托希望的组织形式。政治合作使人置于一种相互关系中，尽管这种关系涵纳阴谋，然而作为一种政治的辩证法则，这种关系同样蕴含某种的共同善，至少是表面上的某种正义。一个人能登上君主的位置，不仅仅因为他比其他人更阴险，他也同样比其他人更仁慈，至少表面上更仁慈。和其他道德家不同，马基雅维利不将着眼点放在实质正义和形式正义的区分上，他也从来不奢求一个君主或者任何一个他人能够“真心实意”地为其他人做什么。要是他们能够凭借表面的善，来为其他人提供什么，马基雅维利认为这已经是最好的情形了。总之，马基雅维利所希望看到的只是这种“消极的国家正义”。这种对正义的主张消极到只是“希望”，然而却是“很大的希望”，甚至是“必然的希望”。他从来不妄求一个绝对仁慈的君主，因为绝对仁慈的人即使凭借运气当上了君主，也是不能长久的。他认为，政治需要用很肮脏的双手去构建。然而，同样他也认为，一个表面如内心同样阴险，以至于半点正义感都不能搁置于内心的人，他也当不上君主。正是由于具备“比普通人更坏”，同样“比普通人更好”的品行素质，让这个人，而不是其他人登上了君主的宝座。马氏所提倡的君主是靠着自身的政治素质赢得统治地位的，他反对世袭制，认为世袭制要求的常常不是君主本人的素质，而是与之有着亲缘关系的其他人的“力量”。尽管这个人的某个开创基业的先祖是具备马基雅维利所说的政治素质的，然而靠着这个前辈的力量而登上最高位置，此刻他不再需要某种来自自身的能力，他还很可能将前辈开创者的政治素养转化为单一的强权统治，并对人们进行奴役。反之，马基雅维利对靠着个人力量而登上统治地位的君主是怀有“最大程度的希望”的，他不奢求这样的君主整日“一心为民”，因为一心为民的君主迟早将被人取代，国家将重新陷入纷争，人际间的可能联结将重新陷入彻底瓦解的境地。他只要求君主能够实施“消极正义”，以利益诱惑、强权威胁或者任何其他的形式，将人类的恶调整到“可以被忍受的程度”。君主不需要每天都是一个正义的人，也不需要每次的政策制定都符合正义原则，只需要不那么糟糕就可以了。这种政治上的统一状态，总会好过纷乱的社会现实，或者那些世袭模式带给人们的奴役状态。

二　正义的建构方式：但丁的目的论与马基雅维利的辩证法

该如何去建构两人心中各自的正义政体呢？在这一问题上我们看到了但丁与马基雅维利还是有着根本分歧的。但丁重视的是目的论的必然建构方式，马基雅维利则要从实际出发，通过各种具体手段去建构正义政体。但丁自始至终坚持了目的论，马基雅维利则坚持了工具论。但丁重视的是稳定的世界政体建构之后能够带给人们什么样的政治利益。马基雅维利尽管貌似是一个结果主义者，或者是实用主义者，然而这并不排除马基雅维利对工具和过程的重视。与但丁只重视政治实体的构建不同，马基雅维利除了重视政治实体的构建结果，更加重视政治参与过程中人的理智理性和实践理性的同步提高。也就是说但丁的路径只是一条线，并且以句号结束。马基雅维利则是两条线，并且没有句点，永远指向无尽的未来。比起最终的政体的构建，马基雅维利更重视亚里士多德关于“政治人”[①] 的培育。他看到一个常识，即政治以人为构建载体，且政治最终也只是服务于人。因此，要想让政体更好，首先要让人更优秀。要想让人更明智，必须有一个正义的政体作为前提。总之，“政治人”与“人的政治”事实上是一回事。马基雅维利不承认有什么一次性建好的永久正义的政体，他认为政治正义是一个通过自否定不断完善自身的过程，在这个过程中，不断优化的貌似是政体本身，实际上却是“政治人”本身。马基雅维利认为，有的人凭借一时的幸运（Fortuna）即使登上了政治宝座，这对他自己以及其他人都不见得是什么好事。他终究逃不过 Fortuna 另外一层的意思约束，即“命运”，命运在时间之内允许偶然的出现，然而，命运自身的含义却是“必然”，偶然性在必然性面前意味着不可避免的损毁结局。“幸运”锻炼不了人们的政治素质，擦不亮人们的眼睛，只有凭借对真正的“政治辩证法”的掌握和有效运用而登上政治的顶端，这个人和这个政体才是值得高扬的。

下面我们将对但丁和马基雅维利关于各自所倡导的正义政体的构建方式进行详细的讨论。

（一）但丁的自信及其缺省

世界帝国的具体建构方式在但丁那里极少被谈及。在但丁的逻辑中，正义就等同于普遍的预实现性。如果一个完整的正义价值体系不能

---

① 马基雅维利的“政治人”与亚里士多德的“政治人”概念实际上区别很大，马基雅维利更侧重于对未来掌权人的政治设定，而并非意指普通公民政治素养的提升。

最终被普遍化，那只能证明这个体系不够完美。反之，“全善”的正义体系必然会实现自身的最终普遍化。但丁认为，普遍价值的最终呈现并非各民族“寻优化”过程中的一种选择性结果，而是一种作为目的的结果，是“世界善”的预抵达终点。罗马民族秉承神意①，罗马价值虽然是一种特殊价值，但这种价值最优、最正义。最正义的特殊价值自身一定具有外拓的不竭动力，能够或主动或被动地最终被全体人类所接受，因为“好的终将是普遍的”，“好的终将是未来的”，正义的是终将要被实现的。

他的论证总共分为三大部分：一、只有世界帝国是唯一正义的政治政体。二、罗马民族是最高贵的民族，由罗马民族来建立这种世界政体最符合正义原则。三、由罗马民族来建构这个世界政体必然会取得成功，因为这其中的建构载体以及欲建构的政体最符合正义原则，而最符合正义原则的政体必然会被建立，至于以什么具体的形式来建立，那都是不值得细说的。

我们来看他的第一部分论证，即只有世界帝国才是唯一正当的政体形式。只有世界帝国才能带来积极正义，正义也只能出自统一帝国。为此但丁做出了如下论证。

首先，从存在、统一与善的关系上，提出“究其本质而言，存在先于统一，而统一又先于善，因为只有不折不扣的存在才算是最统一的，而最统一的也就是最善的”②。存在越不完整就越缺乏统一，也就越缺乏善。一切事物，凡是最统一的，就是最善的。“善”的根本含义就是单一的存在，而恶的根本含义就是多元存在。按照这种观点，世界帝国是最统一的，因为它是一元的唯一存在，所以，世界帝国的存在是最善的，因而是最符合正义原则的。

其次，从目的论上讲，人本来是按照上帝的形象被创造出来的，也应像上帝那样是一个“统一体”，整个宇宙无非是神的美德的体现，所

---

① 实际上，但丁之后的诸多文艺复兴思想家在论述问题时仍然习惯于采用人、神与自然一体的方式，并从神与人的预定连接中推出一些结论。（Cfr. Eugenio Garin, *Storia della filosofia italiana*, Einaudi 1966, p. 501）

② Niccolò Machiavelli, *Discorsi sopra la prima Deca di Tito Livio*, a cura di Mario Martelli, Sansoni, Firenze 1971, citato dal libro elettronico di Letteratura Italiana Einaudi, p. 23.

以人类只有尽其所能与上帝相像，才能处于最佳状态。因为统一的真正基础是上帝本身。

最后，从功用论角度讲，世界帝国的存在也最符合正义原则。但丁认为，“世界和平是头等大事”[①]。而多元的存在是世界和平的最大威胁，多元是权威的敌人，而权威的存在是最符合公义的，“权威应该独一无二，越多越乱”[②]。另外但丁还认为，一个政体，如果它是正义的，那么它必须维护所有人的利益，而不是维护寡头以及少数精英的利益。这种正义只能靠统一的世界帝国来实现，而不能靠分立的政体形式来实现。因为，统治层的贪念是正义的最大威胁，这种贪念必然会造成分配上的不正义。统一的世界帝国之外的任何分立型政体，即使设计理念再公正，执行程序再合理，只要有大于“一个”的领导者，那么各个政体（国家间）的领导者必然会因为私欲而起私心，这种私心必然造成政策执行或者其他方面的不正义。而一统天下的世界政体的存在就可以避免这种必然性的不公正，因为世界政体只有一个君主，率土之滨皆为王土，“世界之王”没有竞争者，对他来说，不存在任何稀缺，一切都是他的，他不会感觉到危险，因为他的力量独一无二，无人能够与之竞争。但丁认为，如果不是这样，则统治者就必定有欲念，只要有不属于他的东西，统治者就必定想去抢夺，或者通过其他不公正的方式占为己有。只要有对象，必有获得对象的私人欲念。阻断这种结果的唯一办法就是让欲念对象消失，也就是让所有的东西都成为世界君主本人的，他不再需要去凭着私心与计谋想着如何占有，此时，对君主来说，“欲念的对象消失了，欲念也就不存在了”[③]。欲念最能造成君主的正义感的缺失，而通过世界帝国政体的归一化，欲念从根本上消失了，如此，“一切人”都成为了世界君主的关怀对象。一切人都被以正义的方式对待，因为此时的君主最公正，而且“一个公正的人的权威越大，正义的威力就越能充分发挥”[④]。

但丁的论述是有着实用功利主义色彩的，他认为，政治的作用就在

---

① 但丁：《论世界帝国》，朱虹译，商务印书馆2009年版，第6页。

② 同上书，第13页。

③ 同上书，第15页。

④ 同上。

于能为人类带来幸福，能够带来世界的和平。“人类最高的利益是安居乐业，而正义则是最有力的推动者”[①]。世界和平和人类幸福的获得，必定“要来自人类意志的统一”，“除非有一个统一的君主，他的意志能控制和引导其它意志，否则，这样一种统一的统治意志是不可能存在的”[②]。但丁认为，评价一个具体的政体形式是否是正义的，就看它是否能带来公共利益。“公理的目的必然是促进共同利益，凡是不能促进的，就不可能是公理”[③]。公众利益分大分小，其中，全世界的公共利益最大，因而追求“世界利益”的实现行为就是最正义的，部分利益应该让位于整体利益，“小义应该服从大义”[④]，“部分与整体之间的关系也就是该部分与其目的或最大利益的关系。部分结构的利益不能超过整体结构的利益，而是后者超过前者”[⑤]。“整体结构或其形式的利益超过局部结构的利益，因此，作为人类应该有这种统一的结构”[⑥]。

但丁紧接着要证明的是：由罗马民族来建立这个统一的世界政体是最符合正义原则的。之所以这么说，主要是因为罗马民族最热衷于公共利益，并为此最大限度地摒弃私欲。“这个神圣的、光荣的民族为了促进公共利益以拯救人类的存在，简直不惜牺牲自己的利益。”[⑦]历史上的罗马民族“流血、流汗、贫困无告、惨遭放逐，子女丧失、四肢残缺、牺牲生命，这一切全是为了造福公众”[⑧]。可见，但丁对正义的证明主要还是依据远在他之后诞生的功利主义原则的，谁能带来最普遍的集体利益，带来和平与幸福，谁的统治就是最理所应当的。但丁在另一部分也花了很大篇幅，用神启的形式证明罗马民族的高贵血统以及罗马统治世界的正当性，并认为，“最高贵的民族理应高居其它民族之上，罗马民族就是最高贵的民族，因此他应该高居于其它民族之上”[⑨]。认为这

---

① ［意］但丁：《论世界帝国》，朱虹译，商务印书馆2009年版，第16页。
② 同上书，第14页。
③ 同上书，第37页。
④ 同上书，第45页。
⑤ 同上书，第9页。
⑥ 同上。
⑦ 同上书，第38页。
⑧ 同上书，第39页。
⑨ 同上书，第30页。

是一种分配正义，“奖赏应该根据功劳的大小”，“只有贵族才有资格位居奖赏的高位”，“最高贵者获得最高的地位是恰当的”。历史上的罗马帝国是通过一对一的正当格斗形式获得世界统治权的，在危急时刻每次都是罗马民族取胜，这便证明了罗马赢得世界统治权是一种天意，而“上帝的意旨就是公理”①，上帝让罗马获胜，只能证明罗马民族是史上最正义的民族。

然而问题是，尽管但丁坚信罗马作为最高贵且最富有正义感的民族必将建立世界帝国，全人类最终必在罗马帝国的荫蔽下享用幸福和利益，但是诗人终究绕避不开的一个问题就是：究竟要以何种方式来实现这种世界大一统？通篇阅读我们可以看到，这一问题事关全局，但丁应该对此明确说明，然而但丁却始终讳言讳意，一直未给出清晰的态度。他明确地看到，当时的意大利四分五裂，政治正义已经被践踏无存，而且罗马的昔日辉煌已成废墟，这个他称之为必胜的民族自身正在任人宰割，更何谈统一世界。

事实上，扭转局面不外乎几种途径：要么恢复罗马的武力，要么恢复罗马的正义德性。关于后者，这一我们经常称之为内因的要素，尽管但丁提倡它，如在《神曲》中但丁曾花费诸多篇幅来讲如何听从神意，弃恶从善，如何沿着正义之途走向来世天国，然而但丁似乎看到了这种个人正义的恢复已经不再容易。尽管《神曲》重视人的德性，然而除了单纯地对神意的遵从，但丁似乎找不到一种现实有效的途径来恢复个人的正义。不再虔诚的个人，面对世俗道德和教会的双重教诲时都会显现出同样的不屑一顾。在但丁的意念中，靠增加个人内在美德的形式来恢复一个优等民族的正义价值已经基本无望。于是但丁在《论世界帝国》中对个人美德没有倾注过多的讨论，他似乎并不着眼于如何具体增强罗马民族的内在德性，而是对政治、政体问题等给予了较多的关注，其目光逐渐从个人正义转向了国家正义，最终的落点是普遍正义。事实上，按照应有的逻辑，但丁应该对个人正义给予最多的关注，因为他强调的是血统论，是一种民族中心论，罗马民族要想再次成为世界的中心，其自身的美德必须全部恢复，这是征服外围民族的基础，是个别

① ［意］但丁：《论世界帝国》，朱虹译，商务印书馆2009年版，第29页。

价值上升为普世价值的力量源点。今天很多学者高扬“世界主义”，事实上，这种世界主义也是以优良价值为基础根据的，如果一种价值要普世化，他必然是为包括各种民族、地域、肤色的一切人大体都认可的，必然是抽象的，全体适用的。当然我们不排除在具体的实用方面这对某些特定的民族可能显现出短时的不可接受性，但从整个世界的最终接受度上讲，被称为世界主义价值的东西则一定是相对最合理的，一定是优良的价值观或者一些最普世的正义原则。这些原则在传播过程中不大需要强力的灌输，就会为各个民族逐渐接受，因为需要强烈灌输的东西相对来说肯定是无力的和不自信的。既然但丁强调血统论，也就是强调种族美德，那么他最捷达的出发点应该是致力于如何培育或者恢复罗马的民族美德，他应该关注具体的教育以及道德灌输机制，如亚里士多德一样，专心考虑如何培养美德，尤其是如何培养正义的美德，因为正义是美德之首。然而但丁敏锐地嗅到这条道路在当时人们纷乱的价值观念组合而成的体系下已被彻底阻断，靠恢复个人美德①、个体正义的形式已经不再能自然过渡到国家正义，更别谈世界正义了。总之，但丁不想以美德感化论的形式来建构最后的世界正义，他似乎看到，从中世纪走出的人们，对美德已经不再那么看重，美德本身也已经不再具有强大的吸引力。以前是美德在那，人们就会自觉拾取，现在的人们从旁而过，不投出鄙弃的目光已经不错了。总之，靠美德感化而到达世界正义的路径，但丁已经不抱希望，他更多关注的是一种世界政体的建构，以政治正义来实现全面正义，最终反向建构个人正义。

事实上，认为但丁一点也未提及建构世界政体的具体方式的判断也是有失公允的，在《论世界帝国》中，但丁确实占用了一部分的篇幅来暗示罗马民族应该通过武力来统一世界。但丁明显地意识到，教会是阻碍意大利统一世界的强敌，在当时的意大利，在实际的权力控制方面，宗教是拥有绝对优势的，仅凭简单的学理上的反驳并不能从现实上让宗教势力甘心退回教堂，同样，简单的民众呼吁与政治斡旋也起不到剔除教权的根本作用。

---

① 但丁明显地感觉到美德判断的飘忽性，他写道：我们无法考察行为者的意念而只能通过外部迹象加以判断。(《论世界帝国》，第38页)

由此看来，武力的使用似乎就成为了让正义回归的唯一途径。相应地，在《论世界帝国》一书中，但丁也对罗马民族使用武力的正当性给予了论证。按照但丁的逻辑，使用武力在一般的情形下是不正当的，[①] 因此应当谨慎使用武力，[②] 但在必要的情形下，武力的使用是最恰当的，尤其是为了建立正义的目的。这时，“决斗既不是出于爱也不是出于恨，决斗者之所以进行决斗，仅仅是出于对正义的热爱，同时也是出于共同的愿望”[③]。但丁认为，罗马民族对武力的使用却是不需要经过论证而直接获得合法性的，理由只是武力的使用源自罗马人的手，而罗马是最正义的民族，最正义的民族的任何具体作为都是最正义的，因此，罗马民族对武力的行使自然也是正当的。另外，罗马帝国建构的历史也证明了罗马使用武力的正当性，但丁对此进行了神学目的论的证明。在一对一的武力对抗过程中，最终的胜利方就是正义的，因为谁胜谁败不取决于战斗的参与者，而是取决于上帝，[④] 因为上帝只支持正义之师。[⑤] 历史上的罗马通过一对一的格斗取得了世界的统治权，[⑥] 因此罗马在历史上就是最正义之师。尽管但丁并未明说，但暗指的意思已经比较明显，他支持罗马帝国的世俗君主使用武力来统一世界，并且认为武力的形式是最正当的，同时也是最有效的。通过武力，未来的世界君主不仅能彻底清除宗教势力对意大利的干扰，还能一一征服其他民族，扫平世界，将罗马民族的正义价值最终普世化，这便是对世界最大的利益。一种最大的功利结果即是最正义的。实际上，但丁支持的就是亨利

---

① “不要贪图金钱而使用武力，否则就会变成非正义的市场”。（《论世界帝国》，第52页）

② “当然首先要尽可能象在论战中一样采取讨论的方法解决争端，最后不得已才诉诸武力，正如在医药中，只有在其他一切药物都无效时才使用刀和火，同样在争论中，我们要使尽其他的一切办法来辨明是非，直到最后才采取武力的手段，这表明我们是为了追求正义，才不得不如此。”（《论世界帝国》，第51页）

③ 但丁：《论世界帝国》，朱虹译，商务印书馆1986年版，第49页。

④ “在争夺世界统治权的竞赛中，胜负更是取决于上帝。”（《论世界帝国》，第48页）“如果一场决斗符合正规要求，同时双方之所以交手是为了追求正义，那么，难道他们不是以上帝之名才交手的吗？既然如此，难道上帝不是因《福音书》中向我们许诺的那样，就在他们中间吗？（《论世界帝国》，第51页）

⑤ “如果上帝在场，热爱正义者却不能伸张正义，岂不是亵渎神明吗？”

⑥ 但丁：《论世界帝国》，朱虹译，商务印书馆2009年版，第54页。

七世，觉得他是将来能够成为世俗君主的最佳人选。

如上所述，在关于帝国的具体建构上，虽然但丁提到了可能的武力统一世界的合理性，然而最终他也没有明言意大利是否应该使用武力来驱逐教会以及扫平异邦。如何组织这种武力，武力如何具体使用，军队的来源应该是什么，谁来统治武力，武力预征服的对象最初是哪些民族和地区，武力是否应该与外交结合，以及如果武力不适用，还有什么可以利用的政治手段来实现普遍正义，这些但丁都没有详述。

但丁自始至终重视的都只是一种形式化的必然性推理，认为最好的普世罗马化的“结果因”的必然出现没必要通过对其具体的“手段因”的明细论证来借以获得合法性，而是形式逻辑的必然性决定结果的有效性。他还引用了亚里士多德关于“凡是从可能性变为现实性的东西，都是由于某种因素起了作用，这种因素实际上就存在于它要转变成的那种形式之中”①的观点作为例证。认为一个行为者之所以行动，是因为他本来就具备他行为的对象应该获得的那种性质。但丁的逻辑是：正义是罗马民族的核心德性，虽然历史远去，曾经优良的人性随同政治一样四分五裂，然而只要有一个有力的领袖来结束这种人性与政治上的长期分裂，罗马那种至善的民族本性就必然回归，旧时的正义理念一旦被重新忆起，便会重新成为一种世界性的力量。这种高贵的民族性一旦被应用到世界政体的建构之中，就必然会产生优良而有效的世界秩序，人们就会沿承罗马贵族的正义天性。全体正义的实现就是全体功利的实现。这与莫尔和康帕内拉的乌托邦很类似，一切乌托邦的主张者看重的都是乌托邦的光荣结局，而总是忽视乌托邦的建构可能以及建构手段。

（二）Virtù与“政治人”的构建

与但丁的目的论的自信相比，马基雅维利毫无信心。漫说是统一的世界帝国，就是对一个统一的民族国家的建立马氏都没有十足的把握。这点在他对于“命运”的讨论中被反映了出来。马基雅维利对命运的观点经常是二元的，这反映出了他对共和国统一的日常悲观与不断寄予期望的双重交互态度。

---

① ［意］但丁：《论世界帝国》，朱虹译，商务印书馆1986年版，第19页。

马基雅维利对王权实现过程的艰难有着清晰的现实认识。这种艰难被马基雅维利描述为“命运”。今天我们谈到“命运”这个词，通常是在个人化的语境下来使用的，我们很少说某一集团拥有某种命运。另外，即使在失意的情形下我们慨叹命运之神的残酷，然而，更多的时候，我们还是将命运之神看作一个中性的裁决者的。马基雅维利却将“命运”一词在解释的语境下赋予了新的所指意涵，其中最突出的是他常常用命运来指称某些共同体的结局，这与我们通常说的个体命运具有明显的不同。此外，马基雅维利在使用“命运”时，更多指称的是一种“恶意”必然性，是一种对一统政体建构的阻碍性要素。他认为命运是“女人”，是洪水，命运倾向于毁灭一切。[①] 总之，马基雅维利虽然也经常谈命运的改变，但他不像过去的人那样强调命运的中性特征，而更多地将命运指称为一种“永恒的恶”，是一种让事物朝着人失望的方向发展而不能回头的控制力。故对待这种更多的具备“恶”的属性而不是中性的命运女神不应该坐听安排，因为面对一种中性的可能将人导向善或者导向恶的命运时，我们需要做的就是顺其自然。谁都明白，既然改变不了必然的因果链，那么认命就是最理智的。然而对待一种偏于“恶”的命运，就必须拿出全部的德性（Virtù）来对付这个时刻将我们毁灭的“邪恶之神”，这便导出了马基雅维利所重视的“如何以正当的方式对待命运”的问题。马氏认为只有个人主动凭借 Virtù 去征服命运，她才可能为人带来一种预期的善果。由此可以看到马氏远没有但丁那般的自信，他认识到，在极其不利的意大利现状面前，王国或者统一的共和国的建构必然受到命运女神的千般阻挠，如果不全面调动各种 Virtù 来加以对抗，其命运结局必然是负面的。因此，马基雅维利强调行动的正义，认为软弱和坐以待毙的君主是要领受厄运的，这也是文艺复兴人的总体提倡点，即他们无论在个人价值还是政治目的的实现过程中，皆要求告别中世纪的安于现状的静止模式，提倡用行动来反抗命运的实践模式，从正当性的角度看，行动在任何情况下总好于沉思。马基雅维利特别强调“果断行动”，反对优柔寡断。“含糊其辞是最大的

---

① *Il Principe di Niccolò Machiavelli*, acura di Luigi Firpo, Einaudi, Torino 1961, citato dal libro elettronico della Letteratura Italiana Einaudi, p. 92.

恶……只要爽利判断，及时做出行动，总会有所收获”①。马基雅维利强调，为了建成统一的国家，未来的君主就必须培育并且善于运用一切 Virtù，诸多的马基雅维利研究者都对 Virtù 做出过讨论，有人认为 Virtù 指的是德性的全体，有人认为是指具体的德性，或者是勇敢，或者是其他的某一种或某几种具体的德性的合体。更多的人认为马基雅维利的“Virtù”概念是对柏拉图和亚里士多德等古典哲学家的“德性”概念的颠覆，断言马基雅维利的 Virtù 与“德性”原意已经无关，而是具有了“政治技能”意思。然而，这些学者并没有指出 Virtù 究竟属于何种政治技能。笔者经过认真研读马基雅维利的原著，认为，这种政治技能实际上指的就是“政治辩证法”。这种政治辩证法在东方的相关著作中俯拾皆是，尤其是在兵法理论中，然而，这种政治理论在马基雅维利之前的西方却从未得到过铺开式论述。马基雅维利则开启了辩证法在具体政治生活中运用的先河。同时，也使得亚里士多德以来只注重对政体的讨论，或者只重视人的德性的讨论，而并未真正将人与政治结合起来的路径出现了大的转向。马基雅维利不仅要构建政体，他更重视的是将最有力量的“政治辩证法”授予从事政治活动的人们，在构建政体的同时完成对人的卓越政治能力的培育。

辩证法从诞生以来便是欧洲哲学的核心要素，辩证法从一开始就被归入认识论，讨论的是思维和存在或者思维本身的问题。从古希腊开始，哲学家们认真讨论了言语以及思维的合法性问题，直到今天，辩证法还在协助人们讨论存在问题。总之，在西方，自诞生以来，辩证法似乎一直只被运用于讨论大的“本体”问题或者认识问题，反而从没有被运用到实际生活中。海德格尔认为，多个世纪以来，人们只关注存在者，却遗忘了存在。事实上，到海德格尔为止，哲学可能正好犯了他本人所认为的相反的错误。即哲学一直都只关注存在，具体表现为：哲学的最有力的武器——辩证法，只关注存在，从没有被纳入人们的实际生活以及最关乎人类福祉的具体的政治构建中。在西方，尤其是在沉死的中世纪，人们不是忘记了政治，而是在宗教的“促进失忆”的教育方

① Cfr. Niccolò Machiavelli, *Discorsi sopra la prima Deca di Tito Livio*, a cura di Mario Martelli, Sansoni, Firenze 1971, citato dal libro elettronico di Letteratura Italiana Einaudi, p. 196.

式下，忘记了政治的辩证法，从而不懂得如何进驻到他人世界以及公共领域。按照马基雅维利的意思，宗教只在弱化人们的政治能力。而道德是“被定性”的东西，定性的东西是违背辩证法的。基督教就是让人们忘记实际的政治生活中的辩证法，让人们变得牵强、单一、固执，从而无法与他人交往，更不可能实现广泛的公共政体的主动构建。马基雅维利写作《君主论》的目的就是要把基督教从人们的意识中掠走的关于公共生活的 Virtù 拿回来，让人们意识到，且让人们喜欢，并按此行动。这也是马基雅维利在《论李维》序言中自称被他揭示的与哥伦布的“地理大发现”价值相等的“政治大发现”。按照这种思路，我们就可以解释诸多被称为“马基雅维利之谜”的问题。我们发现波考克和斯金纳都没有抓住马基雅维利思想隐藏的这一核心问题，以至于各执一端。前者认为马基雅维利试图教给人的只不过是公民德性，后者认为马基雅维利强调的只是共和国的至上以及法律和制度的正义。很多其他的学者认为马基雅维利重视德性，其他更多的人认为马基雅维利重视的只是阴谋，这都违背了马基雅维利的政治辩证法，或者准确地说这些人只是抓住了马基雅维利关于政治辩证法思想的外壳和末端。

认定了马基雅维利政治思想的核心，我们便非常容易理解在其著作中那些看似矛盾的环节，比如为什么马氏一方面提倡阴谋，例如他曾高度赞扬了布鲁图斯（Inunio Bruto）装疯的例子，认为装疯卖傻的政治技能在适当之时极显智慧（è cosa sapientissima），[①] 与此同时又极度推崇道德。为什么他有时高扬秩序，有时提倡无序，有时重视文雅，有时鼓励野蛮，有时提倡和平外交，有时提倡武力征服。尤其是有时提倡恶性，有时又提倡善良。那是因为，政治辩证法反对一切固执的单一，因为丧失了善，恶是长久不了的。另外，只是用善，也不利于人的整体上升，善恶并举，合理使用，才能带来人类的真正上升。马基雅维利虽然提倡和平，然而并不看好不藏有危机与腐化的乌托邦政体，他处处强调一种辩证的张力。他认为善的政府要带给人们不太稳定又不太惊颤的统治感觉，人们只有在政治与公共生活中，通过辩证的斗争，才能真正成

① Cfr. Niccolò Machiavelli, *Discorsi sopra la prima Deca di Tito Livio*, a cura di Mario Martelli, Sansoni, Firenze 1971, citato dal libro elettronico di Letteratura Italiana Einaudi, p. 265.

长。在斗争中，人们掌握了生活的真正艺术，具备了政治哲学的思维。哲学的辩证法是人类最宝贵的东西，如果人类不能在实际生活中掌握并且运用最好的东西，那么人类将无法被称为是优秀的。人类的行动模式只要符合正义的形式即可，质料性的内容则不重要。一个正义的政体，就是让人们实际参与使用政治辩证法的政体，要让人们“动起来”，“进入人的群体”。以往的神学政体之所以是不正义的，就在于它反对人们的行动，只鼓动人们进行默坐沉思。而一个正义的政府必须提供一种关于行动的环境，提供一种反对静思的价值理念，让人们参与到公共事务中。因为政治辩证法必须是关于行动的、实践的辩证法，而不仅仅是认识的、思维的或者是未来的，而是现在的、正在实施的，并且卓有成效的，最终将推动人类进步的。在论述过程中，马基雅维利还透漏出他关于政治平等与自由的思想。说马基雅维利是一个平等主义的自由主义思想家并不过分。马基雅维利尽管出版了看似鼓动强权的《君主论》，然而，君主谁来做，权力应该给谁，他并没有给出任何限制。尽管他曾表面上承认《君主论》一书是为美第奇家族的劳伦佐专门写作的，然而，他的书中高扬的却是“白手起家”的靠自己的 Virtù 最终登上高位的新君主，而非世袭君主。他从没有如但丁一样认为只有高贵血统的人才能享有最高的权力，他只是提倡“强者的权力”，这里的“强者”就是最能掌握 Virtù 的的人，登上顶峰的人必定最懂得政治辩证法，因为单纯靠阴谋，如同单纯靠道德一样，都不能到达如此高的位置。谁有能力，谁就有权势，这就是马基雅维利倡导的平等，在拥有权力方面，每个人都拥有平等机会。同样，在政治活动中，一个人既有选择恶的自由，也同样有选择善的自由，一个人拥有使用任何手段的自由，而优秀的政治人却是那些能辩证地看待以及使用各种要素的人。他们懂得审时度势，懂得矛盾辩证法，懂得如何既稳定又变化地促成各种因素向着预期的方向发展。政治生活让人们进步，因为正是在政治中，人们才实地使用辩证法，政治回应也可以检验被使用的辩证法的合理与否，在不断的反馈和修正中，人类在向前进步着。

值得注意的是，我们在讨论马基雅维利的政治辩证法时容易陷入一个误区，即只是单纯地认为对立面才涉及矛盾转化，比如善与恶，实际上，“矛盾”最本质的含义是自身对自身的对立统一。马基雅维利还暗示了我们不要只将对立面看作区分的“对立面”，而是要看到同一事物的对立面，并有效地认识这种自否定。比如对待“恶”的问题，如果只是站在善的角度看待恶，也是不符合辩证法的，恶本身就蕴含自身的对立统一。马基雅维利确实不否定恶的作用，也不单纯主张通过将恶向善的转化带来政治的正义。他在多处提到，恰恰是人的恶可以带给人力量，善也可以带来力量，然而，恶带来的力量更大。因为，恶是人的本性，而本性给人的力量是最大的。善是外加的，外加的东西总是易失去的，是软弱而不自然的。这是我们在这里要提出的一个关于马氏政治辩证法的必要补充。

总之，马基雅维利不仅重视了正义政体的构建方式，而且更关注另一条平行道路上的“政治人”的培育，并最终力图将两条道路合一，而那个走在最前面的人就是现在的君主。那条道路没有但丁所认为的终点，而是一条不断向前、向上的永无尽头的道路，在行进的过程中，会有人凭借自己的力量超越最前面的人，同样，未来有一天他也会被超越。在这个过程中，即使走在后面的人也一直没有停下来，通过这种政治之途的赶追，每个人的 Virtù 也都得到了最切实，最有效的锻炼和提升。

（三）但丁关于“上帝之爱”与“彼得之恨”

对文艺复兴时期具体的政体构建的讨论必然离不开对宗教的讨论，因为教会虽然受到质疑然而力量并没有式微，这是那个时代的一个显著现实。

即使是不那么了解但丁的人恐怕也不大怀疑他对上帝的虔诚，这种虔诚在但丁以《神曲》为代表的每部作品中均有突出的反映。但丁认为，人的一切目的的达成都要依赖上帝的恩赐，远离上帝，人就丧失了所有向善的力量。与此同时，在但丁的文字里我们也明显地可以读到他对基督教会的“恨”，对上帝的弟子彼得创造的尘世教会的极度厌恶。这种厌恶在其《帝制论》中关于世界帝国的构建方式部分有着明显的表露。

在但丁的理念中，罗马民族具有优良的血统，这点是毋庸置疑的，罗马民族的骨子里充满着正义之髓，只是这种正义的精华被尘垢蒙蔽了。但丁的着力点便是如何将“恶”的东西从罗马人身上扫除，借以来显发罗马的高贵本性。然而，这一扫除尘垢的过程却如此艰难，因为基督教会一直致力于阻碍人类的这一“自我洁净”。在证明罗马民族全优价值的过程中，宗教天启是其最重要的逻辑命题源，是神给了罗马人优良的属性，正是这种由神赋予的优良属性使得罗马民族拥有了强大的外拓力，如果这种内核的力量从根源上就受到了动摇，则这种力量的外拓必然遭受最大化的阻碍，而教会则正是最大的绊脚石。因为，教会通过篡改《圣经》、伪造历史等形式论证自身的合理性的同时，令上帝与大一统国家的原始链接出现了形式上的错位，而教会就站在错位的关节点上，随意拨乱二者的关系，甚至令其看似完全断裂。总之，教会在枢纽上破坏了上帝与罗马帝国的原始链接，罗马正义才出现现实上的无力与局限，造成了帝国在历史上的分裂与衰落。

因此，论证教会存在以及教会权力存在的非正当性便成为但丁在《论世界帝国》第三部分所集中论述的内容。因为揭示基督教会存在的非正当性，不但可以剔除教会对人的正义美德的迷惑，而且还能实现政治正义。也就是说教会既控制个人，又控制社会政治。驱逐教会的非正义，就能实现个人与国家的双重正义的理想目标。

首先，但丁反驳了“康斯坦丁大帝授权给教会，而后人们必须通过教会的许可才能做事”的说法。但丁认为是这根本不可能的。一方面，他从世界帝国的定义本身出发，认为所谓的世界帝国就是一无所缺的帝国，通俗来讲就是世界上没有一寸领土或者一分权力不属于世界帝国。因为帝国按其本质是独一无二的世界统治权，那么分割它就是毁灭它，因此任何握有帝国权柄的人都无权分割帝国。[①] 但丁还用司法权和法官的先后逻辑关系对此进行证明，他认为“司法权先于行使该权利的法官，因为法官就是为了执行司法权才委任的而不是相反”[②]，因此，帝王只是法官，他只能执行帝国的司法，“帝国”的概念本身就蕴含完整性，不能被分割，因此帝王只能在完整性的基础上才能行使属于自身的一切权力。在这里但丁似乎提出了一种“目的”限制，而不是现实

① 但丁：《论世界帝国》，朱虹译，商务印书馆2009年版，第79页。
② 同上书，第79页。

的政治限制。世界君主之所以不能分割权力或者土地给他人，并不是其本身没有这种分割的力量，而只是因为他是世界帝国的君主。因为是世界帝国的君主，所以他不会分割权力。这是典型的经院哲学的论证方式。这种论证的荒谬性是我们今天习得少量历史知识的人都可以轻易看到的。但丁凭着同时代人对他的盲目夸赞以及自以为是的博学，通过残缺的却被他视为全面的史料认为当时的罗马帝国真的是世界帝国，世界的每一角落都归罗马统治，这在我们今天看来是异常荒谬的。今天的历史史料恰恰证明曾经的罗马帝国只是比较大的帝国之一，远没有到达世界帝国的边缘。因此，这倒是可以反向为君士坦丁大帝可能分割权力给基督教提供有力的证明。

但丁反驳教会持有世俗权力的第二个论证是对“日月说”的重新诠释。支持教会掌管世俗权力的人认为，根据《圣经·创世纪》的相关描述，上帝在创世纪的第四天制造了太阳与月亮两个光体，并分别作为教会权力与世俗权力的两种隐喻，后者借前者而发光，因此得出世俗权力来自教会权力，教会权力是世俗权力发生根源的结论。但丁认为这种类比是无效的，只因“它忽视了事物之间的区别”[①]。这是因为，月亮借着太阳才能发出光照，这只能说明在其功能的发挥上月亮是依赖于太阳的，但这并不等同于说月亮的存在本身要依赖于太阳。月亮可以借着日光更显亮，但二者并非在存在论意义上构成决定性的主被动关系。因此，月亮不受太阳的支配，相应地，世俗权威不受教会权力的支配，世界帝国不受罗马教皇的制约。这样，但丁便从另一个层面证明了罗马教会在对世俗王权控制方面的非正义性，既然非正义，教会就应该永远退出世俗生活，专注于内向型的精神洗涤，在自身的正义德性的恢复中，努力引导迷途者走上正义之路。

以上所说的即是但丁在具体实现世界帝国的政治正义过程中提出的消极策略，即通过剔除教会对世俗权力的控制来结束现实的分裂。但丁认为正是教会对私利的追逐以及在世俗权力之间的相互挑拨，才致使世界政体迟迟不能建立，因此，排除不正义的宗教控制，让尘世权力与上帝的神意结合，世界政体才能最终建立。但丁在此采用的是一种意识形

① ［意］但丁：《论世界帝国》，朱虹译，商务印书馆2009年版，第67页。

态的反攻，这种意识形态的反攻在当时的背景下力量是惊人的，同时也是必须的，因为宗教已经控制了人们的头脑千年之久，那些非正义的奴役力量已经将自由的灵魂紧紧捆绑，如果不从观念上对人们进行解放，真正的正义欲求就永远不会回归。另外，最重要的是，但丁一直想用宗教解放的形式来实现全人类的福祉，其中最关键的就是让世界君主完全自由地行使自己的主张。世界君主是最不能够被控制的，如果世界君主被控制了，那么，人间正义就永无实现的可能。但丁之所以痛恨基督教会，不仅是因为基督教会败坏了人们的美德，从一个更现实的意义上讲更是因为教皇直接控制了可能出现的世界君主——尘世唯一的希望。唯一的可能力量自一开始就被控制，那么世界政体就不可能建立，人类的和平与幸福就不可能最终实现。那么，为了给将来的世界君主从灵魂和现实上进行松绑，就必须论证教会控制世俗权力的非正义性。总之，要想最终建构正义的世界政体，就必须清楚基督教会对世俗生活的控制。这是但丁在其作品中反复重申的。

（四）马基雅维利对宗教的爱或恨

既然马基雅维利重视对统一国家建构过程中的具体细节方式的讨论，同时，教会以及信仰在当时人们头脑中的根深蒂固又是最无可争议的现实，那么，马基雅维利关于政体建构方式的讨论必定不会绕过对基督教会以及宗教信仰的详细论述。

然而，马基雅维利对宗教的态度远不如但丁那样坚定而明晰。他有时候直接批评教会，有时候则明贬暗褒，这种模棱两可的宗教态度还是源于马氏的实用主义功利观。按照实用主义的原则，马基雅维利认为，在当时的情形下，统一就是最大的福祉，最大的福祉当然也是最大的正义，至于谁来实现意大利的统一无关紧要。以前对马基雅维利的宗教观的看法主要分为如下几个派别：一派认为马基雅维利是宗教的死敌，从根本上败坏了宗教的正义名声，马氏尽一切可能故意与基督教作对。[①]这一派的反对马基雅维利者大都是虔诚的基督教徒，或者干脆就是宗教的领袖们。另一派针锋相对，认为马基雅维利表面上痛斥宗教，实质

---

① “由于那个教廷的恶劣行径，这个地区的虔诚信仰已经消失，故而弊端与骚乱丛生。”

上，他恰恰是一名虔诚的教徒。[1] 两者之外还有一种调和派，认为马基雅维利是根据不同的实用场合或者褒扬或者贬低宗教。

这些观点尤其是第三种观点都预设了一个基本前提，即马基雅维利是站在世俗的立场来看待基督教的。在该立场的导引下，统一是意大利人民最大的福祉，一切对统一构成障碍的要素都是不正义的，当教会阻碍世俗君主统一意大利的时候，宗教便成为马基雅维利和其支持的世俗君主的最大敌人。反之，当马基雅维利支持的世俗君主需要借助神来丰富自身的力量，借以获取民众的支持时，马基雅维利就是支持宗教的，因为宗教有助于世俗君主统一国家，人民以此可以获得安宁与幸福。[2] 实际上，如果细读马基雅维利的著作，我们还会有一个新的发现。这个发现针对的是对君主身份的僵化讨论，那些持有僵化观点的人们认为马氏自一开始就将统一的主体固定在世俗君主那里，即只有出自世俗的君主才会带来统一意大利的最终希望，意大利也只有由世俗君主来统一才是正当的。根据这种世俗僵化论，虽然意大利的统一是当务之急，但绝不能由世俗之外的宗教首领来实现这种统一，由宗教的力量来统一意大利是不正义的。实际上这只是我们解读马基雅维利的一种传统的定式思维，即总是将主体预先僵化地设立，世俗君主必然是主体，这种观点站在世俗君主统一帝国的现实需要上来看待宗教的正义与非正义，并且以此来论断何时应该借助宗教之力，何时应该远离宗教，何时应该彻底祛除宗教势力。事实上，马基雅维利绝少持有这种僵化的世俗论断，他本人也从来没说过意大利的统一必须由世俗君主来实现。马基雅维利不会如但丁一样永持"民族中心论"，他也从不重视血统以及传统德性，因此他从没有表达过意大利民族是世界上最优秀的民族，意大利的统一必须由其正统的世俗后裔来完成这样的意思。何况，从世俗血缘的角度讲，大部分的宗教首领都是意大利血缘的，因此马基雅维利对此并不排斥。我们通过马基雅维利说过的一段话似乎可以看出他本人是不反对在教会的领导下促成意大利的统一大业的。相反，他倒是对这个宗教的君

---

① 这种观点的代表者是路易·马松（Louis Machon）。

② Niccolò Machiavelli, *Discorsi sopra la prima Deca di Tito Livio*, a cura di Mario Martelli, Sansoni, Firenze 1971, citato dal libro elettronico di Letteratura Italiana Einaudi, p. 44.

主国没有足够力量来统一意大利感到遗憾。“它（教会）栖身一个世俗帝国，然而其德性与势力未能强大到将其最终统一”①。可见，马基雅维利曾经对由教皇来统一意大利是有过期望的，他并没有认为意大利的统一只能由世俗力量来完成，相反，教会当时正好栖身于罗马，如果它有力量来实现统一，那是最好不过的。可惜的是，它的德性和势力不足以来实现意大利的统一，同时，马基雅维利之所以憎恨教会，是因为“它又没有软弱到让其它意大利的世俗统一势力将其吞并的地步。这造成了诸侯林立、四分五裂的意大利的混乱现实”②。

这又回到了我们关于马基雅维利所暗示的“消极正义”的母题。在选择世界君主的过程中，实际上马基雅维利从未有过“挑剔”的情结。那种挑剔的思维只为但丁所有，他对“何为一个正义的政体”表现出挑剔的界定，认为世界上现存的大部分政体形式都是不合理的，只有未来的世界帝国才是最正义的政体形式，他挑剔地选择正义的实现载体，即罗马民族，认为除了最优秀的罗马民族之外，任何其他民族都不能担此重任。他甚至挑剔到要让世界帝国建构的过程一帆风顺，摒弃任何如教会一样的可能障碍。通过这些“挑剔”，但丁所设想的最终的世界帝国必然“完美无比”，只为人们带来好的东西，它给予人们的东西没有一项是不符合正义原则的。

然而马基雅维利在国家政体的构方式这一问题上还是表现出“毫无挑剔”的消极态度。他从不主观剔除任何可能内具价值的事物，包括宗教。由于对人性以及社会之“恶”的深刻把握，马基雅维利认识到即使剔除掉很多东西，即便最终只剩下很少的事物，这些事物也不见得是“纯粹美好的”“绝对有用的”，“毫无赘肉的政体”也不能保证对人们永远回馈正义。因此，马基雅维利只是利用一切可以利用的东西，他不“剔除”，只是着眼于看什么可以利用，什么能发挥相对更大的作用。既然宗教国也可能实现意大利的统一，那么宗教国也同样是会被马基雅维利寄予希望的。

---

① Niccolò Machiavelli, *Discorsi sopra la prima Deca di Tito Livio*, a cura di Mario Martelli, Sansoni, Firenze 1971, citato dal libro elettronico di Letteratura Italiana Einaudi, p. 46.

② Ibid.

三　维护的正义：但丁的省略与马基雅维利的详述

当统一的政体按照既有的方式建构之后，以何种方式去进行维护便理所当然地成为了最重要的问题。在这里“维护的正义”问题将必然被提及。

（一）但丁与西方式“无为”

但丁对于世界帝国建构以后，如何以正当的方式维护这一正义政体谈及甚少，按照他的意思，少去谈论世界政体的运作及其维护机制便是最正当的。按照但丁自一开始就秉持的目的论原则，一种看似最善的正义价值体系如果在普遍化自身的过程中遭遇哪怕是一处的不适合，都会证明这是一种伪的最善正义价值体系，我们说这种体系最优，是因为它到处可以实现自己。因此但丁并没有对正义世界政体的制度设计提供任何具体的说明，没有对分配正义、矫正正义以及政治操作和法律实施过程中的程序正义[①]等问题给出详细的说明。因为按照但丁的意思，只要在结果上建立了最公正的世界帝国政体，则这些具体的形式正义问题都不再成为问题，因为“凡是追求公理目的的人，其行为都是正当的”[②]。一种至善政体的外在维护从不着眼于具体工具，尽管其维护过程少不了工具系统的有效支持，但那是作为形式实现自身过程中的一种伴生现象而出现的，并非是一种刻意为之的结果。但丁不仅不特别关注具体的政治正义，也不特别突出个人正义，他只关注最终的结果正义，认为只要世界政体被建立起来，普遍的政治正义就会“一一”实现，甚至这种“一一”并非只是时间上的生成序列，因为在时间性上，正义的所有方面都伴随着帝国的统一会“一齐”涌现。只要世界帝国一经建立，具体的制度正义、程序正义、分配正义、公平正义、自由正义、平等正义、德性正义自然就会同时确

① 但丁在《论世界帝国中》对法学还提出了批评：法学家们是多么低矮，还是免开尊口，最好少管闲事。（请参阅《论世界帝国》，第54页）

② 但丁：《论世界帝国》，朱虹译，商务印书馆2009年版，第41页。

立。按照但丁的意思，我们可以将维护的正义和建构的正义放在一起进行讨论，或者准确地说我们无须探讨维护的正义，探讨建构的过程就可以了。以世界帝国的最终建立作为时间的节点，什么时间罗马世界帝国被重新建立起来了，正义的建立过程也就结束了。世界政体一经建立，之后就没必要再讨论维护的正义了。因为，在罗马帝国再次建立之前，世界处于当下的完全不正义之中，但这个统一的政体一旦被再次建立，一切在时间性上一同呈现为正义。而且这些正义都分有罗马政体的完善正义，没有丝毫的缺损，一切制度，美德禀赋的运用过程都将是最正义的，不需要耗费心神去一一建立，这个过程是生成而不是建立。既然是生成，政治正义的架构便不需要关注具体的政治理念、政治责任、政治权利和政治利益以及政治与其他事物的搭接的关系，不再需要考虑时机。总之，世界帝国是世界上最正义的政治组成形式，这种组成形式一旦被建立，不需要人为的专门维护，就能长盛不衰。更无须对具体的维护以及治理的制度正义进行讨论，因为这种政体本身就是最正义的，它的各种对自身的加固措施，以及由其而出的各种统治政策也必然是正义的，甚至连法律都是多余的。同时也不存在正义政策的适应性问题，这在其他的政体形式中却常常是难以避免的，一种看似公平的政策被制定出来，必然不能实用于所有的领域，更不用说所有的人，因为各种人的利益需求是不同的，满足了一部分人，另一部分人必然失望，然而社会总体资源有限，不可能让每个群体，每个人都享受到实惠。因此，当分配的不公平到达一定限度的时候，对制度的抵抗与制度的覆灭则在所难免。在但丁看来，这些政体中即使统治者再贤明，倾尽全力去维护整个统治范围的公平正义，但最终还是不能持久。然而在世界帝国这一绝对公平的政体下则情况完全不同。世界帝国便是一个后来莫尔所说的乌托邦，在这个乌托邦之内，人们被认为是同质的，没有了统治层和被统治层之分，社会完全实现了公平正义，抵抗和压迫都不复存在，权利的争夺也没有了。因为在这个世界帝国中只有一个人而不是一群人掌握权力。世界帝国的建构者是罗马民族，引领者是一个外族人，因此，当世界帝国建构起来之后，应该由罗马民族通过共同掌握权力的方式加以维护。然而但丁似乎倾向于认为，罗马人具备最高尚的德性，在建构世界帝国的过程中，他们是中坚力量，然而一旦世界帝国建构起来，他们又会默默地退居幕后，让唯一的领导人来均分财产和荣誉。从去建构这个帝国的开始之初，直至帝国最终被建构起来，尽管罗马民族一直是中坚力量，然而他们并没有集体的至高权力，他们只是劳动者，而不是统治者，权力是他们不怎么考虑的东西，因此，帝国建立之后，就没有了权力争夺，更没有了对权利正义的过多思考。

今天看来，但丁的政治正义观是十分不成熟的，这和我们今天谈到的世界主义伦理有着根本分别，真正的世界主义正义观分为抽象考量和具体作为两个方面，在抽象的人权考量方面，地域、种族、肤色、文化传统以及具体的差异往往被主张抽象掉，只要是人，就应该享受到基本的消极人权待遇，这点似乎和但丁的政治正义观大致相符。然而这并不意味着世界主义的政治正义观未考虑到差异，正是因为存在具体的地域、种族、肤色、文化传统的差异，世界主义的倡导者们才要从这些差异方面找寻共同之处，以一种非差异的方式来面对差异，以一种相对最公平的方式来面对不公平，以最合理的方式来分配权力和利益。然而但丁却主动规避掉这些差异，他所奉行的路径不是从“异”到“同”，而是从“同”再到“同”，对于政治、社会文化生活、经济运行的具体方式以及社会价值原则等问题则闭口不谈，这比康帕奈拉和莫尔的乌托邦更加幼稚，至少这些乌托邦的提倡者们在其作品中对具体制度的维护、社会生活维持方式还是做出了认真描述的。如康帕奈拉在《太阳城》一书中对乌托邦太阳城的各个方面都进行了详细的介绍，而但丁对此却绝口不提，我们不知道世界帝国的宏观结构、主要的权利以及其他利益分配模式和主导的生产生活方式等，至于更微观的细节则更是无从知晓。

（二）马基雅维利：从道德正义到权利正义

马基雅维利对维护的正义的思考反倒让我们叹服，至少他是面对现实的，尽管他被后人毁誉为“可怕的马基雅维利”“邪恶的马基雅维利”，但从他的关于维护正义的观点中我们似乎很容易读到相反的足以证明他当之无愧于“近代政治学鼻祖”称号的理论支持。马基雅维利对政治维护关注较多，他深知“打江山容易守江山难”的训诫，因此，对如何维护已经建立起来的共和国有着自己独特的想法。

在马氏看来，维护的正义从宏观上讲首先是一种权力的正义。相对于“德性正义”，这种权力的正义只是一种“消极的正义”。与马基雅维利不同，但丁一直是充当着“德性正义”的代言人身份，这种“道德正义”无疑是一种积极正义。这种正义观认为，只有一个人具备了所有的道德，他才是一个正义的人，比如，他不能只仁慈而不勇敢。这种道德不仅包含本身，也包含了能力，道德本身就意味着实践能力。同样，一个政体的建制以及政策的维护的每一项细节都要符合道德的要求，且要符合每一具体道德的要求，它才能够被称为是正义的。按照但丁的观点，一切事物必须首先是完美的，而后才能是正义的，它所发挥的作用才是正义的。马基雅维利则从一开始就放弃了这种德性正义的观点，他提倡的只是一种消极的权力正义。这种正义形式不论从内涵还是外延上都远小于“德性正义”。他要求的东西很少，仅仅要求“权力”本身，甚至这种权力正义还否定了自身的表面意思，即它并非要求权力的掌握以及运用都要符合正义原则，而仅仅认为对于权力的掌握本身就意味着正义。他不在“正义”二字上做文章，而只是在“权力”上做文章，这种“权力”在马基雅维利那里是“力量”的代名词。他认为一种正义的权力首先表现为它是一种有力量的权力，然后才是维护公平的权力，如果一种权力没有了力量，就不能有效地对其拥有者构成保护以及使其获得利益，则这种权力便是非正义的。马氏和其他人对正义权力的界定截然不同。在其他的论述者那里，权力正义隶属于道德正义的范畴，即如果一种权力在其实施的过程中违背了道德的正义，则这种权力要么本身就有违正义，要么权力的具体执行程序有违正义。这种权力正义观将权力的道德性指标与其正义原则捆绑在了一起。权力的拥有、权力的运用都必须受到传统道德系统的全面控制。根据这种观点，如果一种政治权力在建立之后没有以符合既定道德的形式合理施用，则这个新建的政体就是非正义的，权力的拥有者更是正义的直接的敌人。如此，这个政体的灭亡就将成为最正义的事实。根据这种正义观，隔绝道德的权力拥有者越没有力量，非正义的权力伤人的力量就越小，这个政体才相对越正义。

马基雅维利完全反对这种权力正义观。他认为，对权力来说，软弱首先是最不正义的表征。“权力”这个词本身内蕴一种“非平衡”的意指，权力可以被适当地分给别人，但最高的持有者并不能因将权力分给别人而从根本上减少自己的权力，使得别人的权力大于自己的权力，甚至最后完全丢掉自己的权力。同时，权力一定是表达不同主体之间的利益关系的，由此，权力可以用“权利”来替代。权力之所以被建构，首先就出自统治层的功利之心，没有一个人是不曾为着自身的功利之心而去冒死革命的，尤其是革命的领导者，其牺牲的东西就更多，既然当初他们就是为了利益而去建构这个政体的，那么拥有更多的利益分配也是合理的。付出多的人就应该拥有更多的受益，这在任何时代都是正当的。为了保证这种利益的最大获得，权力的掌握便是最现实的途径。马基雅维利极力反对权力与利益的平均分配，认为那是从根本上有违按劳分配原则的，如果平均分配，就会造成在政体建立之后没有人愿意付出的局面，这对政体的维护是最不利的。因此，通过权力级差，使得分配呈现明显的阶梯性，从根本上说才是符合正义原则的。但传统的庸俗道德对这种正当的权利分配却威胁极大，因为道德是一种“拉平”的力量，最原始的道德总是有利于弱者，有利于当初付出最少的人，他们的欲求却不少，因此道德成为了懒人们去争取更多利益的冠冕堂皇的借口。他们企图通过更少的付出而获得与付出多的人相同的回报，甚至在一定的场合还谋求高于这些付出更多者的利益占有量。道德家们经常通过对“谦卑”以及“寡欲”信条的高扬，让那些付出者们追求清贫和慷慨，以此更少地占有财富和权力，并将其全部过渡给高持道德幌子的骗子们。马基雅维利对这种真正的“不公平”进行了严厉的批判，并认为，如果让道德过多地介入政治中，政治反而都将成为不正义的政治。在单独的意义上，我们发现马基雅维利是不排斥道德的，“信守诺言（mantenere la fede）、行事正直（con integrità）、不耍阴谋（non con-astuzia），这些品质多么值得称颂（laudabile）”①。然而一旦道德的介入

① Niccolò Machiavelli, *Discorsi sopra la prima Deca di Tito Livio*, a cura di Mario Martelli, Sansoni, Firenze 1971, citato dal libro elettronico di Letteratura Italiana Einaudi, p. 64.

威胁到权力的掌握，道德就被看成恶的，是不利于统治的。① 在排斥道德的同时，马基雅维利还在利用道德来维持权力。在他看来，在适当的情形下道德如果被合理使用则可以让权力的拥有者看起来更加正义，前提是这种道德是一种形式上的道德，也就是看起来是道德的。② 因此，一个君主要想真正地维持住已经取得的统治地位，就要善于利用道德造成的假象，让人们误以为他是个道德的人，从这种意义上来说，道德不再对君主的自由行动起到禁锢作用，反而对人民的自由判断以及行动起到迷惑作用，道德在这里则成为了权术的必要组成部分。

（三）法律、权利及其公正

接下来我们要谈最后一个问题，即但丁和马基雅维利二人的法律思想，因为法律关乎制度维护以及社会调节的核心要素。一方面，国家通过制定合理的法律，有效规约人们的行为，明确具体情境下社会公民的权利义务，借此规范社会生活。另一方面，法律是国家统治方式及其制度正义与否的直接反应，通过对一个政治家对应的法律思想的考察，就可以预先判断他支持建立的社会组织方式及其附属法律体系的正当性。

但丁在《论世界帝国》中初步提出了“世界法”的思想，但丁关于世界法正当性的证明本该有一种最简易的路径，即既然他前面证明过世界帝国是最正当的将来的唯一政体，那么世界帝国必然使用世界法，既然世界帝国的合法性来自但丁关于目的论的证明，如上所述，一旦世界帝国被建立，那么社会的各个子系统在任何情形下都会正常运转，由此必然可以推出世界帝国的世界法必然符合正当性的要求，而且在法律施用的过程中不存在任何障碍，也就是说世界帝国的世界法随处随时有效。然而但丁却没有采取这一从世界帝国的正当性过渡到世界法正当性

---

① 马基雅维利特意举了佩尔蒂纳切（Pertinace）、亚历山大这些皇帝虽然以仁慈为怀，以正义征服世界，然而都未能善终的事例对此予以证明。（cfr. Niccolò Machiavelli, *Discorsi sopra la prima Deca di Tito Livio*, a cura di Mario Martelli, Sansoni, Firenze 1971, citato dal libro elettronico di Letteratura Italiana Einaudi, p. 71）

② 每一个君王都应该让人看成是仁慈而非残暴的。（Niccolò Machiavelli, *Discorsi sopra la prima Deca di Tito Livio*, a cura di Mario Martelli, Sansoni, Firenze 1971, citato dal libro elettronico di Letteratura Italiana Einaudi, p. 60）

的相对简单的证明进路，而是相反，他认为，世界帝国的建立本身就需要世界法体系的支持。

但丁在论证世界法的有效性之时借用的是亚里士多德关于“无穷之因”的逻辑推理方式。他认为，如果世界将来不能成为一个帝国，而是有很多国家，那么，由于接触的不可避免，两国之间不可能不发生摩擦，凡是有摩擦的地方，就必须要有仲裁，否则这种摩擦就会不断升级为难以消除的仇恨，互相伤害的程度以及为此付出的代价都将加深，这非常不符合正义的精神，因为最大的正义就是让人们能够和平生活，减少政治上的冲突。在这种摩擦不断的情形下，必须靠第三方来解决纷争，然而第三方的地位并不高于前两者，因为三者之间互不隶属，第三方的介入没有有效的压服效应，另外第三方可能的偏袒会造成裁判不公的情形，如此，更大规模的冲突就会出现，于是，又需要在三方之外的第四方来仲裁冲突，“如此循环，永无止境”①，更多的国家将被卷入其中，这种连锁的冲突就会无线升级，而这是有悖于和平为上的正义原则的。因此，需要有一种“世界法”，这种法律至高无上，面向全体，每个人都要遵从。这种法之所以是正义的，因为它发端于自然法，自然法的突出特点是超越时间与空间，普遍有效，永远符合正义原则，甚至可以反向说，正义原则来自自然法。在这里我们看到，但丁关于世界法的思想与今天的世界法差别仍然很大，它还不过是一种理想的推理。今天的世界法是在充分关注到各国差异的基础上，以基本的人权保障为质要，通过协商谈判的形式最终在国际间达成的，它离不开发源于古希腊的自然法思想作为基础，然而它同样遵从社会现实。另外，今天的国际法分支较多，除了广义的国际公法和国际司法的区分之外，还有诸多更细致的法律划分方式。但丁则故意抹掉国家间的差异及其明显的现实障碍，直接将世界法等同于统一的自然法或者神法。这种法律观并不关注制定程序以及法律制定主体的正当性，但丁明言这种世界法源自对神启的领悟，并将其归入一种神学知识论的范畴。在体认世界法的过程中，当人们越是能全方位沉浸到神性的直观中，公正的“神律”就会越清晰地显现在人

① 但丁：《论世界帝国》，朱虹译，商务印书馆2009年版，第13页。

们的头脑中。神的法律一旦被人发现，就会立即以成文法的形式生成并且具有裁决上的普遍有效性，不再出现任何的个体不适应的情况，因为神是大全，神意的爱护是不会漏掉任何一个个体的。这种法律最初虽然隐藏在神的造物背后，然而一旦被人们从具体的样式中体认出来，就尽人皆知，完全发显，并且会被人们永久奉行。如此，每个人的行动就会受到这种唯一的世界法的规范和保护，恶人受罚，善人得报。帝国的各项典章制度也会越来越多地按照正义的原则被制定出来，人们也会从中受惠。总之，但丁幻想的最正义的法律是统一的世界法，它恒定、发显、有益全体。

如同以上我们讨论过的关于但丁和马基雅维利诸多方面的比较结果一样，但丁的世界法论述依然清晰、观点明确，然而马基雅维利的法律思想却飘忽不定、难于辨识。在大体的情形下我们看到马基雅维利有时候重视稳定的法律，有时候则认为法律应该随着权术的需要而随机应变。由此，法律被纳入了权术之下的第二空间，甚至在必要的时候直接被取消。但丁强调法律政策的归一性，马基雅维利则强调了法律的多元性，因为对他这样一个严格的功利主义者来说，唯一的和稳定的法律是极其危险的，是违背于灵活变通原则的，同时也是容易被人钻空子的。但丁强调要透过神性之隐秘努力找出自然神法之显，要让神意以法的形式被我们获知。马基雅维利有时候强调法律之显，有时候则强调法律之隐，在他看来，全显或全隐的法律政策对君主的长期统治都是不利的。虽然马基雅维利也不否定人们的利益，我们通常所持的关于马基雅维利只为君主一人的利益考量的说法是对马氏的不公，但同时我们又不能坚定地认为马氏表面上是在维护君主的利益，其瞄准点还是普罗大众的和平福祉，这种评价确实有过于美化马氏之嫌。他的诸多观点，尤其是关于法律正义性的观点是完全有利于君主一人的。他认为，一种法律之所以是正义的，就在于对君主最有利，他虽没有明说对人们有利位于其后，但基本意思却是如此。

然而无论如何，我们还是可以看到马基雅维利对共和国的法律体系是极为重视的,[①] 并且花费了很多笔墨用来阐述关于法律与国家维稳方面的具体关系。同时，对法律的讨论，即对权利与义务关系的具体规定，涉及公民与国家的关系，公民间的各种权利义务关系以及国家的职能和自我维护。

马基雅维利首先对指控权的建构给予了特别的重视，并将指控权是否拥有作为衡量一个国家法律体系是否正义的基础标准。马基雅维利认为，让一个国家的国民拥有规范的控诉权之所以是正当的，是因为通过法律建构的控诉权，一方面可以让指控彻底替代谣言，因为只要有人存在的地方，就会有谣言的存在。谣言是最不正义的存在物，因之是人在没有证据的情况下为了扳倒敌人而故意制造的，它发生于集市和街道，通常与不正义的报复有关，因为“谣言既不需要物证，也不需要证人来验明其真伪”[②]。相反，指控的制度越健全，谣言就会越减少。“控罪于人，则需要证据确凿，且要向长官、人民或者议事会提出上诉”[③]，这便摆脱了私人性质的中伤与报复。总之，指控是一种程序上的法律正义，接受的是正规的法律仲裁，在指控过程中，如果事实和证据证明指控者是对的，则被指控者最终要接受审判，指控者相应地要被鼓励，反之，指控者就要受到惩罚，而冤屈的被指控者将享有正义法律的有效保护。指控和造谣完全不同，因为造谣可能纯粹出于私人报复，在没有证据的情况下歪曲事实。指控则不然，一个人如果敢于指控他人，则他至少是掌握了一部分证据，至于那部分证据的有效性如何则属于判决正义的范畴。在这个意义上说，指控程序越健全，国家就相对越正义，则谣言就越少，这对一个统一国家的存在是很重要的。马基雅维利关于指控制度的正义性的描述在我们今天看来也是非常重要的。一个现代的法治国家，以证据举证的形式判决诉讼，惩罚非正义一方，鼓励正义一方，

---

① 如果一个共和国不能以法律和秩序对所有公民在各种场景下的行为进行有效规约，则这个共和国不足以称善。(Niccolò Machiavelli, *Discorsi sopra la prima Deca di Tito Livio*, a cura di Mario Martelli, Sansoni, Firenze 1971, citato dal libro elettronico di Letteratura Italiana Einaudi, p. 91)

② Niccolò Machiavelli, *Discorsi sopra la prima Deca di Tito Livio*, a cura di Mario Martelli, Sansoni, Firenze 1971, citato dal libro elettronico di Letteratura Italiana Einaudi, p. 31.

③ Ibid., p. 31.

无论何时都是必要的。

如果就此我们得出结论说马基雅维利是重视社会正义的，其对指控权的强调是旨在最终保护公民的，那么这种论断是不切实际的。事实正好相反，之所以高扬指控权，更重要的原因在于他认为指控权的存在可以疏导民愤，不会因为一个人的过错而使得整个国家陷入战乱之中，尤其是某些“劲霸人物”（cittadine potente[①]）因其不正义的举动激起普遍的民愤时，应该欢迎民众对其进行指控，让恶人受到惩罚，如此，整个国家便不会进一步引发足以使其毁灭的骚乱。反之，如果剥夺民众的指控权，不给冤屈者以泄愤的渠道，就会因一些人的不当行为而覆灭整个国家。

马基雅维利一方面认为当一个人对共和国做出贡献时，应该尽量给予相应的报酬。如果一个人对共和国所尽的义务越多，相应地，他应该受到的奖励就越多。然而，即使是一个对共和国有过极大贡献的人，当他触犯了刑法时，以他曾经尽过义务而抵消对他的惩罚是不正义的。因为一个犯了重罪的人，他不再有资格享用正常人的权利与义务以及对应一致的分配正义原则，一个人若犯了法律明文规定之罪，不论他是何种身份，也不论他曾经做过什么贡献，对其进行严格的惩罚是唯一正当的途径。“因为这些人会因功作恶，且对惩罚有恃无恐，如此下去，那里的文明将会毁于一旦”[②]。

这种严格的法制思想是符合近代文明精神的，马基雅维利关于赏罚分明的思想对我们今天的法制建设仍然具有很大的启发意义。在中国古代以及西方中世纪之前存在诸多的将功折罪的现象，一个人如果之前立过功劳，即便以后犯了罪，也可以承受较少的惩罚。或者在国家的危机时期，一个人可以戴罪立功，就可以暂不惩罚，如果功劳卓著，日后甚至可以免除惩罚。这种不正义的惩罚制度甚至可以呈现为一种家族转让，如果一个家族的某些人员曾经对国家的建设做出过贡献，那么家族中的其他人一旦犯罪，其罪可以因家族的其他个体的功劳而暂免追究，

---

① Niccolò Machiavelli, *Discorsi sopra la prima Deca di Tito Livio*, a cura di Mario Martelli, Sansoni, Firenze 1971, citato dal libro elettronico di Letteratura Italiana Einaudi, p. 32.

② Ibid., p. 72.

甚至可以按照官级来享受不同的法律对待，平民如果犯了某种可以被执行死刑的罪，在贵族高层那里，则不被视为罪，这些人便堂而皇之地继续犯罪做恶。这种现象的存在与现代的正义原则是相违的。马基雅维利的这种关于惩罚不因受罚主体的身份或者贡献被抵消的思想在当时以及今天看来都是十分可贵的。

另外要值得注意的是，马基雅维利还讨论了人们犯罪的根源。他认为人们犯罪的原因在于"天性之恶"，人性的本质都是见利忘义的，因此，做恶在所难免。然而，马基雅维利却认为，正是因为人们的天性都是恶人，所以君主肩负着预防人民做恶的义务，如果一国君主未能及时出台有效法律防止人民犯罪，甚至带头犯罪，那么，首先被谴责的应该是君主，而不是犯罪的臣民。因为这样的结果来自君主的疏忽大意或者是对君主邪恶品质的模仿。这些君主自己首先制定了法律来禁止某些行为，然后又率先给其臣民提供践踏法律的理由。"除非犯罪活动已经到了猖獗的程度，否则在此之前君主从不真正着手对其进行禁止，为的是想从罪犯手中敛取钱财。由此导致了诸多弊端，而首当其冲的就是人们变得越来越穷，而后再去压制比自己穷弱的人。"①可见，马基雅维利对具体的法律制度是重视的，他从来不崇尚空谈和猜想，甚至不重视私人道德，而只注重私人与公共领域的接触模式。亚里士多德说："人天生就是政治的动物"，马基雅维利着重面对的也是整体和秩序，他偶尔也谈人性，然而他只是将人性之恶作为构建和谐秩序的工具性考量。马基雅维利对德性是忽视的，事实上他认为德性是个中性之物，人也无所谓好坏，重要的是社会整体的效率与秩序。因此，马基雅维利重视的是制度性的规制，利用严酷而有效的成文法等手段对社会进行总体性的协调。他重视的是"人们是怎样做的"，而不是"人们怎么样"，看重的是"国家做了什么"，而不是国家的道德本质。他不仅重视做了什么，而且更看重"具体怎么做"。马基雅维利是个"细节主义者"，还是个"情景主义者"，他很少宣称什么是对的，只在乎"在什么情境下怎么做是有效的"，"谁来做是正当的"以及"对谁这么做是合适的"。比

① Niccolò Machiavelli, *Discorsi sopra la prima Deca di Tito Livio*, a cura di Mario Martelli, Sansoni, Firenze 1971, citato dal libro elettronico di Letteratura Italiana Einaudi, p. 347.

如，在对待刑法的态度上，一方面马基雅维利认为，在一个国家中使用严刑是正当的，因为严刑在实际的社会效果上往往比施以仁慈更加有效，因为仁慈在很多时候与“优柔寡断”是同义词，它默许和助长了流血打劫事件的不断升级，从这个角度看，残酷比“仁慈”更仁慈(molto più pietoso)[①]。马基雅维利还高度赞扬了古罗马统治者的残暴，“它能借着法律的名义，将整个军团或者城市的造反者赶尽杀绝，将万人放逐”[②]。然而马基雅维利并非在任何场合都提倡酷刑，他重视的是如何有效地运用酷刑。他认为不能到处频繁使用酷刑而让人民整日胆战心惊，因为这会造成不安的人们变换花样来预先反抗可能的伤害。同时，更不能总是以仁慈待民。最好的方式是要么不去冒犯任何人，要么一次性施加所有惩罚。

四 结语

文艺复兴是个特殊的时代，这一时期思想家们关于正义的诸多观点也极具时代特色。我们在谈但丁和马基雅维利的正义观时会发现，他们都在一定程度上忤逆了历史传统。从对二人的正义观的比较分析中，我们看到了但丁身上新旧时代跨越者的痕迹以及马基雅维利向完全的近代政治正义观跨越的特色。但丁延续了中世纪目的论的神学正义观，其讨论侧重于一般的形式必然性，而不是具体的政治实现方式。马基雅维利则面对现实，告别理想，特别注重了政治目标的可实现性。但丁关注传统，关注血统和德性，更关注敬神。马基雅维利则更重视变通。

然而二人的共同之处也不少。他们都立足于统一，认为统一的正义是压倒一切的，最大的不正义就是分裂。事实上，直到马基雅维利时代，这种分裂不仅没有收场，而且愈演愈烈，在马基雅维利之后很长的历史时段内，意大利的分裂现实更加严重。但我们并不能因此下判断说

---

① *Il Principe di Niccolò Machiavelli*, acura di Luigi Firpo, Einaudi, Torino 1961, citato dal libro elettronico della Letteratura Italiana Einaudi, p. 60.

② Niccolò Machiavelli, *Discorsi sopra la prima Deca di Tito Livio*, a cura di Mario Martelli, Sansoni, Firenze 1971, citato dal libro elettronico di Letteratura Italiana Einaudi, p. 386.

二人的政治学说对后世是没有任何影响的，更不能说但丁关于建立统一帝国的政治理想纯粹是一种假说。事实上，今天的欧盟以及世界一体化趋势的逐步增强正在印证着但丁的预想，只不过这种一体化是以差异作为前提的，是差异中的联合于一体，而不是靠一个民族对全世界的武力征服为主要实现方式的。从这个角度我们不得不说，“合”确实是一种必然的趋势，因为随着科技和信息分享力的增强，生活在世界各地的人们越来越“相像”，逐渐可以分享一种近似的价值观以及享受普遍的“正义对待”，并因此能以一种相对正义的方式去对待他者。当然也有人说纳粹统治世界的举动缘于但丁关于“世界帝国”以及“种族中心论”的学说，如果以一种负责的而不故意掩饰的观点来看，二者确实十分相像，他们都要建立世界帝国，而且这个帝国是以优良的种族血统论作为其支撑的，纳粹尽管事实上造成了残忍的恶果，然而在纳粹推行统一学说的过程中，他宣扬的也是绝对的善，用善来消除恶，最终让最善的政体统一全世界。但我们只能说纳粹的思想和但丁的关于世界帝国的思想可能有某种联系，但不能对二者进行绝对的链接。因为事实上，从西欧极早的古代社会开始，关于“民族最优论”及其统一世界的学说就已经出现了，中世纪的十字军东征也是一种变体，只不过不是以世俗血缘为基础的种族作为载体，而是以共同宗教的神圣性为依托的。也就是说，但丁关于世界大一统的思想在其前后都有，只不过其他人没有但丁说的那样系统而已。尽管我们在文中对但丁的保守性多有批评，然而如同许多乌托邦的政治价值一样，但丁关于积极的政治正义的思想对于我们今天的政治构建仍然具有很大的引导作用，尤其是当我们对政治的信心不是那么充足之时，但丁将一盏明亮而清澈的正义之灯放置在高于人类的前方，始终让我们知道最好的东西应该具备何种样子，让我们时刻念记国家应该在何种程度上保护公民的最大利益。同时，它还对公民提高自身的道德修养发出了绝对命令，正是因为对公民自身以及政体本身都提出了同样的苛刻要求，才让我们记住了但丁以及他在《论世界帝国》中提出的关于“积极正义”的思想。

关于马基雅维利，很多人批评他为“撒旦”，是其后世的政治阴谋以及政治非正义和人性败坏的导师。从事实上说，马基雅维利是难辞其咎的。然而，人们对马基雅维利的诸多指责并不在于他的开创意义。事实上，在他之前关于阴谋的论说已经很多，那些人痛恨的是马基雅维利不该将政治阴谋说得如此透彻和露骨。在批评马基雅维利的同时，我们应该看到他的贡献。他对近代国家政体的建构确实是功不可没的，事实上，要想建立统一国家，武力和阴谋确实是最重要的实现手段，这在近代国家的建立过程中的作用更加显著。如果没有马基雅维利强调的Virtù，如果只有软弱和“善良”的相互徘徊，一个范围之内的各个力量之间就很难造成势力的差异，其中的一个便很难消灭其余而建立国家。而如果不建立统一的国家，近现代政治正义就无从谈起，现代的人也不可能享受到如此多的民主与自由。从这个意义上我们也看到了马基雅维利对于国家正义学说的极大贡献。当然，这并不意味着在今天我们仍然要鼓吹国家政治的阴谋至上论，而是要致力于建构正义的制度，维护好公平正义以及自由正义，让人们能够在一种相对最公平的正义体制内过上一种最幸福的生活。在国际交往方面，相互尊重，真诚合作也是人们理想的国际正义实现模式，尽管因利益的具体冲突还不能完全实现，但这已是一个被普遍接受的外交准则。

另外在当下的关于国家政体的建构学说中，我们一般从霍布斯开始，实际上，这个开始的时间点应该向前推到马基雅维利。在他那里有一套完整的政治学说和国家统一思想，从建构原则到具体细节已经无所不备，较之霍布斯的“性恶论”和“利维坦”的学说是有过之而无不及的，只不过是因为马基雅维利在讨论中不如霍布斯的理论那样集中。霍布斯讨论的是一般意义上的国家的建构，马基雅维利可能更侧重于意大利民族的历史，而且行文没有霍布斯那样紧凑。然而马基雅维利的优势在于他对真实历史史料的利用，每一观点都配有大量可靠的真实史料，理论和事实相互结合，通俗易懂，这点较之霍布斯又构成了他的优势。此外，马基雅维利关于国家消极正义的定位以及“政治人”的培养的相关论述，对于政治思想史具有跨时代的积极意义，因为只有当理性的公民个体理解了什么是政治，懂得了自由的重要性，并学会如何反抗侵犯其自由的一切行为（不论是来自他人的还是国家的），他们才是合格的智慧公民，才能维护属于人类特有的理性尊严，并成为捍卫国家荣誉和公民权利的忠实可靠的基础。既然国家只能提供消极正义，那么就不能将所有的希望都寄托于国家和政体之上，而是要靠自己的悟性掌握政治规律，具备重新定义道德和政治语汇的能力，并通过政治辩证法，在与他人相联系的实际政治生活中维护自己以及他人的合理权益。

参考文献

外文参考文献

1. Francesco Olgiati, *L'anima dell'Umanesimo e del Rinascimento: saggio filosofico* , Milano: Vita e pensiero, 1924.
2. Giuliana Calcani, *L'antichità marginale: continuità dell'arte provinciale romana nel Rinascimento*, Roma: L'Erma di Bretschneider, 1993.
3. E. Paolo, *Antichita*, *Medio Evo*, *Rinascimento*, Firenze: F. Le Monnier, 1944.
4. Gino Bambara, *Antologia del pensiero pedagogico dal Rinascimento all'Illuminismo: con pagine critiche*, Bologna: Zanichelli, 1972.
5. Ernesto Gallina, *Aonio Paleario e il Rinascimento*, Sora: Centro di studi Sorani Vincenzo Patriarca, 1989.
6. Enzo Golino, *Ariosto e il Rinascimento: Cinquecento*, *Seicento*, *Settecento*, Milano: Bompiani, 1989.
7. Rodolfo Mondolfo, *Figure e idee della filosofia del Rinascimento*, Firenze: La nuova Italia, 1955.
8. Nicola Abbagnano, *Filosofia del Rinascimento. Filosofia moderna dei secoli 17. e 18* , Torino: UTET, 1961.
9. Folino Gallo, *La filosofia e la pedagogia dell'Umanesimo e del Rinascimento*, Cosenza: Orizzonti Meridionali, 1997.
10. Nicola Abbagnano, *La filosofia moderna: dal Rinascimento all'illuminismo*, Torino: UTET libreria, 2003.
11. Cesare Vasoli, *Filosofia e religione nella cultura del Rinascimento*, Napo-

li: Guida, 1988.

12. Carlo Colombero, *Uomo e natura nella filosofia del Rinascimento*, Torino: Loescher, 1976.
13. Eugenio Garin, *L' Umanesimo italiano: filosofia e vita civile nel Rinascimento*, Bari: Laterza, 1993.
14. Vladimiro Zabughin, *Il cristianesimo durante il Rinascimento*, Milano: Treves, 1924.
15. Ruggiero Romano, *Tra due crisi: l'Italia del Rinascimento*, Torino: Einaudi, 1971.
16. Andrea Bruno Mazzocato, *I vizi capitali—Superbia e Avarizia*, *Editrice San Liberale*, Treviso, 2008.
17. Giovanni Pico della Mirandola, *De Hominis Dignitate*, Testo, Traduzione e Note a cura di Bruno Cicognani, Le Monnier, Firenze, 1943.
18. Cesare Beccaria, Dei delitti e delle pene, a cura di Renato Fabietti, Grande Universale Mursia, citato da e-book Liberliber. it.
19. Leon Battista Alberti, *De Familia*, a cura di Emilio Piccolo, Claccici Italiani, Napoli, 2009.
20. Eugenio Garin, *Il Rinascimento Italiano*, Cappelli editore , 1980.
21. Nuccio Ordine, *La Cabala dell' asino. Asinità e conoscenza in Giordano Bruno*, Liguori Editore, 1996.
22. Giordano Bruno, *Cabala del cavallo pegaseo con l' aggiunta dell' asino cillenico*, curato da Aquilecchia Giovanni, e-book scaricato da www. e-text.
23. *Il Principe di Niccolò Machiavelli*, acura di Luigi Firpo, Einaudi, Torino 1961, citato dal libro elettronico della Letteratura Italiana Einaudi.
24. Niccolò Machiavelli, *Discorsi sopra la prima Deca di Tito Livio*, a cura di Mario Martelli, Sansoni, Firenze 1971, citato dal libro elettronico di Letteratura Italiana Einaudi.
25. Giordano Bruno, *Candelaio*, Einaudi, Torino, 1964.
26. Eugenio Garin, *Medioevo e Rinascimento*, Studi e ricerche, Laterza 2005.
27. Eugenio Garin, *Interpretazione del Rinascimento*, Storia e letteratura 2009.

28. Marsilio Ficino, *De vita*, a cura di Albano Biondi e Giuliano Pisani, Pordenone: Biblioteca dell'immagine 1991.

29. *Le divine lettere del gran Marsilio Ficino*, a cura di Sebastiano Gentile, Roma: Edizioni di storia e letteratura 2001.

30. Marsilio Ficino, *Il libro dell'amore*, a cura di Sandra Niccoli, Firenze: L. S. Olschki, 1987.

31. Dante, *Monarchia*, Cola di Rienzo: Commentario ; Marsilio Ficino: volgarizzamento, Milano: A. Mondadori 2004.

32. Pietro Pomponazzi , *Gli incantesimi*, a cura di Cristiana Innocenti, Scandicci: La nuova Italia, 1997.

33. Pietro Pomponazzi, *Trattato sull'immortalità dell'anima*, a cura di Vittoria Perrone Compagni, Firenze: L. S. Olschki, 1999.

34. Giordano Bruno, *La cena de le ceneri*, a cura di Giovanni Aquilecchia, Torino: G. Einaudi, 1955.

35. Giordano Bruno, *De gl'heroici furori*, Firenze: L. S. Olschki, 1999.

36. Giordano Bruno, *De la causa*, *principio et uno*, a cura di Giovanni Aquilecchia, Torino: Einaudi, 1973.

37. Giordano Bruno, *Eroici furori*, introduzione di Michele Ciliberto ; testo e note a cura di Simonetta Bassi, Roma ; Bari: Laterza, 1995.

38. Francesco Petrarca, *Canzoniere*, a cura di Sabrina Stroppa ; con un saggio di Carlo Ossola, Roma: La biblioteca di Repubblica, 2005.

39. Francesco Petrarca, *De vita solitaria*, a cura di Marco Noce ; introduzione di Giorgio Ficara, Milano: A. Mondadori, 1992.

40. *Epistole di Francesco Petrarca*, a cura di Ugo Dotti, Torino: UTET, 1983.

41. Francesco Petrarca, *Rime*, a cura di Guido Bezzola ; con un saggio introduttivo di Andrea Zanzotto, Milano: BUR, 2004.

42. *Francesco Petrarca*, a cura di G. Martellotti, Napoli: Ricciardi, stampa 1955.

43. Francesco Petrarca, *Rime Trionfi*, a cura di Guido Bezzola ; con un saggio introduttivo di Andrea Zanzotto, Milano: Fabbri Editori, 2006.

44. Giovanni Boccaccio, *Decameron*, Milano: A. Mondadori, 1989.
45. Lorenzo Valla, *La falsa donazione di Costantino*, a cura di Gabriele Pepe, Firenze: Ponte alle Grazie, 1992.
46. Lorenzo Valla, *Scritti filosofici e religiosi*, introduzione, traduzione e note di Giorgio Radetti, Firenze: Sansoni, stampa 1953.
47. Torquato Tasso, *Aminta*, introduzione di Mario Fubini ; note di Bruno Maier ; premessa al testo, cronologia e bibliografia di Ettore Barelli ; con le incisioni settecentesche di P. A. Novelli, Milano: BUR, 2007.
48. *Affreschi di Palazzo Corsini a Firenze*, 1650 – 1700, Alessandra Guicciardini Corsi Salviati, Firenze: Centro Di, 1996.
49. Leonardo Bruni, *Cronistoria del movimento operaio e proletario in Italia*, Senigallia: Pensiero e Azione, 2007.
50. *Società italiana di filosofia giuridica e politica*, a cura di Rinaldo Orecchia, Milano: A. Giuffrè, 1982.
51. Coluccio Salutati, *De fato et fortuna*, a cura di Concetta Bianca, Firenze: L. S. Olschki, 1985.
52. *Epistolario di Coluccio Salutati* , a cura di Francesco Novati, Torino: Bottega d'Erasmo, 1968.
53. *Lettere di stato di Coluccio Salutati: cancellierato fiorentino* (1375 – 1406): *censimento delle fonti e indice degli incipit della tradizione archivistico-documentaria* , a cura di Armando Nuzzo, Roma: Istituto storico italiano per il Medio Evo, 2008.
54. *Coluccio Salutati*, Leonardo Bruni Aretino, Francesco Barbaro. -Torino: G. Einaudi, 1976.
55. *Opere letterarie e politiche di Leonardo Bruni* , a cura di Paolo Viti, Torino: Unione tipografico-editrice torinese, 1996.
56. *Studi su l'epistolario di Leonardo Bruni*, a cura di Lucia Gualdo Rosa ; con prefazione di Raffaello Morghen, Roma: nella sede dell'Istituto, 1980.
57. Leonardo Bruni, *Le vite di Dante e del Petrarca*, a cura di Antonio Lanza, Roma: Archivio Guido Izzi, 1987.

58. Poggio Bracciolini, *Facezie*, con un saggio di Eugenio Garin ; introduzione, traduzione e note di Marcello Ciccuto, Milano: Biblioteca universale Rizzoli, 1994.

59. Poggio Bracciolini, *L'infelicità dei principi* , a cura di Davide Canfora, Palermo: Sellerio, 1999.

60. Leon Battista Alberti, *De statua*, introduzione, traduzione e note a cura di Mariarosa Spinetti, Napoli: Liguori, 1999.

61. Leon Battista Alberti , *Opere volgari* , a cura di C. Grayson, Bari: Laterza, 1960.

62. Franco Borsi, *Leon Battista Alberti: l'opera completa*, Milano: Electa, 1989.

63. Cesare Beccaria, *Dei delitti e delle pene*, a cura di Renato Fabietti, Grande Universale Mursia, citato da e-book Liberliber. it.

64. Francesco Vila, *I diritti dell ' uomo e l ' etica contemporare ,* Ragione praticam 1996, n, 6.

65. Andrea Bruno Mazzocato, *I vizi capitali—Superbia e Avarizia*, Editrice San Liberale, Treviso, 2008.

66. Alessandro Peroni, *Superbia: Caduta e infelicità di Lucifero e dell' Uomo*, in I sette vizi Capitali, Gruppo di ricerca filosofica chora, Biblioteca Civica di Tortona, 2006.

67. *Cabala del cavallo pegaseo con l' aggiunta dell' Asino cillenico*, citato dall' e-book di liberliber. It.

68. Italo Sciuto, *Etica e politica nel pensiero di Dante*, Stampa: Università di Verona, 2002.

69. Giordano Bruno, *Dell' infinito*, *Universo e Mondi*, a cura di Patrizio Sanasi, citato dal libro elettronico di bibliomania. it.

70. N. Machiavelli, *Dell'arte della guerra* , a cura di Piero Pieri, Roma: Roma, 1937.

71. Giovanni Pico della Mirandola, *De Hominis Dignitate*, Testo, Traduzione e Note a cura di Bruno Cicognani, Firenze: Le Monnier, 1943.

72. Pietro Pomponazzi, *Gli incantesimi*, a cura di Cristiana Innocenti, Scan-

dicci: La nuova Italia, 1997.

73. Pietro Pomponazzi, *Trattato sull'immortalità dell'anima*, a cura di Vittoria Perrone Compagni, Firenze: L. S. Olschki, 1999.
74. Luigi Olivieri, *Certezza e gerarchia del sapere: crisi dell'idea di scientificità nell'aristotelismo del secolo 16*, con un'appendice di testi inediti di Pomponazzi, Pendasio, Cremonini, Padova: Antenore, 1983.
75. *Michelangelo*, testi di Valerio Terraroli, Milano: Electa, 1993.
76. *Michelangelo: artista, pensatore, scrittore.* Novara: Istituto geografico De Agostini, 1975.
77. *L'opera completa di Tiziano*, presentazione di Corrado Cagli ; Milano: Rizzoli, 1969.
78. Giotto, *Compianto su Cristo morto*, a cura di Federico Zeri, Milano: Rizzoli-Rcs Libri , 1998.
79. *L'opera completa di Giorgione*, presentazione di Virgilio Lilli ; apparati critici e filologici di Pietro Zampetti, Milano: Rizzoli, 1968.
80. Niccolo Machiavelli, *Le commedie*, introduzione di A. Fiocco, Roma: Casini, 1966.
81. Eugenio Garin, *Storia della filosofia italiana*, Torino: Einaudi, 1966.
82. Augusto Guzzo, *Breve storia della filosofia*, Torino: Lofferdo, 1944.
83. Nicola Abbagnano, *Storia della filosofia: la filosofia moderna: dal Rinascimento all' illuminismo*, Torino: Utet , 1993.
84. Giorgio Agamben, *Mezzi senza fine*, Torino: Bollati Boringhieri, 2013.
85. Giorgio Agamben, *La comunità che viene*, Torino: Bollati Boringhieri, 2008.
86. Giorgio Agamben, *Che cos' è un dispositivo?* Roma: nottetempo, 2013.
87. Giorgio Agamben, *Nudità*, Roma: nottetempo, 2013.

中文参考文献(包括中文译著)

1. [美] 布鲁克:《文艺复兴时期的佛罗伦萨》，朱龙华译，上海三联书店 2003 年版。

2. ［瑞士］布克哈特：《意大利文艺复兴时期的文化》，何新译，上海三联书店 2010 年版。
3. 李瑜：《文艺复兴书信集》，学林出版社 2002 年版。
4. 王挺之、刘耀春：《欧洲文艺复兴史：城市与社会生活卷》，人民出版社 2008 年版。
5. 刘新利、陈志强：《欧洲文艺复兴史：宗教卷》，人民出版社 2008 年版。
6. 朱龙华、王素色、赵立行：《欧洲文艺复兴史：艺术卷》，人民出版社 2008 年版。
7. 孟广林：《欧洲文艺复兴史：哲学卷》，人民出版社 2008 年版。
8. 孙锦泉、徐波、侯树栋：《欧洲文艺复兴史：史学卷》，人民出版社 2010 年版。
9. 朱龙华、李长林：《欧洲文艺复兴史：总论卷》，人民出版社 2010 年版。
10. ［美］巴格丽特·金：《文艺复兴时期的妇女》，刘耀春、杨美艳译，东方出版社 2008 年版。
11. ［英］彼得·伯克：《欧洲文艺复兴中心与边缘》，刘耀春译，东方出版社 2007 年版。
12. ［德］傅克斯：《欧洲风化史——文艺复兴时代》，侯焕闳译，海豚出版社 2012 年版。
13. ［美］查尔斯·霍默·哈斯金斯：《十二世纪文艺复兴》，张澜、刘疆译，上海三联书店 2012 年版。
14. ［美］保罗·奥斯卡·克里斯特勒：《文艺复兴时期的思想与艺术》，邵宏译，东方出版社 2008 年版。
15. 朱龙华：《意大利文艺复兴的起源与模式》，人民出版社 2004 年版。
16. 杨超：《人文主义的辉煌—文艺复兴艺术》，陕西人民美术出版社 2011 年版。
17. ［美］威尔·杜兰：《世界文明史：文艺复兴》，台湾幼狮文化译，华夏出版社 2010 年版。
18. ［英］彼得·伯克：《意大利文艺复兴时期的文化与社会》，刘君译，东方出版社 2007 年版。

19. ［俄］梅列日科夫斯基：《但丁传》，汪晓春译，团结出版社2005年版。
20. ［意］但丁：《神曲》，黄文捷译，花城出版社2000年版。
21. ［英］查尔斯·尼科尔：《达芬奇传》，朱振武等译，2006年版。
22. ［法］布朗利：《达芬奇大传》，林珍妮译，上海书店出版社2007年版。
23. ［意］薄伽丘：《十日谈》，王永年译，人民文学出版社1994年版。
24. ［法］罗曼·罗兰：《名人传》，张冠尧、艾珉译，人民文学出版社2003年版
25. ［意］布鲁诺：《论无限、宇宙和诸世界》，田时纲译，人民出版社2010年版。
26. ［意］尼可洛·马基雅维里：《论李维》，冯克利译，上海世纪出版集团2005年版。
27. 佩特：《文艺复兴——艺术与诗的研究》，张岩冰译，广西师范大学出版社2000年版。
28. ［意］尼可洛·马基雅维里：《君主论》，潘汉典译，商务印书馆1997年版。
29. ［意］尼可洛·马基雅维里：《佛罗伦萨史——从最早时期到豪华者洛伦佐逝世》，李活译，商务印书馆1996年版。
30. 王军、徐秀云：《意大利文学史——中世纪和文艺复兴时期》，外语教学与研究出版社1997年版。
31. 邢贲思：《欧洲哲学史上的人道主义》，上海人民出版社1984年版。
32. 张椿年：《从信仰到理性——意大利人文主义研究》，浙江人民出版社1993年版。
33. 张世华：《意大利文艺复兴研究》，上海外语教育出版社2003年版。
34. ［美］坚尼·布鲁克尔：《文艺复兴时期的佛罗伦萨》，朱龙华译，生活·读书·新知三联书店1985年版。
35. 周春生：《马基雅维里思想研究》，上海三联书店2008年版。
36. ［美］朱迪丝·布朗：《不轨之举——意大利文艺复兴时期的一位修女》，王挺之译，商务印书馆1995年版。
37. ［美］艾伦·狄博斯：《文艺复兴时期的人与自然》，周雁翎译，复

旦大学出版社 2000 年版。
38. ［意］但丁：《论世界帝国》，朱虹译，商务印书馆 1985 年版。
39. ［美］保罗·奥斯卡·克利斯特勒：《意大利文艺复兴时期八个哲学家》，姚鹏、陶建平译，上海译文出版社 1987 年版。
40. 潘树林：《神人之间——激荡的文艺复兴》，四川人民出版社 2002 年版。
41. ［美］汤普逊：《中世纪经济社会史》，耿淡如译，商务印书馆 1997 年版。
42. ［法］雅克·勒高夫：《试谈另一个中世纪：西方的时间、劳动和文化》，周莽译，商务印书馆 2014 年版。
43. ［美］朱迪斯·M. 本内特：《欧洲中世纪史》，杨宁、李韵译，上海社会科学院出版社，2008 年版。
44. ［英］萨达卡特·卡德里：《审判的历史：从苏格拉底到辛普森》，杨雄译，当代中国出版社 2009 年版。
45. ［法］儒勒·米什莱：《女巫》，张颖绮译，电子工业出版社 2014 年版。
46. ［德］F. W. J. 谢林：《布鲁诺对话：论事物的神性原理和本性原理》，邓安庆译，商务印书馆 2008 年版。
47. 车文博主编《弗洛伊德文集》（全 12 册），九州出版社 2014 年版。
48. 《荣格作品集》（全 7 册），杨梦茹等译，译林出版社 2014 年版。
49. ［法］拉康：《拉康选集》，褚孝泉译，上海三联书店 2001 年版。
50. ［比］威尔汉斯、［美］埃克：《现象学和拉康论精神分裂症——在脑研究十年之后》，胡冰霜、王颖译，四川大学出版社 2011 年版。
51. ［美］达瑞安·里德安：《拉康》，李新雨译，当代中国出版社 2014 年版。
52. 吴琼：《雅克·拉康——阅读你的症状》，中国人民大学出版社 2011 年版。
53. ［斯洛文尼亚］齐泽克：《欢迎来到实在界这个大荒漠》，季广茂译，译林出版社 2015 年版。
54. ［斯洛文尼亚］齐泽克：《意识形态的崇高客体》，季广茂译，中央编译出版社 2002 年版。

55. ［斯洛文尼亚］齐泽克：《自由的深渊》，王俊译，上海译文出版社 2013 年版。
56. ［斯洛文尼亚］齐泽克：《享受你的症状！——好莱坞内外的拉康》，尉光吉译，南京大学出版社 2014 年版。
57. ［斯洛文尼亚］齐泽克：《暴力：六个侧面的反思》，唐健、张嘉荣译，中国法制出版社 2012 年版。
58. 张一兵：《不可能的存在之真——拉康哲学映像》，商务印书馆 2006 年版。
59. ［美］罗洛·梅：《存在之发现》，方红、郭本禹译，中国人民大学出版社 2008 年版。
60. ［美］哈里·沙利文：《精神病学的人际关系理论》，方红、郭本禹译，中国人民大学出版社 2015 年版。
61. ［美］斯金纳：《超越自由与尊严》，陈维纲等译，贵州人民出版社 2006 年版。
62. ［美］威廉·詹姆斯：《宗教经验之种种》，蔡怡佳、刘宏信译，湖南出版社 2016 年版。
63. ［美］海因茨·科胡特：《自体的重建》，许豪冲译，世界图书出版公司 2015 年版。
64. ［英］唐纳德·温尼科特：《婴儿与母亲》，卢林、张宜宏译，北京大学医学出版社 2016 年版。
65. ［英］梅兰妮·克莱因：《嫉羡和感恩》，姚峰、李新雨译，中国轻工业出版社 2014 年版。
66. ［英］R. D. 莱恩：《分裂的自我》，林和生译，贵州人民出版社 1994 年版。
67. ［法］克里斯蒂娃：《语言，这个未知的世界》，马新民译，复旦大学出版社 2015 年版。
68. ［法］克里斯蒂娃：《符号学：符义分析探索集》，史忠义译，复旦大学出版社 2015 年版。
69. 《罗兰·巴特文选》，汪耀进、屠友祥等译，上海人民出版社 2016 年版。
70. ［德］康德：《实践理性批判》，李秋零译，中国人民大学出版社

2011 年版。
71. ［德］黑格尔：《精神现象学》，贺麟、王玖兴译，上海人民出版社 2013 年版。
72. ［德］胡塞尔：《内时间意识现象学》，倪梁康译，商务印书馆 2010 年版。
73. ［德］马丁·海德格尔：《林中路》，孙周兴译，上海译文出版社 2014 年版。
74. ［德］马丁·海德格尔：《路标》，孙周兴译，商务印书馆 2009 年版。
75. ［法］巴什拉：《火的精神分析》，杜小真、顾嘉琛译，岳麓书社 2005 年版。
76. ［法］巴什拉：《空间的诗学》，张逸婧译，上海译文出版社 2009 年版。
77. ［法］乔治·巴塔耶：《内在体验》，尉光吉译，广西师范大学出版社 2016 年版。
78. ［法］德勒兹：《什么是哲学?》，张祖建译，湖南文艺出版社 2007 年版。
79. ［德］本雅明：《单向街》，陶林译，江苏凤凰文艺出版社 2015 年版。
80. ［法］德里达：《声音与现象》，杜小真译，商务印书馆 2010 年版。
81. ［法］列维－施特劳斯：《结构人类学》，张祖建译，中国人民大学出版社 2006 年版。
82. ［法］亨利·列斐伏尔：《空间与政治》，李春译，上海人民出版社 2015 年版。
83. ［瑞士］索绪尔：《普通语言学教程》，高名凯译，商务印书馆 2014 年版。
84. ［法］柏格森：《时间与自由意志》，吴士栋译，商务印书馆 2014 年版。
85. ［法］莫里斯·布朗肖：《文学空间》，顾嘉琛译，商务印书馆 2003 年版。
86. ［法］米歇尔·福柯：《临床医学的诞生》，刘北成译，译林出版社

2011 年版。
87. ［法］马塞尔·莫斯：《礼物》，汲喆译，商务印书馆 2016 年版。
88. ［法］马塞尔·莫斯：《巫术的一般理论》，杨渝东等译，广西师范大学出版社 2007 年版。
89. ［英］维克多·特纳：《象征之林：恩登布人仪式散论》，赵玉燕、欧阳敏等译，商务印书馆 2014 年版。
90. ［法］涂尔干：《宗教生活的基本形式》，渠东、汲喆译，上海人民出版社 1999 年版。
91. ［奥］阿尔弗雷德·舒茨：《社会世界的意义构成》，游淙祺译，商务印书馆 2012 年版。
92. ［美］塔尔科特·帕森斯：《社会行动的结构》，张明德等译，译林出版社 2012 年版。
93. ［德］齐美尔：《桥与门——齐美尔随笔集》，涯鸿、宇声译，上海三联出版社 1991 年版。
94. ［美］查尔斯·霍顿·库利：《人类本性与社会秩序》，包凡一 、王湲译，华夏出版社 2015 年版。
95. ［美］彼得·M. 布劳：《社会生活中的交换与权力》，李国武译，商务印书馆 2012 年版。
96. ［美］兰德尔·柯林斯：《暴力：一种微观社会学理论》，北京大学出版社 2016 年版。
97. ［美］苏珊·桑塔格：《疾病的隐喻》，程巍译，上海译文出版社 2003 年版。
98. ［美］克利福德·格尔茨：《文化的解释》，韩莉译，译林出版社 2014 年版。

后　记

写后记之前，正好看到了本雅明《单行道》里的一句话：不要在你熟悉的书房里写一部作品的结尾，你在那里可能找不到写结尾的勇气。同样是《单行道》里的另一句话让我心有戚戚：写成的作品是构想死去时的面容。搞研究竟然也最终是“心有戚戚焉，然心戚戚矣”！

从决定以文艺复兴时期的伦理思想作为研究主题到书稿的最终完成，时间已经过去五六年。本书的书写过程遇到过很多障碍，有来自自己的，也有外部的，此种艰辛只有己知。为了防止书稿意外的丢失，我在写作中有每隔一会儿就往电子邮箱里存草稿的习惯，这几天查看记录，竟然总计有两万多次。

不敢说以此书祭奠逝去的时光这类话，只想说书中的文字从那些年一直排列到如今。书的写作于我确是一种“历险”，我不“怕”它，却“畏”它，畏过度“延异”而半路夭折，夭折于不只是写书的遗憾中。除了纯哲学，我在写作中还借鉴了大量的符号学、精神分析、神话学、人类学和社会学方面的以往成果，并以我认为合理的方式“结构”到文艺复兴时期意大利社会的研究中。书写过程中，文字不太像我的朋友，我们互相压制，它反对由我发出的“形式”。最终我们算是和解，共同“走出”文艺复兴，但那里将不会是我们的回忆。朗西埃在《文学的政治》中认为文字应该与作者继而和受众之间相互“平等”，我也曾如此希冀。因为使用了多学科的结构主义方法，书写中便要连续经历“险峰”“泥沼”“撕扯”与“冷漠”的跌宕回环，如果我中途失败，我不怀疑文字依然对我“冷漠”。客观说我对自己这次的“历险”成果还是抱持肯定的，众多埋葬在地下的文艺复兴秘密被我用各种“工具”“炸”了出来，至少我“炸”出了一条新的“引线”。不论效果如何，我确实进行了创新尝试，甚至有朋友说我写的文艺复兴能够拍成电影，我姑且聊以自慰。在科研道路上，我很少追逐热点，倒不是故意标新立异，而是我实在看不出别人以为的那些热点热在哪里，除了能让人收获一些现实利益。在中国当下的学术“部落”里，我更想告诫自己多听听尼采的“不合时宜”。

在这段我与文字、文艺复兴、生活困境及其我自身的“拉锯战”中，我要感谢诸多的却也不是数不清的祝我“一臂之力”的人们，书中的诸多部分得益于你们的热心与关爱。在此不敢说献给你们云云，然而它确实就是你们的，可能连你们也毫不知情。感谢我的两位导师，甘绍平研究员和严春友教授多年来对我的关爱和照护。在博士后出站时期，我以极其风格化的方式“冒险”写完第一部分时，我的导师甘绍平老师给予了我极大的肯定，说我的写作方式非常有特点，应该继续。我想这是极其重要的，否则你们看到的又将是死板而重复的文艺复兴研究。不只是在此书的写作过程中，严春友教授都提供了他力所能及的各种帮助。严老师深深影响了我的思维方式和写作风格，这种影响还会在未来“加重”。感谢伦理室龚颖老师、孙春晨老师、王延光老师、苑立强老师、余涌老师、杨通进老师和张永义老师对我的各种帮助和指导。

感谢给我提供过意大利语资料并继续给予我帮助的 Filippo Mignini 教授一家、Frangcesca Gesù、黄萍和王政。特别感谢田时纲研究员在我的意大利语“征途”中给予的各种热心指导。

感谢家人。你们的精神和物质提供让我一次又一次跨越“我的极限”，并为我提供了未来努力的永恒动机。

徐艳东
2017 年 2 月记于北京

跋

艳东写成了《文艺复兴伦理学》书稿，嘱我作序，我想序言过于正式了，还是写个跋合适，可以随意些。这个所谓的“跋”，实际上就是一个读后感。

我带过四十多位学生（西方哲学专业和美学专业），但这却是这些学生中我看到的第一本要出版的著作。艳东跟我学习了一年多，还没有毕业就去了意大利读博士，所以一直没有读到他写的东西，这还是第一次读他的文字。然而这些文字却让我惊喜不已。

之所以惊喜，是因为它给我耳目一新的感觉，没有想到他会这样写文艺复兴。观点、思路、文字、叙事风格，都非常独特，把这本书放在文艺复兴研究的书籍中，甚至放在更广泛的哲学研究的论著中，即使去掉了作者的名字，也不会与其他书籍相混淆。把它与其他书籍区分开的，不是研究的具体内容，而是在这本书里有着一个鲜活而富有个性的精神生命。

通常的文艺复兴研究基本是沉浸于材料之中，传递那时的种种具体信息，而本书却是一种宏观结构分析。看得出，作者读了无数材料，但又没有陷于材料之中，而是从材料里超拔出来，站在高空审视它们，从而抽取出其中的精神骨架。这种方法可以叫作精神形态分析或精神结构分析。这种宏观的视角，其意义在于提供了一个审视具体材料的角度，从而能够看出它们的理路、意义和价值。因此，不妨把本书看作文艺复兴研究的一个纲领，文艺复兴时期各个方面的现象——艺术的、哲学的、社会的、道德的、经济的，等等，都可以从本书提供的视角得到新的解释。

作者把文艺复兴精神之基本结构和历史特性定位于“过渡”，认为那时的种种独特现象由此衍生而出。“过渡”散发着无穷的魅力，而魅力的根源在于“过渡”的根本特性是游移和模糊。文艺复兴是近代的日出，这日出既带来了光明，又拖着黑夜的尾巴。作者的思维运动与叙述风格也与之相呼应，具有过渡、游移的特性，一开始让读者觉得不适，当你觉得把握了作者意图的时候，却又觉得它像蛇一样滑走了。

这一特点尤其表现在第一、二章中。这两章是精神分析、尤其是拉康的精神分析理论的应用。精神分析通常用于个体精神，而作者将其用于分析文艺复兴群体的精神形态和结构，深入于群体的精神王国，在精神的旋流中寻找缘起与缘灭，可以说是精神分析的盛宴和交响曲。这部分文字给人一种游移、滑动、延异的感觉，与文艺复兴的过渡特性互为表里。

当然，所谓文艺复兴的精神结构，也可以看作作者精神结构向文艺复兴的逆向投射，它只是作者当前的一种精神结构，在作者的精神世界里，必将有新的结构诞生，那时再来看文艺复兴，也许是另一副面孔了。

使用的文字独特，个性鲜明，而非流行的哲学词句。在这些文字里，可以感受到一种生命的冲动、思想的漫溢与体验的交织。这些文字虽然是说理的，却又是感性的，当它们撞击我们目光的时候，脑中会呈现出一幅幅流动的画面。

作为一种思想和文字的冒险，自然免不了冒险中的唐突和意外。比如，在第一、二章与后面几章之间存在明显的断裂。无论是使用的方法和语言，还是叙事风格、论述的深度，都迥然有异。读第一、二章时感到艰涩、吃力，仿佛是在高山大川中行走，但到了第三章突然就有了一马平川的感觉，而且此后便看不到精神分析的词汇了。

不过，这个“断裂”不是绝然的，因为还有一座更一般的桥梁连接着，这就是精神形态或结构的分析。第三至六章虽然没有运用精神分析学的方法和术语，但仍属于从宏观视角上进行的结构分析。一般的精神形态和结构分析，是粘连全书的基底。即便是分析但丁与马基雅维利的思想时，也是从精神结构和形态角度进行的，而非具体材料的堆积。

实际上，思维的王国本来就不是平坦的，而是有起伏、有断裂的，有时甚至是碎片式的，处于不断的分裂和断裂之中。书写，常常起着一种弥补这些缺口的作用。写作一本著作，往往经历很长时间，不同的章节写于不同时期、不同地点，时间上有时相隔甚远，在这个过程中作者的思想、观念、识见会发生意想不到的变化，书中的“断裂”就是对于这种变化的记录。

严春友

2017 年 1 月 23 日写于意大利马切拉塔

1 月 30 日修改